W0272441

Führungswissen für kleine und mittlere Unternehmen
Band 3

Werner Rössle
Heiner Tiede

Finanz- und Rechnungswesen

Das Standard-Lehrwerk für den Studiengang Betriebswirt des Handwerks, entwickelt im Auftrag der Landesakademie Baden-Württemberg

Band 3

Förschler/Hümer/Rössle/Stark (Hrsg.)
Führungswissen für kleine und mittlere Unternehmen

Werner Rössle
Heiner Tiede

Finanz- und Rechnungswesen

11., überarbeitete Auflage 2013

Holzmann Medien | Buchverlag

11., überarbeitete Auflage 2013

Satz: abavo GmbH, Buchloe
Herstellung: Kessler Druck + Medien, Bobingen
Best.-Nr. 1823.11
ISBN 978-3-7783-0838-7
Printed in Germany

Teil I: Jahresabschluss und Jahresabschlussanalyse (Dr. Tiede)

Teil II: Finanzwirtschaft
(Dr. Rössle)

Teil III: Kosten- und Leistungsrechnung
(Dr. Rössle)

Teil I: Jahresabschluss und Jahresabschlussanalyse

1. Grundlagen des Rechnungswesens

Rechnungswesen

Aus dem betrieblichen Kreislauf Geld – Güter – Geld resultiert eine Fülle von Maßnahmen, die erforderlich sind, um die Vermögens- und Kapitallage des Unternehmens darzustellen. Dies erfolgt im Rahmen des betrieblichen Rechnungswesens.

Bereiche

Das betriebliche Rechnungswesen gliedert sich in folgende Bereiche:
Geschäftsbuchführung,
Kosten- und Leistungsrechnung (Betriebsbuchführung),
Statistik (Vergleichsrechnung) und
Planungsrechnung (Vorschaurechnung).

Rechnungslegung

Das Rechnungswesen liefert die Informationen zur Rechnungslegung der Unternehmung, deren grundlegende Aufgabe es ist, verantwortlich Rechenschaft abzulegen gegenüber folgenden Adressaten:

Adressaten

- den Kapitalgebern (von Eigen- und Fremdkapital)
- den Mitarbeitern
- der Finanzbehörde
- den Lieferanten und Kunden sowie
- der Öffentlichkeit (bei Kapitalgesellschaften).

Handelsrechtliche Vorschriften

Die einzelnen Unternehmen sind als Kaufleute nach dem Dritten Buch des Handelsgesetzbuches (HGB) zur Rechnungslegung verpflichtet, wobei für Kapitalgesellschaften ergänzende Vorschriften zu beachten sind.

Befreiung von Buchführungspflicht und Erstellung von Inventar

Mit der grundlegenden Reform des HGB durch das im Frühjahr 2009 verabschiedete Gesetz zur Modernisierung des Bilanzrechts (BilMoG) wurde aber eine wesentliche Entlastung durch den § 241a HGB wirksam. Demzufolge sind Einzelkaufleute, die in zwei aufeinander folgenden Geschäftsjahren nicht mehr als 500.000,– € Umsatzerlöse und 50.000,– € Jahresüberschuss aufweisen, von der Pflicht zur Buchführung und Erstellung eines Inventars befreit. Dies dürfte wohl auch auf eine Reihe von Handwerksbetrieben zutreffen.

Aufgaben des Rechnungswesens

Im Rahmen seiner einzelnen Bereiche hat das Rechnungswesen vor allem eine **Dokumentations-, Informations- und Kontrollaufgabe** für interne und externe Adressaten sowie eine auf die Zukunft gerichtete **Dispositionsaufgabe**.

Die folgenden Ausführungen können natürlich nur einen Überblick hinsichtlich der grundlegenden Zusammenhänge des Jahresabschlusses vermitteln. Die Inanspruchnahme der Hilfsdienste unternehmensfremder Personen, z.B. der Steuerberater, wird wohl weiterhin der Regelfall bei kleinen und mittleren Unternehmen sein. Jedoch sollten die Unternehmensverantwortlichen befähigt sein, die entsprechenden Leistungen zu beurteilen und aus ihrer besseren Einsicht in betriebsinterne Abläufe Anregungen und Kritik einzubringen.

Wiederholungsfragen zum 1. Kapitel:

1. In welche Bereiche unterteilt man im Regelfall das betriebliche Rechnungswesen? (Seite 13)
2. Welchen Adressaten soll die Rechnungslegung vor allem als Informationsquelle dienen? (Seite 13)
3. Für welche Unternehmen gelten die handelsrechtlichen Rechtsvorschriften? (Seite 13)
4. Was versteht man unter den wesentlichen Aufgaben des Rechnungswesens? (Seite 13)

2. Der Jahresabschluss als Teil des Rechnungswesens

Instrumente der Rechnungslegung

Die wichtigsten **Instrumente der Rechnungslegung** sind

> die Jahresbilanz als Handels- und Steuerbilanz,
> die Gewinn- und Verlustrechnung,
> der Anhang und der Lagebericht (nur bei Kapitalgesellschaften).

Vor allem für innerbetriebliche Zwecke, aber auch für Belange von Finanzbehörden oder Kreditinstituten, dienen weitere Erhebungen wie etwa:

- Zwischenbilanzen,
- Zwischenberichte in Statusform,
- Statistiken,
- Hauptabschlussübersichten (HAÜ), auch Betriebsübersichten oder Abschlussübersichten genannt.

Hauptabschlussübersicht

Insbesondere der zuletzt genannten **Hauptabschlussübersicht** (HAÜ) kommt in der Praxis eine große Bedeutung zu. Sie zeigt in einem mehrspaltigen Ausweis die Entwicklung von der Eröffnungsbilanz über die Jahresverkehrszahlen bis hin zur Schlussbilanz und Gewinn- und Verlustrechnung. Zentrale Bedeutung kommt dabei der Umbuchungsspalte zu, in der alle abschlussvorbereitenden Buchungen durchgeführt und erläutert werden.

Wesen der Hauptabschlussübersicht

> Somit dient die HAÜ dem Unternehmer als Informations- und Kontrollinstrument durch ihre übersichtliche Darstellung der Entwicklung von Vermögens- und Ertragslage; weiterhin erleichtert sie auch unternehmerische Entscheidungen in Bezug auf die Ausübung von Bilanzierungs- und Bewertungswahlrechten.

Betriebsprüfung

Dem Finanzamt gegenüber kann die HAÜ die Dokumentationsfunktion erfüllen und wird vor allem bei **Betriebsprüfungen** zu Rate gezogen.

Wiederholungsfragen zum 2. Kapitel:

1. Beschreiben Sie die wichtigsten Instrumente der Rechnungslegung. (Seite 15)
2. Welche Bedeutung hat die Hauptabschlussübersicht im Rahmen der Rechnungslegung? (Seite 15)
3. Welche weiteren Erhebungen können für Zwecke der Rechnungslegung herangezogen werden? (Seite 15)

3. Jahresabschluss und Rechenschaftslegung

3.1 Die Bilanz

Inhalt und Wesen der Bilanz

Die Bilanz gibt Auskunft über die in Geld gemessene Größe, Art und Zusammensetzung des Vermögens einer Unternehmung **(Aktivseite)** in einem genau bestimmten Zeitpunkt und stellt fest, mit wie viel eigenem und fremdem Kapital **(Passivseite)** das Vermögen finanziert worden ist.

Sie ist Anfangs- und Schlussrechnung der Buchführung eines Geschäftsjahres, das nicht länger als zwölf Monate dauern darf. Als Schlussrechnung kann sie auch Auskunft über den in der Rechnungsperiode erzielten Erfolg geben. Das Wesen der Bilanz (bilancia = Waage) ist die Gegenüberstellung der Aktiv- und Passivposten eines Unternehmens.

Inventur

Der genauen Erfassung dieser Bilanzposten dient eine körperliche Bestandsaufnahme des Vermögens und der Schulden, die Inventur.

Die einzelnen Teile des Vermögens müssen dabei nach Art, Gattung und Menge ermittelt und bewertet sowie die Schulden nach Gläubiger, Höhe, Grund und Zeit ihrer Entstehung festgestellt werden.

Inventar

Die mengen- und wertmäßige Zusammenstellung der Teile des Vermögens und der Schulden wird Inventar genannt.

Die ihm zugrunde liegenden Urkunden bilden zusammen mit der Gesamtaufstellung die Bilanzbelege, ohne welche die Bilanz keine Beweiskraft hat.

Da die Bilanz im Wesentlichen eine Informations- und Dokumentationsfunktion erfüllen soll, werden von ihr vor allem Hinweise erwartet über:

- die Vermögens- und Kapitalstruktur,
- die finanzielle Struktur,
- die Liquiditätslage,
- die Rentabilität und Gewinnverwendung (in Verbindung mit der Erfolgsrechnung),
- die finanziellen Beziehungen zwischen der Unternehmung und den geschäftsführenden Organen bei Unternehmungen, bei denen die Geschäftsführer keine Gesellschafter sind.

3.2 Die Gewinn- und Verlustrechnung

Neben den Beständen der Bilanzposten zeigt die Bilanz auch den Erfolg einer Periode als Saldo zwischen Aktiv- und Passivseite, gibt aber keine Auskunft über die Entstehung des Erfolgs.

Wesen und Inhalt der GuV

Dies ist Aufgabe der **Erfolgsrechnung** (Gewinn- und Verlustrechnung), die durch Gegenüberstellung von Erträgen und Aufwendungen der Abrechnungsperiode das Zustandekommen des Erfolgs dokumentiert. Unter Erträgen sind dabei alle Kapitalmehrungen (Wertzuwachs) und unter Aufwendungen alle Kapitalminderungen (Wertverzehr) zu verstehen.

Beispiele:

- Erträge (Kapitalmehrungen) sind Umsatzerlöse, Zinserträge, Erträge aus Vermietung und Verpachtung etc.;
- Aufwendungen (Kapitalminderungen) sind Löhne und Gehälter, Materialeinsatz, Abschreibungen, Zinsen etc.

Zeitraumrechnung

Im Gegensatz zur Bilanz **(Zeitpunktrechnung)** ist die GuV-Rechnung eine **Zeitraumrechnung**. Beide zusammen bilden den Jahresabschluss eines Unternehmens, der bei Kapitalgesellschaften noch um den Anhang zu ergänzen ist. Zusätzlich haben Kapitalgesellschaften noch einen Lagebericht zu erstellen, der allerdings nicht Bestandteil des Jahresabschlusses ist.

3.3 Anhang und Lagebericht

Anhang

Der Anhang als Teil des Jahresabschlusses bei Kapitalgesellschaften dient vornehmlich der näheren Erläuterung von Bilanz und GuV-Rechnung.

Angaben im Anhang

Generell sind in den Anhang alle diejenigen Angaben aufzunehmen, die aufgrund von Einzelvorschriften zu Bilanz und GuV-Rechnung vorgeschrieben sind oder die solche Posten betreffen, die in Ausübung eines Wahlrechts nicht in die Bilanz oder die GuV-Rechnung aufgenommen werden mussten (§ 284 Abs. 1 HGB).

Beispiel:

Die Entwicklung des Anlagevermögens (Anlagenspiegel) kann statt in der Bilanz auch im Anhang dargestellt werden (§ 268 Abs. 2 HGB).

§ 284 Abs. 2 HGB

Darüber hinaus legt § 284 Abs. 2 HGB noch weitere Regelungen fest, wobei vor allem der Angabe der auf die Posten der Bilanz und GuV-Rechnung angewandten Bilanzierungs- und Bewertungsmethoden zentrale Bedeutung zukommt.

Weitere Pflichtangaben

Eine weitere Auflistung von Pflichtangaben gibt der § 285 HGB in den Nummern eins bis neunundzwanzig. Da gerade bei kleinen und mittleren Unternehmen die Zuordnung zur Größenklasse „kleine Kapitalgesellschaften" überwiegen dürfte, soll hierbei darauf hingewiesen werden, dass für diese ein Großteil der dort aufgeführten Angabepflichten gemäß § 288 HGB entfällt.

Ausmaß und Umfang des Anhangs

Im Hinblick auf Ausmaß und Umfang der Darlegungspflicht im Anhang ist zu beachten, dass zwischen Angabe, Aufgliederung, Darstellung, Erläuterung und Begründung unterschieden wird. Grundlegende Leitlinie muss auch für den Anhang die Vermittlung eines den tatsächlichen Verhältnissen entsprechenden Bildes der Vermögens-, Finanz- und Ertragslage des Unternehmens sein.

Der **Lagebericht** ist nicht – wie der Anhang – Bestandteil des Jahresabschlusses, sondern steht neben dem Abschluss, den er durch zusätzliche Informationen über Stand und Entwicklung des Unternehmens ergänzt (§ 289 HGB).

Lagebericht

Insbesondere soll der Lagebericht den Geschäftsverlauf und die Lage der Kapitalgesellschaft so darstellen, dass ein den tatsächlichen Verhältnissen entsprechendes Bild vermittelt wird.

Seiner Informationspflicht hat der Lagebericht durch eine „ausgewogene und umfassende, dem Umfang und der Komplexität der Geschäftstätigkeit entsprechende Analyse des Geschäftsverlaufs und der Lage der Gesellschaft" zu genügen (§ 289 Abs. 1, S. 2). Ferner ist im Lagebericht die voraussichtliche Entwicklung mit ihren wesentlichen Chancen und Risiken zu beurteilen und zu erläutern.

Allgemeine Informationen

Die weiteren, in § 289 Abs. 2 aufgeführten Berichtspflichten umfassen u. a. ein Eingehen auf Vorgänge von besonderer Bedeutung, die nach dem Schluss des Geschäftsjahres eingetreten sind sowie auf Risikomanagementziele und -methoden der Gesellschaft. Da diese und auch die weiteren Informationspflichten grundsätzlich nur für große Kapitalgesellschaften von Bedeutung sind, wird für genauere Details auf den § 289 sowie auf den durch das BilMoG neu eingeführten § 289a verwiesen (alle hier aufgeführten Paragraphen beziehen sich auf das HGB).

Weitere Berichtspflichten, insbesondere Risikomanagement

3.4 Prüfungs- und Offenlegungspflichten

Zunächst muss an dieser Stelle vorausgeschickt werden, dass handelsrechtliche Vorschriften zur Prüfung und Offenlegung **nur für Kapitalgesellschaften** gelten.

Prüfungs- und Offenlegungspflicht nur für Kapitalgesellschaften

Da jedoch Kapitalgesellschaften auch bei kleinen und mittleren Unternehmen nicht ungewöhnlich sind, soll hier in den wesentlichen Grundzügen darauf eingegangen werden.

3.4.1 Prüfungspflichten

Für kleine Kapitalgesellschaften besteht keine **Prüfungspflicht**. (§ 316 Abs. 1 HGB).

Keine Prüfungspflicht

Bei mittelgroßen Kapitalgesellschaften in Form der GmbH können statt Wirtschaftsprüfern auch vereidigte Buchprüfer mit der Prüfung beauftragt werden. Dies hat die praktische Bedeutung, daß die meisten betroffenen Unternehmen somit auch steuerliche Berater mit der Prüfung betrauen können, da die Zusatzqualifikation „vereidigter Buchprüfer" von der Mehrzahl der Steuerberater erworben wird.

Besonderheit bei mittelgroßer GmbH

Allerdings ist zu beachten, dass ein Ausschlussgrund für Abschlussprüfer besteht, wenn die Besorgnis der Befangenheit besteht (§ 319 Abs. 3 HGB). Dies ist beispielsweise dann der Fall, wenn bei der Führung der Bücher oder der Aufstellung des zu prüfenden Jahresabschlusses mitgewirkt wurde, sofern diese Tätigkeiten nicht von untergeordneter Bedeutung sind.

Befangenheit

Umfang und Berichtspflicht

Der Umfang der Prüfung erstreckt sich auf den Jahresabschluss, in den die Buchführung einzubeziehen ist. Über das Ergebnis der Prüfung ist schriftlich zu berichten und, sofern keine Einwendungen zu erheben sind, der Bestätigungsvermerk zu erteilen.

3.4.2 Offenlegungspflichten

Elektronischer Bundes-anzeiger

12-Monatsfrist

Die Offenlegungspflicht bedeutet die elektronische Einreichung des Jahresabschlusses beim Betreiber des elektronischen Bundesanzeigers (§ 325 HGB). Der Jahresabschluss ist unverzüglich nach seiner Vorlage an die Gesellschafter, jedoch spätestens vor Abschluss des zwölften Monats nach dem Abschlussstichtag einzureichen. Für kapitalmarktorientierte Kapitalgesellschaften (§ 264d HGB) beträgt diese Frist längstens vier Monate.

Erleichterung für kleine Kapital-gesellschaften

Für kleine Kapitalgesellschaften gilt bei der Offenlegung insofern eine wesentliche Erleichterung, dass nur die Bilanz und der Anhang einzureichen sind. Dabei braucht der Anhang die die Gewinn- und Verlustrechnung betreffenden Angaben nicht zu enthalten.

Besonderheiten bei mittel-großen KapGes

Mittelgroße Kapitalgesellschaften können zwar nicht wie die kleinen Kapitalgesellschaften auf die Einreichung der GuV-Rechnung verzichten, aber auch für sie gelten bestimmte Erleichterungen (§ 327 HGB). Im Wesentlichen bedeutet dies, dass sie die Bilanz in der verkürzten Form der kleinen Kapitalgesellschaften (mit bestimmten Zusatzerläuterungen) erstellen sowie im Anhang auf bestimmte Angaben verzichten können.

3.5 Handelsrechtliche Gliederungsvorschriften

3.5.1 Bilanzgliederung

Vor der Umsetzung des **Bilanzrichtliniengesetzes** in nationales Recht im Jahr 1986, das vor allem die Rechnungslegung der EG-Staaten harmonisieren sollte, war im HGB keine Gliederungsvorschrift für Kaufleute und Handelsgesellschaften festgelegt.

Bilanzgliederung nach § 266 HGB

Dies hat sich dann insoweit geändert, dass in den ergänzenden Vorschriften **für Kapitalgesellschaften** eine Gliederung nach § 266 HGB vorgeschrieben wurde, die sich im Wesentlichen an der früheren Gliederungsvorschrift des Aktiengesetzes (AktG) orientiert. Durch das BilMoG wurde die Bilanzgliederung gemäß § 266 HGB grundsätzlich beibehalten.
Es erfolgten lediglich Erweiterungen durch einen neuen Aktiv- bzw. Passivposten für latente Steuern sowie einen Unterposten der immateriellen Vermögensgegenstände. Dieser ist vorgesehen für selbstgeschaffene gewerbliche Schutzrechte u. Ä. (siehe S. 32).
Weiterhin wurde ein neuer Posten E nach den aktiven latenten Steuern eingefügt für den aktiven Unterschiedsbetrag aus der Vermögensverrechnung.
Bei den Passivposten wurde unter den Gewinnrücklagen die frühere Nr. 2 (Rücklage für eigene Anteile) ersetzt durch Nr. 2: Rücklage für Anteile an einem herrschenden oder mehrheitlich beteiligten Unternehmen.

Für Kaufleute und Personengesellschaften ist allerdings weiterhin keine Bilanzgliederung vorgeschrieben.

Regelungen für Nicht-KapGes

Jedoch wird in § 247 Abs. 1 HGB gefordert, dass das Anlage- und das Umlaufvermögen, das Eigenkapital, die Schulden sowie die Rechnungsabgrenzungsposten gesondert auszuweisen und hinreichend zu erläutern sind.

Anlehnung an Gliederungsschema nach § 266 HGB

Insbesondere die Aufforderung der hinreichenden Erläuterung im Rahmen eines gesonderten Ausweises wird wohl so zu interpretieren sein, dass eine Anlehnung an das Gliederungsschema von Kapitalgesellschaften empfehlenswert ist. Naturgemäß bedingen dabei einige Positionen eine andere Ausgestaltung, vor allem im Rahmen des Eigenkapitalausweises. Im Übrigen ist ein wichtiges Indiz für die Vorbildfunktion des Gliederungsschemas für Kapitalgesellschaften, dass die steuerlichen Berater sich überwiegend daran orientieren.

Gestaltungsfragen bei Nicht-Kapitalgesellschaften

Untypische Bilanzposten

Wie bereits im vorhergehenden Abschnitt erwähnt, entfallen naturgemäß einige Bilanzposten, da sie für Einzelkaufleute und Personengesellschaften untypisch oder nicht von Bedeutung sind.

Beispiele:

- Beteiligungen oder Anteile an verbundenen Unternehmen bei den Aktiva.
- Bei den Verbindlichkeiten trifft dies insbesondere auf die Position Anleihen zu.

Kapitalausweis

Der gravierende Unterschied zu Kapitalgesellschaften besteht im Kapitalausweis, da eine der **Haftungsbeschränkung** auf das gezeichnete Kapital vergleichbare Regelung lediglich bei den Kommanditeinlagen besteht. Die Höhe des Eigenkapitals von Einzelunternehmern und Vollhaftern einer OHG und KG ist deshalb grundsätzlich variabel und ändert sich durch Gewinn- oder Verlustanteile sowie Einlagen bzw. Entnahmen. Darüber hinaus haften sie noch mit ihrem Privatvermögen, sodass sich die Festlegung eines **Mindesthaftkapitals** wie bei der GmbH oder der AG erübrigt.

Kapitalkonten der Gesellschafter

Im Hinblick auf den Bilanzausweis bedeutet dies einen getrennten Ausweis der Kapitalkonten der Gesellschafter, wobei vor allem zwischen dem Komplementär- und dem Kommanditkapital bei Kommanditgesellschaften unterschieden werden muss. Allerdings bleibt es auch den Vollhaftern unbenommen, neben festen Kapitalkonten variable Gesellschafterkonten einzurichten, über die die Gewinn- und/oder Verlustanteile sowie Privatentnahmen bzw. -einlagen erfasst werden.

Gestaltungsfragen bei Kapitalgesellschaften

Der Gestaltungsrahmen bei Kapitalgesellschaften (GmbH, AG, KGaA) ist zwangsläufig eingeengt durch die Vorgabe eines **Gliederungsschemas** in § 266 HGB.

Verkürztes Bilanzschema bei kleinen KapGes

Eine wesentliche Vereinfachung ist allerdings die verkürzte **Bilanzgliederung für kleine Kapitalgesellschaften**. Das daraus resultierende Bilanzschema verlangt lediglich den Ausweis der unter den Buchstaben und römischen Ziffern erfassten Hauptgliederungspunkte in einem Betrag und erschwert somit für Außenstehende den Einblick in innerbetriebliche Belange.

Beispiel:

Aktiva	verkürztes Bilanzschema / Passiva
A. Anlagevermögen	A. Eigenkapital
I. Immaterielle Vermögensgegenstände	I. Gezeichnetes Kapital
II. Sachanlagen	II. Kapitalrücklage
III. Finanzanlagen	III. Gewinnrücklagen
B. Umlaufvermögen	IV. Gewinnvortrag/Verlustvortrag
I. Vorräte	V. Jahresüberschuss/Jahresfehlbetrag
II. Forderungen und sonstige Vermögensgegenstände	B. Rückstellungen
III. Wertpapiere	C. Verbindlichkeiten
IV. Schecks, Kassenbestand, etc.	D. Rechnungsabgrenzungsposten
C. Rechnungsabgrenzungsposten	

Abb. 1: Verkürztes Bilanzschema

Komprimierte Darstellung bei großen KapGes

In der Praxis ist bei den veröffentlichten Jahresabschlüssen von großen Kapitalgesellschaften ebenfalls der Trend zu einer entsprechend auf die Hauptgliederungspunkte komprimierten Bilanzierung festzustellen. Dies ist nur zulässig, wenn die jeweilige Untergliederung im Anhang, der ja mit dem Jahresabschluss eine Einheit bildet, aufgeschlüsselt und erläutert wird.

Einteilungskriterien für Größenklassen

Die Festlegung der **Größenklassen für kleine, mittelgroße und große Kapitalgesellschaften** erfolgt in § 267 HGB, wobei an die Kriterien Bilanzsumme, Umsatzerlöse und Beschäftigtenzahl angeknüpft wird. Dabei müssen zwei der drei Kriterien an zwei aufeinanderfolgenden Stichtagen erfüllt sein.

Neben dem Kriterium der Beschäftigtenzahl sind in € angegebene Wertobergrenzen für Bilanzsumme und Umsatzerlöse festgelegt. Da diese Beträge immer wieder angehoben werden, empfiehlt es sich, die jeweiligen Zahlen in einer aktuellen Ausgabe des HGB nachzuschlagen.

Besonderheiten

Aus den Besonderheiten für die **Bilanzgliederung** von Kapitalgesellschaften sollen hier nur noch beispielhaft genannt werden:

Vorjahresbeträge

- die Angabepflicht für die jeweiligen **Vorjahresbeträge**, was eine wesentliche Verbesserung des Informationsgehalts bewirkt;

Anlagenspiegel (Anlagengitter)

- die Entwicklung des Anlagevermögens durch gesonderte Angabe von Zu- und Abgängen, Umbuchungen, Zuschreibungen und den kumulierten (aufsummierten) Abschreibungen im **Anlagenspiegel**, der allerdings meist im Anhang statt in der Bilanz dargestellt wird.

Aufgrund dieser Gegenüberstellung der bisher angesammelten Abschreibungen mit den ursprünglichen Anschaffungs- und Herstellungskosten ist auch der passivische Ausweis von Wertberichtigungen in der Bilanz entbehrlich geworden. Im Gliederungsschema für Kapitalgesellschaften sind sie nicht zuletzt deswegen nicht mehr vorgesehen.

Kein Passivposten für Wertberichtigungen

Im Hinblick auf die Abgrenzung der Kapitalgesellschaften nach Größenklassen darf hier aber nicht unerwähnt bleiben, dass kleine Kapitalgesellschaften von der Pflicht zur Aufstellung eines Anlagenspiegels (Anlagengitters) nach § 274 a HGB befreit sind.

Kein Anlagengitter für kleine KapGes

- aufgedeckte stille Reserven konnten bisher der Besteuerung entzogen werden, da sie als „Sonderposten mit Rücklageanteil" gemäß § 273 HGB passiviert und auf entsprechende Ersatzwirtschaftsgüter erfolgsneutral übertragen werden konnten. Diese Regelung ist mit in Kraft treten des BilMoG aufgehoben worden.

§ 273 entfallen

- die Aktivierung der Aufwendungen für die Ingangsetzung und Erweiterung des Geschäftsbetriebs (§ 269 HGB) als Bilanzierungshilfe wurde durch das BilMoG ebenfalls unterbunden. Auch hierbei ist das Anliegen des Gesetzgebers erkennbar, die Aussagekraft des Jahresabschlusses den internationalen, anglo-amerikanischen Bilanzierungskriterien anzunähern.

§ 269 entfallen

- beim Ausweis der „ausstehenden Einlagen" auf das gezeichnete Kapital ist zu bemerken, dass hier eine bisher gültige Regelung (§ 272 HGB alter Fassung) weiter besteht. Dabei ist das gezeichnete Kapital mit dem Nennbetrag anzusetzen und die nicht eingeforderten ausstehenden Einlagen sind von dem Posten „Gezeichnetes Kapital" offen abzusetzen. Der verbleibende Betrag ist als Posten „Eingefordertes Kapital" in der Hauptspalte der Passivseite auszuweisen.

Neuregelung für ausstehende Einlagen

Dieses Wahlrecht des aufgrund der passivischen Verrechnung sogenannten „Nettoausweises" des Eigenkapitals ist nun durch das BilMoG zur Pflicht geworden. Die Möglichkeit, die ausstehenden Einlagen auf das gezeichnete Kapital auf der Aktivseite vor dem Anlagevermögen gesondert auszuweisen sowie die davon eingeforderten Einlagen zu vermerken („Bruttoausweis"), ist entfallen.

Nettoausweis

Die aus dem Nettoausweis gegenüber dem Bruttoausweis folgende Verkürzung der Bilanzsumme kann für die Frage der Einordnung in Größenklassen bedeutsam werden, da eines der Kriterien die Höhe der Bilanzsumme ist.

Größenklassen

- die Problematik der Steuerabgrenzung aufgrund unterschiedlicher handelsrechtlicher und steuerrechtlicher Ergebnisse (§ 274 HGB alter Fassung) ist nun in § 274 HGB unter der Bezeichnung „Latente Steuern" umfassend neu geregelt worden. Dabei ist eine voraussichtlich künftig zu erwartende Steuerbelastung aufgrund der unterschiedlichen handels- und steuerrechtlichen Wertansätze als passive latente Steuern (§ 266 Abs. 3 E. als neuer Bilanzgliederungspunkt) zwingend anzusetzen. Eine mögliche Steuerentlastung kann (Wahlrecht) als aktive latente Steuern (§ 266 Abs. 2 – D. als neuer Bilanzgliederungspunkt) in der Bilanz angesetzt werden.

Umfassende Neuregelung der latenten Steuern

3.5.2 Gliederung der Gewinn- und Verlustrechnung (GuV)

Wesen der GuV

Die GuV kann grundsätzlich als Unterkonto des Kapitalkontos betrachtet werden, da sie die Kapitalmehrungen (Erträge) und Kapitalminderungen (Aufwendungen) gesondert erfasst und deren Saldo als Gewinn oder Verlust auf das Kapitalkonto bzw. die Kapitalkonten übertragen wird.

Gestaltungsfragen bei Nicht-Kapitalgesellschaften

Kontoform

Gliederungsvorschriften existieren bei diesen Unternehmensformen nicht. Der Regelfall wird daher die **kontenmäßige Gegenüberstellung** der Aufwendungen und Erträge mit dem Ziel der Ermittlung des Gewinn- oder Verlustsaldos sein. Der Informationsgehalt hinsichtlich der Erfolgsquellen, vor allem bei Mehrproduktfertigung, ist relativ gering, da hierbei i.d.R. lediglich die Aufwendungen und Erträge nach ihrer sachlichen Zuordnung im Kontenrahmen erfasst werden.

Beispiel:

Soll		Gewinn- und Verlustkonto	Haben
Aufwendungen für Rohstoffe	24.000,–	Umsatzerlöse	110.000,–
Aufwendungen für Hilfsstoffe	4.000,–		
Aufwendungen für Betriebsstoffe	2.000,–		
Personalkosten	56.000,–		
Mietaufwendungen	3.000,–		
Büromaterial	1.600,–		
Instandhaltung	600,–		
Betriebssteuern	800,–		
GEWINN (Saldo)	18.000,–		
	110.000,–		110.000,–

Abb. 2: Gewinn- und Verlustkonto

Gestaltungsfragen bei Kapitalgesellschaften

Staffelform, Gesamtkosten- oder Umsatzkostenverfahren

Für Kapitalgesellschaften ist zwingend die Staffelform vorgeschrieben, wobei die GuV nach dem Gesamtkosten- und dem Umsatzkostenverfahren gegliedert sein kann (§ 275 HGB). Unter Staffelform ist dabei die Auflistung in einer fortlaufenden Zahlenreihe zu verstehen, wobei die einzelnen Positionen je nach ihrer Eigenschaft addiert (Erträge) bzw. abgezogen (Aufwendungen) werden. Diese Darstellungsform erlaubt den Ausweis von Zwischenergebnissen und ist damit aussagefähiger als die Kontoform.

Das wohl bedeutsamste Zwischenergebnis ist dabei das **„Ergebnis der gewöhnlichen Geschäftstätigkeit“**, da es das **„außerordentliche Ergebnis“** und die Steuern vom Einkommen und Ertrag sowie die sonstigen Steuern nicht umfasst. Somit informiert es wesentlich genauer über die Leistungsfähigkeit des Unternehmens in Bezug auf seinen eigentlichen Geschäftszweck als der Jahresüberschuss bzw. Jahresfehlbetrag, der das Gesamtergebnis ausdrückt.

Ergebnis der gewöhnlichen Geschäftstätigkeit

Im Hinblick auf die Aussagefähigkeit dieses Zwischenergebnisses über die betriebliche Leistungskraft sind allerdings Einschränkungen angebracht. Immerhin sind darin auch die gesamten Positionen des Finanzbereichs des Unternehmens enthalten (Beteiligungserträge, Aufwendungen und Erträge aus Finanzanlagen und Wertpapieren, Zinsaufwendungen und -erträge).

Aussagefähigkeit

Die häufig zu beobachtende Konsequenz ist daher die Bildung eines im Gliederungsschema nicht vorgesehenen Zwischenergebnisses vor diesen Positionen. Dieser im Allgemeinen als **„Betriebsergebnis“** bezeichnete Posten kann weitgehend als Indiz für den Erfolg aus der eigentlichen betrieblichen Tätigkeit angesehen werden.

Betriebsergebnis

Das **Gesamtkostenverfahren** (§ 275 Abs. 2 HGB) wird in der Praxis am häufigsten angewendet. Dies erklärt sich nicht zuletzt daraus, dass es im Wesentlichen aus dem früheren aktienrechtlichen Gliederungsschema resultiert.

Anwendung in der Praxis

Der Ausweis der Posten kann als periodenorientiert betrachtet werden, d.h. eine Beziehung zwischen Umsatzerlösen und Aufwendungen wird nicht gesucht. Die möglichen Abweichungen zwischen tatsächlicher Produktion und umgesetzten Erzeugnissen werden in der Position zwei erfasst, die die Erhöhungen oder Verminderungen des Bestands an unfertigen und fertigen Erzeugnissen (Leistungen) darlegt.

Ausweis der Bestandsveränderungen

Beispiel:

1. Umsatzerlöse
2. Erhöhung oder Verminderung des Bestands an fertigen und unfertigen Erzeugnissen
3. andere aktivierte Eigenleistungen
4. sonstige betriebliche Erträge
5. Materialaufwand
   a) Aufwendungen für Roh-, Hilfs- und Betriebsstoffe und für bezogene Waren
   b) Aufwendungen für bezogene Leistungen
6. Personalaufwand
   a) Löhne und Gehälter
   b) soziale Abgaben und Aufwendungen für Altersversorgung und für Unterstützung,
   davon für Altersversorgung
7. Abschreibungen
   a) auf immaterielle Vermögensgegenstände des Anlagevermögens und auf Sachanlagen …
   b) auf Vermögensgegenstände des Umlaufvermögens, soweit diese die in der Kapitalgesellschaft üblichen Abschreibungen überschreiten

8. sonstige betriebliche Aufwendungen
9. Erträge aus Beteiligungen,
   davon aus verbundenen Unternehmen
10. Erträge aus anderen Wertpapieren und Ausleihungen des Finanzanlagevermögens,
    davon aus verbundenen Unternehmen
11. Zinsen und ähnliche Aufwendungen,
    davon aus verbundenen Unternehmen
12. Abschreibungen auf Finanzanlagen und auf Wertpapiere des Umlaufvermögens
13. Zinsen und ähnliche Aufwendungen,
    davon aus verbundenen Unternehmen
14. **Ergebnis der gewöhnlichen Geschäftstätigkeit**
15. außerordentliche Erträge
16. außerordentliche Aufwendungen
17. **außerordentliches Ergebnis**
18. Steuern vom Einkommen und Ertrag
19. sonstige Steuern
20. **Jahresüberschuss/Jahresfehlbetrag**

Umsatzkostenverfahren

Einen völlig anderen Weg geht das **Umsatzkostenverfahren** (§ 275 Abs. 3 HGB), das den Umsatzerlösen sämtliche Herstellungskosten der zur Erzielung dieser Umsatzerlöse erbrachten Leistungen gegenüberstellt. Demzufolge unterbleibt der Ausweis der Bestandsveränderungen und der anderen aktivierten Eigenleistungen.

Beispiel:

1. Umsatzerlöse
2. Herstellungskosten der zur Erzielung der Umsatzerlöse erbrachten Leistungen
3. **Bruttoergebnis vom Umsatz**
4. Vertriebskosten
5. allgemeine Verwaltungskosten
6. sonstige betriebliche Erträge
7. sonstige betriebliche Aufwendungen
8. Erträge aus Beteiligungen,
   davon aus verbundenen Unternehmen
9. Erträge aus anderen Wertpapieren und Ausleihungen des Finanzanlagevermögens,
   davon aus verbundenen Unternehmen
10. Zinsen und ähnliche Aufwendungen,
    davon aus verbundenen Unternehmen
11. Abschreibungen auf Finanzanlagen und auf Wertpapiere des Umlaufvermögens
12. Zinsen und ähnliche Aufwendungen,
    davon aus verbundenen Unternehmen
13. **Ergebnis der gewöhnlichen Geschäftstätigkeit**
14. außerordentliche Erträge
15. außerordentliche Aufwendungen
16. **außerordentliches Ergebnis**

17. Steuern vom Einkommen und Ertrag
18. sonstige Steuern
19. **Jahresüberschuss/Jahresfehlbetrag**

Anwendung in der Praxis

Für die hier zugrunde gelegten kleinen und mittleren Unternehmen hat diese Gliederungsform keine Bedeutung erlangt. Statistische Erhebungen lassen nur eine geringe Verbreitung des Umsatzkostenverfahrens, das vor allem im angelsächsischen Bilanzierungskreis Anwendung findet, erkennen.

Im Grundsatz wird es vor allem bei multinational orientierten Unternehmen eingesetzt, die aufgrund ihrer internationalen Marktorientierung diese von einer überwiegend finanzorientierten Sicht geprägte Rechnungslegung bevorzugen (müssen).

Erleichterungen für kleine und mittelgroße KapGes

Abschließend wird hier darauf hingewiesen, dass für kleine und mittelgroße Kapitalgesellschaften Erleichterungen gelten (§ 276 HGB). Die wesentliche Konsequenz ist dabei, dass durch die Zusammenfassung der ersten fünf Posten beim Gesamtkostenverfahren zu einem Ergebnis, dem **„Rohergebnis"**, der Einblick für Außenstehende bezüglich der Erfolgsquellen und des dafür benötigten Materialeinsatzes praktisch entfällt. Gleiches gilt in entsprechender Anwendung für das Umsatzkostenverfahren, worauf aber aus eben erwähnten Gründen nicht weiter eingegangen wird.

Wiederholungsfragen zum 3. Kapitel:

1. Erläutern Sie die Unterschiede von Bilanz und Inventar. (Seite 17)
2. Erläutern Sie kurz Wesen und Inhalt der GuV-Rechnung. (Seite 18)
3. Welche grundsätzlichen Aufgaben werden dem Anhang und Lagebericht beigemessen? (Seite 18–19)
4. Auf welche Unternehmensformen beschränkt sich die handelsrechtliche Prüfungspflicht? (Seite 19–20)
5. Wo hat die Offenlegung des Jahresabschlusses zu erfolgen? (Seite 20)
6. Welche Erleichterungen werden kleinen Kapitalgesellschaften bei der Offenlegungspflicht gewährt? (Seite 20)
7. Welche Regelungen hinsichtlich der Bilanzgliederung gelten für Unternehmen, die nicht Kapitalgesellschaften sind? (Seite 21)
8. Welche Rechtsvorschrift regelt die Bilanzgliederung von Kapitalgesellschaften? (Seite 20)
9. Inwieweit ist die Einteilung von Kapitalgesellschaften in Größenklassen für die Bilanzgliederung von Bedeutung? (Seite 22–23)
10. Für welche Unternehmen ist die Staffelform bei der GuV-Rechnung zwingend vorgeschrieben? (Seite 24)
11. Nennen Sie die wesentlichen Unterscheidungskriterien zwischen dem Gesamtkosten- und dem Umsatzkostenverfahren. (Seite 25–26)
12. Inwieweit kann die Zusammenfassung einer Reihe von GuV-Positionen zu einem Rohergebnis als Erleichterung für kleine und mittelgroße Kapitalgesellschaften angesehen werden? (Seite 27)

4. Grundsätze der Buchführung und Bilanzierung

Die Zielsetzungen der Rechnungslegung fordern für den Jahresabschluss die Einhaltung bestimmter Grundsätze, die weitgehend zu zwingenden handels- und steuerrechtlichen Normen geworden sind, zum Teil aber auch auf Handelsbrauch und anderen, nicht gesetzlich fixierten Regelungen, beruhen.

Grundsätze und Rechtsquellen für Buchführung und Bilanzierung

Beispiel:

Als typisches Beispiel für eine gesetzlich nicht fixierte Norm kann die Orientierung einer ordnungsmäßigen Buchführung am Leitbild des „ehrbaren Kaufmanns" angesehen werden.

Im Handels- und Steuerrecht sind **formelle und materielle Bestimmungen** über die laufenden Aufzeichnungen und den Jahresabschluss enthalten. Die Bestimmungen hinsichtlich der Form legen den Schwerpunkt vor allem auf Klarheit, Eindeutigkeit und Nachprüfbarkeit der Aufzeichnungen. Demgegenüber verlangen die materiellen, d.h. inhaltlichen Bestimmungen insbesondere die Einhaltung von Vollständigkeit, Wahrheit und zeitlich richtiger Ordnung.

Formelle und materielle Bestimmungen

Im Wesentlichen sind diese Bestimmungen aus den **Grundsätzen ordnungsmäßiger Buchführung und Bilanzierung (GoB)** abzuleiten, deren exakte Festlegung i.d.R. nicht vom Gesetzgeber erfolgt, sondern aus Quellen wie der höchstrichterlichen Rechtsprechung, Fachgutachten, wissenschaftlichen Erkenntnissen, aber auch Handelsbräuchen und dem oben erwähnten Leitbild des „ehrbaren Kaufmanns" resultieren.

Wesen der Grundsätze ordnungsmäßiger Buchführung (GoB)

Daraus folgt eine weitgehend flexible Anpassungsfähigkeit an die sich ständig wandelnden relevanten Einflussfaktoren des wirtschaftlichen Lebens.

4.1 Formelle Grundsätze

Sie sind teilweise im HGB (§§ 238 ff. HGB), der Abgabenordnung (AO) sowie anderen Steuergesetzen und Richtlinien explizit geregelt oder beruhen auf Grundsätzen ordnungsmäßiger Buchführung. Hierzu ist vor allem der zunehmende Einsatz der elektronischen Datenverarbeitung im Rechnungswesen zu berücksichtigen.

Quellen

Im Einzelnen sind vor allem folgende formelle Grundsätze zu beachten:

- Es sind Bücher zu führen; bestimmte Arten und Formen sind dabei handelsrechtlich nicht vorgeschrieben, im Steuerrecht aber relativ ausführlich aufgelistet, z.B. **Wareneingangsbuch, Kassenbuch** etc. **Bücher**
- Statt der Bücher und sonstigen erforderlichen Aufzeichnungen kann auch eine geordnete Ablage von Belegen **(Offene Posten-Buchhaltung)** gewählt werden (auch auf Datenträgern), soweit dabei die Grundsätze ordnungsmäßiger Buchführung gewährleistet sind. **Andere Formen**

Lebende Sprache und Symbole
- Eintragungen sind in einer **lebenden Sprache** zu machen, wobei auch Abkürzungen, Ziffern und Ähnliches zulässig sind, wenn deren Bedeutung eindeutig festliegt.

Belegpflicht und Aufbewahrung
- Keine Buchung ohne Beleg; aus Gründen der Beweissicherung besteht für diese Belege und die Handelsbücher eine **Aufbewahrungsfrist** von sechs bzw. zehn Jahren (§ 257 HGB).

Nachprüfbarkeit
- Belege sind so zu ordnen, dass die Übereinstimmung der Buchungen mit dem Beleg leicht nachprüfbar ist.

Tagfertigkeit
- Die Buchhaltung soll tagfertig sein.

Benennung
- Konten sollen eindeutig und gleichbleibend benannt werden.

4.2 Materielle Grundsätze

Wesen der materiellen Ordnungsmäßigkeit

Die **materielle Ordnungsmäßigkeit** kann dann bejaht werden, wenn die Buchführung so aufgebaut ist, dass sich ein sachverständiger Dritter innerhalb angemessener Zeit einen zutreffenden Überblick über die Geschäftsvorfälle und die Lage des Unternehmens verschaffen kann. Die Geschäftsvorfälle müssen sich in ihrer Entstehung und Abwicklung verfolgen lassen (§ 238 Abs. 1 HGB).

Beispiel:

Ein Steuerberater oder Betriebsprüfer (sachverständiger Dritter) muss mit vertretbarem Zeitaufwand die Buchführung überschauen können.

4.3 Steuerrechtliche Grundsätze

Steuerliche Quellen

Aufgrund der abgeleiteten (derivativen) Buchführungspflicht werden gemäß § 140 AO die handelsrechtlichen GoB auch steuerrechtlich zwingendes Recht.

Daneben kann auch eine beispielsweise nicht aus dem Handelsrecht abgeleitete Buchführungspflicht gemäß § 141 AO gelten (originäre Buchführungspflicht). Dies ist dann der Fall, wenn gewerbliche Unternehmer Umsätze von über 500.000,– € oder einen Gewinn aus Gewerbebetrieb von über 50.000,– € im Wirtschaftsjahr erzielen.

Maßgeblichkeitsgrundsatz

> Die grundlegende Bedeutung der handelsrechtlichen Bilanzierungs- und Bewertungsgrundsätze für die steuerliche Gewinnermittlung wird aus § 5 Abs. 1 Einkommensteuergesetz (EStG) ersichtlich. Diese Vorschrift verlangt für den Schluss des Wirtschaftsjahres das Betriebsvermögen (§ 4 Abs. 1, Satz 1 EStG) anzusetzen, das nach den handelsrechtlichen Grundsätzen ordnungsmäßiger Buchführung auszuweisen ist, es sei denn, im Rahmen der Ausübung eines steuerlichen Wahlrechts wird oder wurde ein anderer Ansatz gewählt.

Einschränkung

Dieser sogenannte Maßgeblichkeitsgrundsatz galt auch schon vor in Kraft treten des BilMoG, allerdings ist durch die Einschränkung im letzten Halbsatz („es sei denn, ...") die Maßgeblichkeit stark eingeschränkt worden.

Wegfall der umgekehrten Maßgeblich

Die aufgrund der vorherigen Rechtslage mögliche Umkehrung der Maßgeblichkeit, die die Ausübung rein steuerlicher Wahlrechte von deren Berücksichtigung in der Handelsbilanz abhängig machte, ist durch die neue Formulierung des § 5 Abs. 1 EStG entfallen. Damit ist die Bildung stiller Reserven in der Handelsbilanz wesentlich erschwert worden, was beispielsweise aus dem Wegfall des § 273 HGB alter Fassung (Sonderposten mit Rücklageanteil) ersichtlich wird.

4.4 Bilanzierungsgrundsätze

Bilanzierung dem Grunde nach

Auch bei der Aufstellung des Jahresabschlusses sind die Grundsätze ordnungsmäßiger Buchführung zu beachten (§ 243 Abs. 1 und ergänzend § 264 Abs. 2 HGB für Kapitalgesellschaften). Damit wird auch die Problemstellung, was dem Grunde nach als Bilanzansatz festzulegen ist, im Rahmen der GoB zu beurteilen sein. Erst wenn dies entschieden ist, kann die Bilanzierung der Höhe nach, d.h. die Bewertung, vorgenommen werden.

In Anlehnung an die handelsrechtlichen Vorschriften kann man beim Bilanzansatz dem Grunde nach in

- Bilanzierungsgebote,
- Bilanzierungswahlrechte und
- Bilanzierungsverbote

unterscheiden.

4.4.1 Bilanzierungsgebote

Vollständigkeit

Der vollständige Ansatz aller für den Jahresabschluss relevanten Posten ist im § 246 HGB („Vollständigkeit, Verrechnungsverbot") geregelt, wobei dabei durch das BilMoG Ergänzungen bzw. Klarstellungen zur bisherigen Regelung erfolgt sind.

Demzufolge hat der Jahresabschluss sämtliche Vermögensgegenstände, Schulden, Rechnungsabgrenzungsposten sowie Aufwendungen und Erträge zu enthalten, soweit gesetzlich nichts anderes bestimmt ist.

Eigentümer Schuldner

Vermögensgegenstände sind beim Eigentümer auszuweisen, sofern sie nicht wirtschaftlich einem anderen zuzurechnen sind. In diesem Fall hat der Ausweis beim wirtschaftlichen Eigentümer zu erfolgen. Schulden sind in die Bilanz des Schuldners aufzunehmen.

Neuregelung des derivativen Firmenwerts

Neu aufgenommen in § 246 Abs. 1 HGB ist die Behandlung des Unterschiedsbetrages zwischen Gegenleistung für einen Unternehmenserwerb und dem Wert der einzelnen Vermögensgegenstände abzüglich der Schulden (entgeltlich erworbener Geschäfts- oder Firmenwert). Dieser auch als derivativer (abgeleiteter) Firmenwert bezeichneter Tatbestand gilt als zeitlich begrenzt nutzbarer Vermögensgegenstand und ist nun aktivierungspflichtig.

Steuerliche Behandlung

Im Steuerrecht ist eine Aktivierungspflicht und gleichmäßige Verteilung auf 15 Jahre in § 7 Abs. 1 EStG vorgeschrieben.

Verrechnungsverbot

Das Verrechnungsverbot wurde aus dem bisherigen Recht übernommen und umfasst ein Verbot der Verrechnung von Aktivposten mit Passivposten, von Aufwendungen mit Erträgen und Grundstücksrechten mit Grundstückslasten.

Ausnahmefall

Eine Ausnahme gilt für Vermögensgegenstände, die dem Zugriff aller übrigen Gläubiger entzogen sind und ausschließlich der Erfüllung von Schulden aus Altersversorgungsverpflichtungen oder vergleichbaren langfristig fälligen Verpflichtungen dienen; entsprechend ist mit den zugehörigen Aufwendungen und Erträgen zu verfahren.

Beibehaltungspflicht von Ansatzmethoden

Festgesetzt wird nun auch in dem neu eingeführten § 246 Abs. 3, dass die auf den vorhergehenden Jahresabschluss angewandten Ansatzmethoden beizubehalten sind. § 252 Abs. 2 ist entsprechend anzuwenden, d. h. es darf nur in begründeten Ausnahmefällen davon abgewichen werden.

4.4.2 Bilanzierungsverbote und -wahlrechte

Blanzierungsverbote

In der alten Fassung (a. F.) des HGB lautete die Überschrift des § 248 „Bilanzierungsverbote". Die dort aufgeführten Tatbestände in den Absätzen 1 und 3 sind auch in die neue Fassung (§ 248 Abs. 1 n. F.) übernommen worden.

Gesetzliche Auflistung

Es sind dies:
1. Aufwendungen für die Gründung eines Unternehmens,
2. Aufwendungen für die Beschaffung des Eigenkapitals und
3. Aufwendungen für den Abschluss von Versicherungsverträgen.

Neuregelung

Aufgegeben wurde hingegen das nach früherem Recht geltende Bilanzierungsverbot für unentgeltlich erworbene immaterielle Vermögensgegenstände des Anlagevermögens (§ 248 Abs. HGB a. F.).

Wahlrecht für selbstgeschaffene immaterielle Anlagegüter

Der § 248 HGB n. F. trägt nun die Überschrift „Bilanzierungsverbote und -wahlrechte". Dementsprechend gilt jetzt im Gegensatz zur früheren Rechtslage im Abs. 2 ein Wahlrecht für die Aufnahme selbst geschaffener immaterieller Vermögensgegenstände des Anlagevermögens als Aktivposten in die Bilanz.

Neuer Bilanzposten

Dafür ist in der Bilanzgliederung für Kapitalgesellschaften in § 266 Abs. 2 unter den immateriellen Vermögensgegenständen ein neuer Posten (Nr. 1) geschaffen worden:
„1. Selbst geschaffene gewerbliche Schutzrechte und ähnliche Rechte und Werte;"

Bilanzierungsverbot

Allerdings wird an dieser Stelle auch ausdrücklich ein Bilanzierungsverbot ausgesprochen für selbst geschaffene Marken, Drucktitel, Verlagsrechte, Kundenlisten oder vergleichbare immaterielle Vermögensgegenstände des Anlagevermögens.

Wegfall früherer Wahlrechte

Grundsätzlich muss hier noch erwähnt werden, dass durch das BilMoG einige Wahlrechte entfallen sind im Hinblick auf die Zielsetzung höherer Transparenz und Annäherung an anglo-amerikanische Bilanzierungsgrundsätze. Beispielhaft sei hier genannt (siehe dazu auch S. 23):

- kein Ansatz der Kosten für Ingangsetzung und Erweiterung des Geschäftsbetriebs als Bilanzierungshilfe
- kein Ansatz eines Sonderposten mit Rücklageanteil
- kein Wahlrecht sondern Pflichtansatz des derivativen (entgeltlich erworbenen) Firmenwerts

- kein Wahlrecht für die Bildung von Aufwandsrückstellungen sowie die unterlassenen Instandhaltungsaufwendungen, die nach der Dreimonatsfrist im Folgejahr nachgeholt werden
- kein Ansatz unter den Rechnungsabgrenzungsposten für als Aufwand berücksichtigte Zölle und Verbrauchsteuern auf Vorräte sowie für als Aufwand berücksichtigte Umsatzsteuer auf Anzahlungen.

Ansatzwahlrecht für Disagio als aktiver Rechnungsabgrenzungsposten

Nicht entfallen ist das Wahlrecht der Aufnahme des Unterschiedsbetrages eines höheren Erfüllungsbetrages einer Verbindlichkeit gegenüber dem Ausgabebetrag unter die Rechnungsabgrenzungsposten auf der Aktivseite gemäß § 250 Abs. 3, der dann durch planmäßige jährliche Abschreibungen zu tilgen ist. Zu beachten ist dabei, dass in der praktisch gleichlautenden Regelung der vorherigen Fassung statt „Erfüllungsbetrag" der Begriff „Rückzahlungsbetrag" verwendet wurde.

4.4.3 Geringwertige Wirtschaftsgüter

Begriffsbestimmung GWG

In den Unternehmen sind praktisch in allen Bereichen auch eine Vielzahl von relativ preiswerten abnutzbaren Wirtschaftsgütern vorhanden (z. B. Bürostühle), die grundsätzlich aktiviert und über die Laufzeit abgeschrieben werden müssten. Aus Vereinfachungsgründen hat hierzu aber das Steuerrecht eine gesonderte Behandlung dieser sogenannten „Geringwertigen Wirtschaftsgüter" (GWG) zugelassen, sofern es sich dabei um bewegliche abnutzbare Wirtschaftsgüter handelte und diese selbstständig nutzbar waren.

Bilanzielle Behandlung

Wenn diese Voraussetzungen vorlagen und eine festgesetzte Wertobergrenze nicht überschritten wurde, konnte das Wirtschaftsgut sofort „voll abgeschrieben" werden, d. h. im Zugangsjahr in voller Höhe als Betriebsausgabe abgesetzt werden.

Öffnungsklausel

Die entsprechende Übernahme diese vorteilhaften Behandlung (stille Reserven, Minderung des steuerpflichtigen Gewinns) war möglich durch die sogenannte Öffnungsklausel des § 254 HGB a. F., der ausdrücklich niedrigere Wertansätze, die auf einer nur steuerrechtlich zulässigen Abschreibung beruhten, zuließ.

Wegfall der Öffnungsklausel

Diese Möglichkeit ist im BilMoG für das Handesrecht entfallen, sodass hierdurch zwangsläufig ein Auseinanderfallen von Handels- und Steuerbilanz resultiert.

Bilanzielle Behandlung ab 2010

Durch das Unternehmensteuerreformgesetz 2008 wurden neue Regelungen getroffen, die durch das Wachstumsbeschleunigungsgesetz von 2009 nochmals modifiziert wurden. Die aktuellen Regelungen, die ab einer Anschaffung im Jahr 2010 gelten, sollen hier kurz aufgelistet werden:

Neben der regulären Abschreibung über die Nutzungsdauer des Wirtschaftsgutes, die für alle Kaufpreise bis 1.000,– € gilt, bestehen folgende Optionen:

- bei Kaufpreis bis 150,– €: sofortige Vollabschreibung;
- bei Kaufpreis von über 150,– € bis 410,– €: sofortige Vollabschreibung oder Einstellung in einen Sammelposten und gleichmäßige Abschreibung über fünf Jahre;
- bei Kaufpreis von über 410,– € bis 1.000,– €: Einstellung in einen Sammelposten und gleichmäßige Abschreibung über fünf Jahre.

Wiederholungsfragen zum 4. Kapitel:

1. Was versteht man unter den Grundsätzen ordnungsmäßiger Buchführung (GoB)? (Seite 29)
2. Nennen Sie einige wesentliche formelle und materielle Grundsätze der Buchführung und Bilanzierung. (Seite 29–30)
3. Was versteht man unter dem „wirtschaftlichen Eigentum" und welche Bedeutung hat dies hinsichtlich der Bilanzierung? (Seite 31)
4. Was versteht man unter einem Bilanzierungswahlrecht? Nennen Sie dazu Beispiele. (Seite 32–33)
5. Worauf begründen sich Bilanzierungsverbote? (Seite 32–33)
6. Welche gesetzlichen Regelungen haben das Prinzip der Maßgeblichkeit geprägt? (Seite 30)

5. Bewertungsgrundsätze

5.1 Überblick

Sofern über die Ansatzfragen im Rahmen der Bilanzierung Klarheit geschaffen ist, kann der Bilanzansatz der Höhe nach festgelegt werden.

Bilanzierung der Höhe nach

Diese als **Bewertung** bezeichnete Aktivität muss natürlich ebenfalls unter den Gesichtspunkten von Bewertungsgeboten, -wahlrechten und -verboten ausgeübt werden.

Die allgemeinen handelsrechtlichen **Bewertungsgrundsätze,** die sich im Laufe der Zeit aus den GoB entwickelt haben, werden seit Inkrafttreten des Bilanzrichtliniengesetzes in § 252 Abs. 1 HGB aufgeführt und erläutert. Dabei handelt es sich im Einzelnen um:

Allgemeine handelsrechtliche Grundsätze

- den Grundsatz des Bilanzenzusammenhangs (Nr. 1)
- den Grundsatz der angenommenen Unternehmensfortführung (Nr. 2)
- den Grundsatz der Einzelbewertung am Abschlussstichtag (Nr. 3)
- den Grundsatz der Vorsicht (Nr. 4)
- den Grundsatz der Periodenabgrenzung (Nr. 5)
- den Grundsatz der Bewertungsstetigkeit (Nr. 6).

Diese allgemeinen Bewertungsgrundsätze sind auch im HGB n. F. (BilMoG) mit einer Ausnahme gleichlautend wieder zu finden. Lediglich in Nr. 6 (Bewertungsstetigkeit) heißt es jetzt: „... Bewertungsmethoden sind beizubehalten." Die vorherige Regelung lautete: „... Bewertungsmethoden sollen beibehalten werden."

Übernahme in BilMoG (mit einer Modifikation)

Aufgrund des nach § 5 Abs. 1 EStG weiterhin geltenden Maßgeblichkeitsprinzips sind diese handelsrechtlichen Regelungen somit auch steuerlich zu beachten. Allerdings gilt dies dann nicht, wenn im Rahmen der Ausübung eines steuerlichen Wahlrechts ein anderer Ansatz gewählt wird oder wurde.

Maßgeblichkeit

5.2 Der Grundsatz des Bilanzenzusammenhangs

Darunter ist zu verstehen, dass alle Bilanzpositionen einer Schlussbilanz in die Eröffnungsbilanz des nächsten Wirtschaftsjahres unverändert übernommen werden **(Bilanzidentität)** müssen.

Bilanzidentität

Eine Durchbrechung dieses Prinzips ist nur ausnahmsweise zulässig, so beispielsweise unter Umständen im Rahmen der steuerlichen Bilanzberichtigung.

Weiterhin ist damit auch die Einhaltung der formellen und materiellen **Bilanzkontinuität** gemeint.

Die **formelle Bilanzkontinuität** zeigt sich in der Einhaltung gleich bleibender Gliederungen, Bezeichnung von Bilanzpositionen u.ä.

Bilanzkontinuität

Unter der **materiellen Bilanzkontinuität** wird einerseits die Beachtung des Wertzusammenhanges verstanden, sofern sich die Verhältnisse nicht geändert haben. Daneben umfasst sie auch die Bewertungsstetigkeit, die die Beibehaltung einer einmal gewählten Bewertungsmethode im Grundsatz erfordert.

5.3 Der Grundsatz der Unternehmensfortführung

Keine Liquidationswerte bei Bewertung

Der Unternehmer hat sich demzufolge bei der Bewertung nicht an Einzelveräußerungspreisen zu orientieren, die etwa bei einer Liquidation in Betracht kämen. Diese erst durch das Bilanzrichtliniengesetz explizit in das Handelsrecht aufgenommene Vorschrift hat sich allerdings im Steuerrecht schon immer aufgrund der Definition des Teilwerts ausgewirkt.

Teilwertbegriff

Dieser **Teilwert** ist nämlich „der Betrag, den ein Erwerber des ganzen Betriebes im Rahmen des Gesamtkaufpreises für das einzelne Wirtschaftsgut ansetzen würde; dabei ist davon auszugehen, dass der Erwerber den Betrieb fortführt" (§ 6 Abs. 1 Nr. 1 Satz 3 EStG).

Abweichungen

Abweichungen von diesem handelsrechtlichen Grundsatz, der auch häufig als **„going-concern-Prinzip"** bezeichnet wird, sind nur bei tatsächlich oder rechtlich anderen Gegebenheiten zulässig.

5.4 Das Stichtagsprinzip

Bilanzstichtag und Wertaufhellung

Dies bedeutet konkret, dass nur die Verhältnisse des Bilanzstichtages von Bedeutung sind. Da aber in der Praxis die Bilanzen erst teilweise erheblich später erstellt werden, können Tatsachen bekannt werden, die für die Verhältnisse am **Bilanzstichtag** von Bedeutung sind. Diese Erkenntnisse sind dann zwingend zu berücksichtigen, wobei man für diesen Tatbestand den Begriff der **Wertaufhellungstheorie** geprägt hat.

Beispiel:

Der Unternehmer erfährt erst nach dem Bilanzstichtag, aber vor der Bilanzaufstellung, dass ein Kunde Insolvenzantrag gestellt hat. Sofern die Vermögensverschlechterung bereits zum Bilanzstichtag eingetreten war, ist die Forderung gegen diesen Kunden im Wert zu berichtigen (abzuschreiben).

5.5 Der Grundsatz der Einzelbewertung

5.5.1 Allgemeine Regelung

Einzelbewertung und Verrechnungsverbot

Dieses Prinzip bedeutet, dass Wirtschaftsgüter auch tatsächlich getrennt erfasst und bewertet werden, wobei ergänzend noch das **Verrechnungsverbot** des § 246 Abs. 2 HGB zu beachten ist, das eine Saldierung von Aktiv- und Passivposten ausdrücklich untersagt. Im Allgemeinen wird als Bewertungsmaßstab von den Anschaffungs- oder Herstellungskosten ausgegangen, auf die an anderer Stelle einzugehen sein wird.

5.5.2 Ausnahmen

Vor allem im Hinblick auf die Vorratsbewertung kann unschwer festgestellt werden, dass die **Einzelbewertung** teilweise äußerst aufwendig und damit unökonomisch oder gar unmöglich ist.

Problematik der Einzelbewertung

Dies lässt sich vor allem an Vorratsbeständen mit schwankenden Einstandspreisen und einer Lagerung, die wie bei Flüssigkeiten zu einer zwangsläufigen Vermischung führt, aufzeigen. Vor allem zur Erleichterung in solchen oder ähnlich gelagerten Fällen sieht das Handelsrecht eine Reihe von Ausnahmefällen vor. Im Einzelnen sind dies insbesonders:

- die **Gruppen- oder Sammelbewertung** mit dem gewogenen Durchschnitt (§ 240 Abs. 4 HGB),
- die **Festbewertung** (§ 240 Abs. 3 HGB),
- **Verbrauchsfolgeverfahren** (§ 256 HGB).

Zulässigkeit im Handels- und Steuerrecht

Die ersten zwei genannten sind im Grunde sowohl handels- als auch steuerrechtlich zulässig und, wie bei der Durchschnittsbewertung leicht einsichtig, die ggf. einzig mögliche Wertermittlung.

Bewertungsvereinfachung

Bei den Verbrauchsfolgeverfahren handelt es sich um ein Bewertungsvereinfachungsverfahren für den Wertansatz gleichartiger Vermögensgegenstände des Vorratsvermögens, das unterstellte (fiktive) Verbrauchs- bzw. Veräußerungsfolgen zulässt. Daher waren dieses Verfahren steuerlich zunächst nicht zugelassen.

Beschränkung

Die Neuregelung des § 256 HGB hat diese Verbrauchsfolgen auf zwei Verfahren begrenzt, nämlich:

FIFO

dass die zuerst ... angeschafften oder hergestellten Vermögensgegenstände zuerst verbraucht oder veräußert worden sind (first in – first out = FIFO) oder

LIFO

dass die ... zuletzt angeschafften oder hergestellten Vermögensgegenstände zuerst verbraucht oder veräußert worden sind (last in – first out = LIFO)

Steuerliche Behandlung

Von dieser Bewertungsvereinfachung in der Ausprägung des LIFO-Verfahrens kann auch steuerlich Gebrauch gemacht werden, soweit dies den handelsrechtlichen Grundsätzen ordnungsmäßiger Buchführung entspricht (§ 6 Abs. 1 Nr. 2a).

Vorteile bei Preissteigerungen

Der Vorteil der LIFO-Bewertung liegt bei steigenden Preisen auf der Hand, da somit die zu höheren Preisen eingekauften Vorräte als Aufwand den Gewinn mindern, während für den Wertansatz der Bestände am Stichtag die niedrigeren Einstandspreise zum Tragen kommen.

5.6 Das Vorsichtsprinzip

Gesetzliche Regelung

Der handelsrechtlichen Bilanzierung lag und liegt auch nach Inkrafttreten des BilMoG der Gläubigerschutz als zentraler Grundsatz zugrunde, was durch die Pflicht, vorsichtig zu bewerten (Vorsichtsprinzip) in § 252 Abs. 1 Nr. 4 festgelegt ist.

Imparitätsprinzip

Dementsprechend sind auch alle vorhersehbaren Risiken und Verluste, die bis zum Stichtag entstanden sind, zu berücksichtigten, selbst wenn diese erst zwischen dem Abschlussstichtag und dem Tag der Aufstellung des Jahresabschlusses bekannt geworden sind (Imparitätsprinzip)

Realisationsprinzip

Eine weitere Präzisierung erfährt das Vorsichtsprinzip durch die Bestimmung, dass Gewinne nur zu berücksichtigen sind, wenn sie am Abschlussstichtag realisiert sind (Realisationsprinzip).

Strenges Niederstwertprinzip

Das insbesondere hinsichtlich der Bildung stiller Reserven bedeutsame Imparitätsprinzip wird für das Anlage- und Umlaufvermögen unterschiedlich gehandhabt, wobei handelsrechtlich bei Vermögensgegenständen des Umlaufvermögens zwingend auf einen niedrigeren Stichtagswert abzuschreiben ist (§ 253 Abs. 4 HGB). Dieser Grundsatz wird als „strenges Niederstwertprinzip" bezeichnet.

Wegfall von Abschreibungsmöglichkeiten

Entfallen ist aber die Möglichkeit, im Umlaufvermögen Abschreibungen zur Berücksichtigung künftiger Wertschwankungen sowie Abschreibungen im Rahmen vernünftiger kaufmännischer Beurteilung vorzunehmen.

Wegfall des Beibehaltungswahlrechtes

Sonderregelung für derivativen Firmenwert

Eine weitere Begrenzung der Bildung bzw. Beibehaltung stiller Reserven ergibt sich aus dem Wegfall des sog. „Beibehaltungswahlrechtes", wonach ein niedrigerer Wertansatz beibehalten werden durfte, auch wenn die Gründe dafür nicht mehr bestanden. Die neue Regelung des § 253 Abs. 5 besagt ausdrücklich, dass ein niedrigerer Wertansatz nicht beibehalten werden darf, wenn die Gründe dafür nicht mehr bestehen. Eine gesonderte Regelung gilt aber für den entgeltlich erworbenen Geschäfts- oder Firmenwert; hier ist ein niedrigerer Wertansatz beizubehalten.

Gemildertes Niederstwertprinzip

Die Wertherabsetzung bei Vermögensgegenständen des Anlagevermögens durch außerplanmäßige Abschreibungen – ohne Rücksicht darauf, ob ihre Nutzung zeitlich begrenzt ist – wurde im Allgemeinen als „gemildertes Niederstwertprinzip" bezeichnet, da eine Wertherabsetzung nur bei voraussichtlich dauernder Wertminderung zwingend war. Somit bestand ein Wahlrecht für eine Wertherabsetzung bei voraussichtlich nicht dauernder Wertminderung. Dieses Wahlrecht kann nach neuem Recht jetzt nur noch bei Finanzanlagen ausgeübt werden. Für die Beibehaltung bzw. Nichtbeibehaltung dieser Wertansätze gilt dieselbe Regelung wie beim Umlaufvermögen.

Zugangs- und Folgebewertung

Das Prinzip vorsichtiger kaufmännischer Bewertung wird auch aus § 253 HGB n. F. ersichtlich, der unter der Überschrift „Zugangs- und Folgebewertung" teilweise völlig neue Regelungen für die „Wertansätze der Vermögensgegenstände und Schulden" (so die Überschrift des § 253 HGB a. F.) festlegt.

Anschaffungs- oder Herstellungskosten als Höchstwert

Planmäßige Abschreibung

Die gesetzliche Vorschrift besagt, dass die Vermögensgegenstände höchstens mit den Anschaffungs- oder Herstellungskosten, vermindert um Abschreibungen nach den Absätzen 3 bis 5, anzusetzen sind. Bei abnutzbaren Anlagegütern gilt dabei zunächst die Pflicht zu planmäßigen Abschreibungen, wobei eine Verteilung auf diejenigen Geschäftsjahre vorzunehmen ist, in denen der Vermögensgegenstand voraussichtlich genutzt werden kann. Eine Festlegung auf bestimmte Abschreibungsmethoden, wie es das Steuerrecht in § 7 EStG vorsieht, erfolgt auch in der Neufassung des HGB nicht.

Die Bedeutung weiterer Herabsetzungspflichten bzw. -wahlrechte bei abnutzbaren und nicht abnutzbaren Vermögensgegenständen ist bereits erläutert worden.

Erfüllungsbetrag für Verbindlichkeiten und Rückstellungen

Der Ansatz von Verbindlichkeiten hat zu ihrem **Erfüllungsbetrag** zu erfolgen. Für Rückstellungen ist in Höhe des nach vernünftiger kaufmännischer Beurteilung notwendigen **Erfüllungsbetrages** ein Wertansatz geboten. Neu eingeführt ist in § 253 Abs. 1 Satz 3 eine Sonderregelung für Altersversorgungsverpflichtungen sowie in Satz 4 die Bewertung für nach § 246 Abs. 2 Satz 2 zu verrechnenden Vermögensgegenstände.

Abzinsungspflicht für langfristige Rückstellungen

Für den Wertansatz von Rückstellungen mit einer Restlaufzeit von mehr als einem Jahr gilt jetzt gemäß § 253 Abs. 2 eine **Abzinsungspflicht** mit dem ihrer Restlaufzeit entsprechenden durchschnittlichen Marktzinssatz der vergangenen sieben Geschäftsjahre. Abweichend davon dürfen Rückstellungen für Altersversorgungsverpflichtungen oder vergleichbares pauschal mit dem Marktzinssatz abgezinst werden, der sich bei einer angenommenen Restlaufzeit von 15 Jahren ergibt. Weitere Informationen dazu, insbesondere hinsichtlich Ermittlung und Bekanntgabe dieser Zinssätze, sind der angegebenen Vorschrift zu entnehmen.

Sonderregelungen

Aufweichung des Gläubigerschutzes

Wie somit zusammenfassend festgestellt werden kann, wird der Gläubigerschutz durch die Einschränkungen bzw. Erweiterungen bei Bewertungsfragen prinzipiell aufgeweicht, was in der Begründung zum BilMoG so dargestellt wurde, dass die allgemeinen Bewertungsprinzipien weiterhin gelten sollten, sie aber in Einzelfällen anders gewichtet werden sollten.

Informationsfunktion

Die Konsequenzen dieser modifizierten Auslegung erlauben somit im Handelsrecht eine Hinwendung zu der in der anglo-amerikanischen Rechnungslegung höher gewichteten **Informationsfunktion** des Jahresabschlusses.

5.7 Der Grundsatz der Periodenabgrenzung

Unerheblichkeit des Zahlungszeitpunktes

> Demzufolge sind Aufwendungen und Erträge unabhängig vom Zeitpunkt der Zahlung im Geschäftsjahr ihrer Entstehung zu erfassen.

Diese Betrachtungsweise ist somit ursächlich für die Erfassung von Wertminderungen abnutzbarer, langlebiger Wirtschaftsgüter in Form von Abschreibungen. Auch die Bildung von Rückstellungen bereits im Wirtschaftsjahr ihrer Verursachung, obzwar Höhe und Zeitpunkt ihres Eintritts erst in der Zukunft entschieden werden, resultieren im Grunde aus diesem Prinzip.

Aktive und passive Rechnungsabgrenzung

Ergänzt wird dieser Grundsatz durch die Forderung in § 250 Abs. 1 und 2 HGB, wonach für Ausgaben (Einnahmen) vor dem Abschlussstichtag, soweit sie Aufwand (Ertrag) für eine bestimmte Zeit danach darstellen, ein aktiver (passiver) **Rechnungsabgrenzungsposten** zu bilden ist. Auch darin ist eine eindeutige Trennung zwischen der Erfassung der Zahlungsströme und der Verwirklichung in der Erfolgsrechnung zu erkennen.

Beispiele:

Eine aktive Rechnungsabgrenzung ist dann geboten, wenn eine Halbjahresprämie für Versicherungen Anfang Dezember vorausbezahlt wurde. Der

Aufwand, der die fünf Monate des Folgejahres betrifft, ist aktivisch abzugrenzen und wird damit in der Erfolgsrechnung des Geschäftsjahres nicht gewinnmindernd wirksam.

Im umgekehrten Fall führt die Vorauszahlung eines Mieters im Dezember für das erste Quartal des Folgejahres zunächst zur Erfassung eines Mietertrages, der aber zum Stichtag durch Gegenbuchung zu einem passiven Rechnungsabgrenzungsposten aus dem Erfolg des Geschäftsjahres eliminiert wird.

Wiederholungsfragen zum 5. Kapitel:

1. Was versteht man in der Bilanz unter „Bewertung"? (Seite 35)
2. Welche handelsrechtliche Rechtsvorschrift zählt die allgemeinen handelsrechtlichen Bewertungsgrundsätze auf? (Seite 35)
3. Grenzen Sie den Grundsatz der formellen Bilanzkontinuität von der materiellen Bilanzkontinuität ab. (Seite 35–36)
4. Welcher Gedanke liegt dem Prinzip der Unternehmensfortführung zugrunde? (Seite 36)
5. Welcher Zusammenhang besteht zwischen dem Stichtagsprinzip und dem Grundsatz der wertaufhellenden Erkenntnisse? (Seite 36)
6. Warum werden vom Prinzip der Einzelbewertung Ausnahmeregelungen erforderlich sein? (Seite 37)
7. Grenzen Sie die wesentlichen Methoden der Verbrauchsfolgebewertung gegeneinander ab. (Seite 37)
8. Inwiefern kann das Niederstwertprinzip als Ausprägung des allgemein gültigen Prinzips der kaufmännischen Vorsicht angesehen werden? (Seite 38)
9. Inwieweit unterscheiden sich die Regelungen hinsichtlich der Abschreibungen auf abnutzbares Anlagevermögen im Handelsrecht und Steuerrecht? (Seite 38)
10. Was versteht man unter dem Grundsatz der Periodenabgrenzung? (Seite 39)

6. Bewertungsmaßstäbe

6.1 Überblick

Wertmaßstäbe bei Bewertung

Das Handels- und Steuerrecht kennt eine Vielzahl von Wertbegriffen. Beispiele solcher **Wertbegriffe** sind:

Anschaffungs- oder Herstellungskosten, Buchwert, Börsen- oder Marktwert, beizulegender Stichtagswert, Nennwert, Rückzahlungsbetrag, Barwert, Teilwert, gemeiner Wert u.a.m.

Aus dieser Fülle von Wertmaßstäben sollen die vor allem für kleine und mittlere Betriebe wesentlichen herausgegriffen und kurz dargestellt werden.

Auf den Sachverhalt der „latenten Steuern" soll nur hingewiesen werden. Es handelt sich um „verborgene" Steuerlasten oder -vorteile, die sich durch Unterschiede im Ansatz und / oder Bewertung von Vermögen bzw. Schulden zwischen der Steuer- und Handelsbilanz ergeben können. Spezielle Hinweise sind der Literatur zu entnehmen.

6.2 Die Anschaffungskosten

Da die meisten Wirtschaftsgüter von Dritten erworben werden, kommt diesem Begriff eine zentrale Bedeutung zu.

Umfang der Anschaffungskosten

Den Umfang der **Anschaffungskosten** legt § 255 Abs. 1 HGB fest, wonach sämtliche Aufwendungen dazugehören, die geleistet werden, um einen Vermögensgegenstand zu erwerben und in betriebsbereiten Zustand zu versetzen. Allerdings müssen diese Aufwendungen einzeln zugeordnet werden können.

Im konkreten Fall bedeutet dies, dass neben dem Anschaffungspreis alle **Anschaffungsnebenkosten** wie Transportkosten, Verpackungskosten, Vermittlungsprovisionen, Montage u.ä. zu aktivieren sind, wobei die abzugsfähige Vorsteuer außer Ansatz bleibt. Alle **Anschaffungspreisminderungen** wie Boni, Skonti u. Ä. sind abzusetzen.

Steuerliche Regelung

Das Steuerrecht folgt dieser Wertermittlung in § 6 EStG mit den dazu ergänzenden Richtlinien.

6.3 Die Herstellungskosten

Definition

Herstellungskosten sind die Aufwendungen, die durch den Verbrauch von Gütern und die Inanspruchnahme von Diensten für die Herstellung eines Vermögensgegenstands, seine Erweiterung oder für eine über seinen ursprünglichen Zustand hinausgehende wesentliche Verbesserung entstehen.

Umfang

Der Umfang der Herstellungskosten wird im § 255 Abs. 2 und 3 HGB festgelegt, wobei neben den direkt auf das Erzeugnis zurechenbaren Materialkosten, Fertigungskosten und Sonderkosten der Fertigung auch angemessene

Teile der Materialgemeinkosten, der Fertigungsgemeinkosten und des Wertverzehrs des Anlagevermögens, soweit dieser durch die Fertigung veranlasst ist, anzusetzen sind.

Anpassung an das Steuerrecht

Diese Regelung bewirkt eine Gleichstellung mit der steuerlichen Behandlung, da handelsrechtlich vor Inkrafttreten des BilMoG nur die direkt zurechenbaren Einzelkosten angesetzt werden mussten.

Wahlrecht

Ein Wahlrecht besteht handels- wie steuerrechtlich für den Wertansatz angemessener Teile der Kosten der allgemeinen Verwaltung, für soziale Einrichtungen des Betriebs, für freiwillige soziale Leistungen und für die betriebliche Altersversorgung, soweit diese auf den Zeitraum der Herstellung entfallen.

Einbeziehungsverbot

Ein Einbeziehungsverbot in die Herstellungskosten besteht für Forschungs- und Vertriebskosten, wobei hierbei die frühere Regelung nur die Vertriebskosten explizit genannt hatte.

Fremdkapitalzinsen

Klargestellt wird im Abs. 3, dass Fremdkapitalzinsen zwar nicht zu den Herstellungskosten gehören. Sofern es sich aber hierbei um Zinsen für Fremdkapital handelt, das zur Finanzierung der Herstellung eines Vermögensgegenstandes dient, dürfen diese Zinsen angesetzt werden, soweit sie auf den Zeitraum der Herstellung entfallen.

Neu eingeführt durch § 255 Abs. 2a ist die Ermittlung der Herstellungskosten eines selbstgeschaffenen immateriellen Vermögensgegenstandes des Anlagevermögens, die die anfallenden Aufwendungen bei dessen Entwicklung umfassen.

Entwicklung

Die Entwicklung wird hierbei definiert als die Anwendung von Forschungsergebnissen oder anderem Wissen für die Neuentwicklung von Gütern oder Verfahren oder die Weiterentwicklung von Gütern oder Verfahren mittels wesentlicher Änderungen.

Forschung

Forschung ist die eigenständige und planmäßige Suche nach neuen wissenschaftlichen oder technischen Erkenntnissen oder Erfahrungen allgemeiner Art, über deren technische Verwertbarkeit und wirtschaftliche Erfolgsaussichten grundsätzlich keine Aussagen gemacht werden können.

6.4 Der Teilwert

Wertansatz für abnutzbare Wirtschaftsgüter im Steuerrecht

Für Wirtschaftsgüter des Anlagevermögens, die der Abnutzung unterliegen, ist der Wertansatz mit den Anschaffungs- oder Herstellungskosten oder dem an deren Stelle tretenden Wert vorgeschrieben, vermindert um die Absetzungen für Abnutzung, erhöhte Absetzungen, Sonderabschreibungen, Abzüge nach § 6b EStG und ähnliche Abzüge (§ 6 Abs. 1 Nr. 1 EStG).

Teilwert

Ist der Teilwert auf Grund einer voraussichtlich dauernden Wertminderung niedriger, so ist dieser anzusetzen. Bei einer nur vorübergehenden Wertminderung entfällt diese Herabsetzungsmöglichkeit (Durchbrechung des Maßgeblichkeitprinzips).

Wertansatz für nicht abnutzbare Wirtschaftsgüter im Steuerrecht

Für nicht abnutzbare Wirtschaftsgüter (Grund und Boden, Beteiligungen, Umlaufvermögen) ist ebenfalls der Wertansatz mit den Anschaffungs- oder Herstellungskosten oder dem an deren Stelle tretenden Wert vorgeschrieben, vermindert um Abzüge nach § 6b EStG und ähnliche Abzüge (§ 6 Abs. 1 Nr. 2 EStG).

Teilwert

Auch hier gilt: ist der Teilwert auf Grund einer voraussichtlich dauernden Wertminderung niedriger, so ist dieser zwingend anzusetzen. Eine Wertaufholung bis maximal zu den Anschaffungskosten (bei abnutzbaren Wirtschaftsgütern bis maximal den fortgeführten Anschaffungs- oder Herstellungskosten) ist erforderlich, wenn die Wertminderung entfallen ist.

Teilwertbegriff

Die Begriffsbestimmung des Teilwerts ist § 6 Abs. 1 Nr. 1 Satz 3 EStG zu entnehmen: „Teilwert ist der Betrag, den ein Erwerber des ganzen Betriebs im Rahmen des Gesamtkaufpreises für das einzelne Wirtschaftsgut ansetzen würde; dabei ist davon auszugehen, dass der Erwerber den Betrieb fortführt."

Fiktionen

In der **Teilwertdefinition** des § 6 Abs. 1 Nr. 1 Satz 3 EStG geht der Gesetzgeber von drei **Fiktionen** (Unterstellungen) aus:

- dem unterstellten Verkauf des gesamten Betriebes an einen gedachten Erwerber,
- der Fortführung des Betriebes,
- der Bestimmung des Einzelwertes im Rahmen des Gesamtkaufpreises.

Aus diesen Gründen ist die Teilwertermittlung in der Praxis notgedrungen auf Schätzungen angewiesen, wobei man sich im Regelfall an den Wiederbeschaffungskosten als Obergrenze und dem Einzelveräußerungspreis als Untergrenze orientiert.

Teilwertvermutungen

Zur genaueren Konkretisierung hat die höchstrichterliche Rechtsprechung des BFH sog. **Teilwertvermutungen** festgelegt, die so lange gelten, solange sie nicht widerlegt werden.

Wiederholungsfragen zum 6. Kapitel:

1. Welche Bestandteile umfasst der Begriff der Anschaffungskosten? (Seite 42)
2. Welche Bestandteile umfasst der Begriff der Herstellungskosten? (Seiten 42, 43)
3. Erläutern Sie den Unterschied zwischen Forschung und Entwicklung! (Seite 43)
4. Wann ist von der Herstellung eines Vermögensgegenstandes zu sprechen? (Seite 42)
5. Nennen Sie die wesentlichen Begriffsmerkmale des Teilwerts. (Seiten 43, 44)

7. Grundlagen der Jahresabschlussanalyse

7.1 Inhalt und Zielsetzung der Jahresabschlussanalyse

Unternehmensanalyse und Bilanzanalyse

Im Allgemeinen wird unter der Aufbereitung des Jahresabschlusses die Analyse und kritische Auswertung von Bilanz, Gewinn- und Verlustrechnung sowie anderer, überwiegend aus dem Rechnungswesen gewonnener Materialien verstanden. Da jedoch der Unternehmensbilanz die zentrale Rolle bei der Darstellung von Vermögen und Kapital zugeschrieben werden kann, wird – vor allem in der Praxis – häufig der (zu enge) Begriff **Bilanzanalyse** verwendet.

Ziel der Jahresabschlussanalyse

Hauptsächliches Ziel aller Auswertungen ist die Gewinnung von aussagefähigen Erkenntnissen über die gegenwärtige wirtschaftliche Lage sowie künftige Entwicklungen des Unternehmens.

Dazu ist allerdings eine umfassende Aufbereitung des betrieblichen Zahlenmaterials, wie im Folgenden dargestellt wird, notwendig.

7.2 Arten und Methoden der Jahresabschlussanalyse

7.2.1 Arten der Analyse

Interne Analyse

Den höchsten Informationsgehalt bietet naturgemäß die Auswertung von internen Betriebsdaten **(interne Analyse)**; allerdings sind diese Erkenntnisse nur einem begrenzten Kreis (Unternehmenseigner und Personen mit ähnlicher Funktion) zugänglich.

Es ist aber mit Sicherheit anzunehmen, dass vor der Durchsetzung unternehmerischer Zielsetzungen – insbesondere hinsichtlich zusätzlicher Kapitalbeschaffung, Vergrößerung von Marktanteilen u.ä. – zu einem wesentlichen Teil auf entsprechende Analysen zurückgegriffen wird.

Da interne Betriebsdaten zwangsläufig den interessierten Außenstehenden (Kreditgeber, Konkurrenz, Kunden, Lieferanten, Belegschaft u.a.) verborgen bleiben, sind diese auf die Auswertung jedermann zugänglicher Informationen angewiesen.

Externe Analyse

Hierbei handelt es sich vor allem um veröffentlichte Jahresabschlüsse von Kapitalgesellschaften, Erhebungen von Statistischen Ämtern, Kammern, Verbänden, Banken u.ä. **(externe Analyse)**.

Statistische Quellen

Stellvertretend für jedermann zugängliche, umfangreiche Statistiken sollen hier die statistischen Sonderveröffentlichungen der Deutschen Bundesbank sowie des elektronischen Bundesanzeigers genannt werden.

Aus den obigen Ausführungen sind zwangsläufig weitere Komponenten der Erkenntnisgewinnung abzuleiten.

Ohne die Berücksichtigung früherer Jahresabschlüsse sind Entwicklungstendenzen nicht interpretierbar. Solche im Allgemeinen **Zeitvergleich** oder **vertikaler Vergleich** genannte Darstellungen umfassen in Veröffentlichungen von großen Kapitalgesellschaften meist bis zu zehn Jahresabschlüsse.

Vertikale Analyse (Zeitvergleich)

Daneben ist es für jede kritische Auswertung der eigenen Unternehmensdaten unverzichtbar, eine Gegenüberstellung mit Vergleichswerten der Branche durchzuführen.

Nur die zusätzliche Berücksichtigung **branchentypischer Besonderheiten (horizontaler Vergleich)** kann eine sinnvolle Analyse abrunden. Qualifizierte Untersuchungen umfassen daher eine Vielzahl aufeinander folgender Jahresabschlüsse und berücksichtigen die erwähnten allgemein zugänglichen Veröffentlichungen.

Horizontale Analyse (Branchenvergleich)

7.2.2 Analysemethoden und Kennzahlenbildung

Zur Beurteilung einer Unternehmung sind einzelne Zahlen oder sonstige Angaben sicher von Bedeutung; so können Beschäftigtenzahl, Auftragsbestand, Angaben zu einzelnen Positionen von Aktiva und Passiva etc. durchaus interessant sein. Dennoch muss der Aussagegehalt für wichtige Erkenntnisse aus Einzelangaben immer unbefriedigend bleiben.

Einzelangaben

> Das wesentliche Element von Jahresabschlussanalysen ist die Bildung von **Kennzahlen** bzw. **Verhältniszahlen** (Relationen).

Kennzahlenbildung

Dabei werden i.d.R. zwei Zahlenwerte aufeinander bezogen, um dann als Beziehungs-, Gliederungs- oder Index-Zahl die Erkenntnisgewinnung zu verbessern.

Bei **Beziehungszahlen** muss ein sinnvoller Zusammenhang zwischen an sich nicht miteinander korrespondierenden Zahlenwerten unterstellt bzw. hergestellt werden.

Beziehungszahlen

Beispiel:

Die Deckungsrelation A setzt das Eigenkapital in Beziehung zum Anlagevermögen. Da das Anlagevermögen dauerhaft im Betrieb gebunden ist, sollte es möglichst durch dem Betrieb ebenfalls dauerhaft zur Verfügung stehendes Kapital finanziert sein, was vor allem auf das Eigenkapital zutrifft. Der sinnvolle Zusammenhang wird hier also durch die Bindungsfristen von Kapital und Vermögen hergestellt.

Bei **Gliederungszahlen** setzt man eine Teilmenge zu einer entsprechenden Gesamtmenge ins Verhältnis, wobei die Gesamtmenge i.d.R. gleich 100 (Prozent) gesetzt wird.

Gliederungszahlen

Beispiel:

Die Eigenkapitalquote zeigt den prozentualen Anteil des Eigenkapitals am Gesamtkapital eines Unternehmens. Das Eigenkapital ist dabei die Teilmenge vom Gesamtkapital (Gesamtmenge), das sich aus Eigenkapital und Fremdkapital zusammensetzt.

Index- oder Maßzahlen ergeben sich aus der Beziehung gleichartiger Mengen aus verschiedenen Perioden auf eine Basismenge, die gleich 100 (Prozent)

Index-Zahlen

gesetzt wird. Daraus kann abgelesen werden, um wieviel Prozent sich ein Vergleichswert (z. B. der Umsatz im Jahr 2010) gegenüber der Ausgangsgröße (z. B. dem Umsatz des Jahres 1995 = 100 %) verändert hat. Solche Kennzahlen sind vor allem in der Statistik (Preisindex der Lebenshaltung u. ä.) gebräuchlich.

Benchmarking

Eine weitere Vergleichsmöglichkeit stellt das „Benchmarking" dar. Die Durchführung eines Benchmarkings beruht auf der „Orientierung an den Besten einer vergleichbaren Branche" (Wikipedia). Allerdings sind einige Voraussetzungen zu beachten, um nicht Fehler in der Anwendung zu begehen.

Vergleich mit anderen Kennzahlen oder Normwerten

Grundsätzlich ist es immer Ziel der Jahresabschlussanalyse, solche Kennzahlen mit denen früherer Perioden und anderer Unternehmen der eigenen Branche zu vergleichen. Auch die Vorgabe bestimmter, gewünschter Kennzahlenwerte und der Vergleich mit den realisierten Beträgen ist zur Unternehmensbeurteilung sinnvoll. Ergänzend zu den vielfältigen Kennzahlen ist natürlich das Beiziehen von Statistiken, tabellarischen und grafischen Darstellungen, Diagrammen u.ä. der Urteilsbildung hilfreich.

Abschließend soll aber nicht unerwähnt bleiben, dass in der Literatur eine Ausuferung hinsichtlich immer neuer Kennzahlen zu verzeichnen ist, die wenig oder keine zusätzlichen Erkenntnisse vermitteln. Zudem sind auch die oft uneinheitlichen Begriffsbezeichnungen der Analyse nicht gerade zuträglich.

Wiederholungsfragen zum 7. Kapitel:

1. Welche Unterlagen werden grundsätzlich bei der Analyse des Jahresabschlusses zur Informationsgewinnung herangezogen? (Seite 46)
2. Welche Zielsetzung liegt der Jahresabschlussanalyse zugrunde? (Seite 46)
3. Grenzen Sie die interne von der externen Analyse ab. (Seite 46)
4. Was versteht man unter einer vertikalen Analyse? (Seite 47)
5. Was versteht man unter einer horizontalen Analyse? (Seite 47)
6. Welche Arten von Verhältniszahlen kann man bei der Kennzahlenbildung grundsätzlich unterscheiden? (Seite 47)
7. Was versteht man unter Benchmarking? (Seite 48)

8. Informationsquellen der Abschlussanalyse

8.1 Der Jahresabschluss bei Einzelunternehmen und Personengesellschaften

Bilanz und GuV im Jahresabschluss

Der Jahresabschluss umfasst die Bilanz sowie Gewinn- und Verlustrechnung (GuV) einer Unternehmung und ist gemäß § 242 HGB von allen (Voll-)Kaufleuten zu erstellen. Zu beachten sind die Ausnahmen des § 249 a HGB.

Buchführungspflicht

Da auch kleinere Handwerksbetriebe i.d.R. die Kaufmannseigenschaft (ggf. zusätzlich) besitzen (z.B. eine Kfz-Werkstatt, die Ersatzteile verkauft) oder aufgrund von Art oder Umfang des handwerklichen Gewerbebetriebs ein kaufmännischer Geschäftsbetrieb erforderlich ist (vgl. § 1 HGB), kann im Allgemeinen von einer handelsrechtlichen Buchführungspflicht ausgegangen werden. Ausnahme § 241 a HGB.

Die Neuregelung nach dem BilMoG läuft allerdings häufig ins Leere, da Buchführung, Inventar, Bilanz und Gewinn- und Verlustrechnung für jeden Kaufmann unerlässliche interne Kontroll- und Dokumentationsinstrumente sind. Außerdem verlangen Banken häufig die Vorlage eines Jahresabschlusses.

8.2 Der Jahresabschluss bei Kapitalgesellschaften

Anhang und Lagebericht als Zusatz

Kapitalgesellschaften (Aktiengesellschaft, Kommanditgesellschaft auf Aktien, Gesellschaft mit beschränkter Haftung) haben nach § 264 HGB einen Anhang als weiteren Bestandteil des Jahresabschlusses sowie zusätzlich einen Lagebericht zu erstellen.

GmbH

Da auch bei Klein- und Mittelbetrieben die Rechtsform der Gesellschaft mit beschränkter Haftung (GmbH) nicht selten gewählt wird (Haftungsbeschränkung, Unternehmensfortführung), dürfen diese zusätzlichen Informationsquellen nicht unberücksichtigt bleiben. Vor allem dem **Anhang** sollte Aufmerksamkeit gewidmet werden, da diesem wichtige Erläuterungen zu allgemeinen **Bilanzierungs- und Bewertungsgepflogenheiten** sowie zu einzelnen Positionen der Bilanz und GuV zu entnehmen sind.

Lagebericht

Der **Lagebericht** soll, wie der Name schon erkennen lässt, in kommentierender Form die **Vermögens- und Ertragslage** sowie künftige **Unternehmensperspektiven** darstellen. Unter diesem Aspekt kommt ihm sicherlich eine wesentliche Rolle im Rahmen der Bilanzanalyse zu.

Die Größenklassen nach dem seitherigen § 267 HGB werden durch die Neufassung des § 267 HGB verändert. Die Schwellenwerte für Bilanzsumme und Umsatz werden um ca. 20 % erhöht. Im Einzelnen gilt:

Größenklassen:

Kleine Kapitalgesellschaften:
- Bilanzsumme bis 4.840.000,– €
- Umsatzerlöse bis 9.680.000,– €
- Arbeitnehmer bis 50

Mittelgroße Kapitalgesellschaften:
- Bilanzsumme bis 19.250.000,– €
- Umsatzerlöse bis 38.500.000,– €
- Arbeitnehmer bis 250

Nach dem BilMoG wird der bisherige § 5 Abs. 1, 5.2 EStG gestrichen, d.h. ein Wegfall der umgekehrten Maßgeblichkeit. Zur Verbesserung der Aussagekraft der Handelsbilanz werden die handelsrechtlichen Öffnungsklauseln zur Beibehaltung der steuerlichen Werte aufgehoben.

Wiederholungsfragen zum 8. Kapitel:

1. Erläutern Sie die Voraussetzungen für das Vorliegen einer Buchführungspflicht nach Handelsrecht und Steuerrecht. (Seite 50)
2. Welche Bestandteile umfasst der Jahresabschluss einer Kapitalgesellschaft? (Seite 50)
3. Wodurch können sich handelsrechtliche Jahresabschlüsse von steuerlichen Abschlüssen unterscheiden? (Seite 50)
4. Inwieweit können aus dem Anhang und Lagebericht wichtige Informationen abgeleitet werden? (Seite 50)

9. Bilanzorientierte Unternehmensanalyse

9.1 Strukturbilanz

Bilanzgliederung nach Handelsrecht

Das überwiegend der Bilanzgliederung zugrunde gelegte handelsrechtliche Schema des § 266 HGB ist für betriebswirtschaftliche Untersuchungen wenig geeignet. Zum einen versperrt die Vielzahl von Einzelinformationen den Blick für das Wesentliche, zum anderen mangelt es oft vor allem an Informationen über Bindungsfristen von Kapital und Vermögen.

Aufbereitung und Umstrukturierung

Daher ist es notwendig, zunächst eine Aufbereitung und **Umstrukturierung der Bilanzen** vorzunehmen. Als praktikabel hat sich dabei vor allem folgendes Schema erwiesen:

Aufbereitungsschema der Bilanz

Aktiva	Passiva
I. Anlagevermögen 1. Immaterielle Vermögensposten und Sachanlagen 2. Finanzanlagen II. Umlaufvermögen 1. Vorräte 2. Forderungen 3. Sonstiges Umlaufvermögen 4. Flüssige Mittel	I. Eigenkapital II. Fremdkapital 1. Langfristiges Fremdkapital 2. Mittelfristiges Fremdkapital 3. Kurzfristiges Fremdkapital

Abb. 3: Schema zur Umstrukturierung der Bilanzen

Die bereits erwähnte Uneinheitlichkeit in der Fachliteratur zeigt sich leider auch hier in teilweise abweichenden Schemata.

Liquidität und Fristigkeit

> Grundsätzlich kann aber festgestellt werden, dass in allen Fällen die Vermögensposten (Aktiva) nach dem Gesichtspunkt der Liquidierbarkeit und die Kapitalposten (Passiva) nach Zugehörigkeit zum Eigen- bzw. Fremdkapital sowie der Fristigkeit zugeordnet werden.

Umgliederungen

Häufig sind dabei auch **Umgliederungen** oder Saldierungen notwendig, da bilanzrechtliche Vorschriften nicht unbedingt betriebswirtschaftliche Zusammenhänge berücksichtigen. So werden unter den flüssigen Mitteln i.d.R. auch die Wertpapiere des Umlaufvermögens sowie die Besitzwechsel eingeordnet, da sie meist problemlos zu Geldwerten umgewandelt werden könnten. Dies ist nicht immer gegeben.

Saldierungen

Saldierungen werden vor allem erforderlich bei passivisch ausgewiesenen Wertberichtigungen, die allerdings bei Kapitalgesellschaften im Jahresabschluss nicht zugelassen sind.

Beispiele:

Verrechnung der Pauschal- bzw. Einzelwertberichtigungen zu Forderungen mit dem Forderungsbestand auf der Aktivseite.

Verrechnung des Eigenkapitals mit auf der Aktivseite ausgewiesenen eigenen Anteilen, ausstehenden Einlagen oder einem Verlustposten.

Langfristiges, mittelfristiges, kurzfristiges Fremdkapital

Langfristiges Fremdkapital wird in Anlehnung an die Regelung des Handelsrechts bei über fünf Jahren, **kurzfristiges Fremdkapital** bei einer Restlaufzeit bis zu einem Jahr angenommen. Mittelfristig ist somit der dazwischen liegende Zeitraum, allerdings fehlen bei den meisten Bilanzen dazu verwertbare Angaben (mit Ausnahme der veröffentlichten Bilanzen von Kapitalgesellschaften).

Als praktikabel wird es daher überwiegend angesehen, alle Fremdmittel mit Restlaufzeiten über einem Jahr zum langfristigen Kapital zu rechnen. Dies ist der Erkenntnisgewinnung aus Unternehmensanalysen sicherlich nicht abträglich, da für Probleme der Liquidität, d.h. der jederzeitigen Zahlungsbereitschaft, Restlaufzeiten über einem Jahr unerheblich sind.

Prozentwerte mit Bilanzsumme als Bezugsgröße

Zur Strukturbilanz wird diese entsprechend zusammengefasste und umgegliederte Bilanz letztlich durch die zusätzliche Einführung von Relationen. Dabei entspricht die Bilanzsumme als sinnvolle Bezugsgröße jeweils dem Wert von 100 %, sodass die jeweiligen Bilanzposten neben ihren absoluten Beträgen auch als prozentualer Anteil dargestellt werden können.

Beispiel:

Das Eigenkapital eines Unternehmens beträgt zwei Millionen €; bezogen auf ein Gesamtkapital (Bilanzsumme) von fünf Millionen € entspricht dies einer Eigenkapitalquote von 40 Prozent. Dies ist eine wichtige Beurteilungsgrundlage der Unternehmensfinanzierung, vor allem im Hinblick auf weitere Fremdmittelvergaben durch Kreditinstitute.

9.2 Kennzahlen der Vermögensstruktur

Als grundlegende Kennzahl der Vermögensstruktur gilt das Verhältnis

Konstitution

$$\frac{\text{Anlagevermögen}}{\text{Umlaufvermögen}} = \textbf{Konstitution}$$

Da jedoch aufbereitete Strukturbilanzen die Bilanzsumme als Bezugsgrundlage aufweisen, wird diese Kennzahl i.d.R. zerlegt in das Verhältnis von

Intensität des Anlagevermögens/Umlaufvermögens

$$\frac{\text{Anlagevermögen}}{\text{Bilanzsumme}} \text{ bzw. } \frac{\text{Umlaufvermögen}}{\text{Bilanzsumme}} = \textbf{Intensität}$$

Die damit direkt aus der aufbereiteten Bilanz abgeleiteten Werte (im Allgemeinen als Prozentwerte) werden dann meist als **Intensität des Anlagevermögens bzw. des Umlaufvermögens** bezeichnet.

Des Weiteren kann sich eine Bilanzauswertung natürlich auch auf bestimmte Gruppen des Anlagevermögens bzw. Umlaufvermögens erstrecken.

Beispiele:

Die Intensität des Sachanlagevermögens wird durch das Verhältnis ausgedrückt:

Intensität des Sachanlagevermögens

$$\frac{\text{Sachanlagevermögen}}{\text{Bilanzsumme}} = \textbf{Sachanlagenintensität}$$

Vorratsintensität

Die Vorratsintensität ergibt sich aus folgendem Verhältnis:

$$\frac{\text{Vorräte}}{\text{Bilanzsumme}} = \textbf{Vorratsintensität}$$

Aussagekraft

Im Grundsatz soll die Vermögensstruktur (Konstitution) die **Zusammensetzung der Vermögenseite des Unternehmens** darstellen. Allerdings kann nicht aus einem hohen (niedrigen) Prozentwert auf eine gute (schlechte) Anlagenintensität geschlossen werden. Eine Aussagekraft ergibt sich nur dann, wenn die Vermögensstruktur über mehrere Jahre hinweg und mit einem Branchendurchschnitt verglichen werden kann.

Anlagevermögen und Kapazität

So lässt im Allgemeinen abnehmendes Anlagevermögen, verbunden mit abnehmendem Umlaufvermögen, auf eine **Kapazitätsverringerung** schließen. Umgekehrt weist steigendes Anlagevermögen auf **Kapazitätserweiterung** und/oder Rationalisierungen hin. Allerdings ist dabei zu berücksichtigen, dass Anlagegüter zunehmend geleast werden; soweit die Aktivierung dann beim Leasinggeber erfolgt, ist die Vermögensstruktur natürlich verfälscht.

Leasing

Anlagenintensität und Unternehmensflexibilität

Zusammenfassend kann vermutet werden, dass ein hohes Anlagevermögen i.d.R. mit einem hohen **Rationalisierungsgrad** und geringeren Personalkosten einhergeht. Andererseits werden dadurch auch fixe Kosten verursacht, sodass die **Flexibilität des Unternehmens,** vor allem bei abnehmendem Beschäftigungsgrad, beeinträchtigt wird.

9.3 Kennzahlen der Kapitalstruktur

Als grundlegende Kennzahl der Kapitalstruktur gilt das Verhältnis

Finanzierung

$$\frac{\text{Eigenkapital}}{\text{Fremdkapital}} = \textbf{Finanzierung}$$

Aus den bereits bei der Vermögensstruktur dargelegten Gründen (Bilanzsumme als Bezugsgrundlage) wird diese Kennzahl überwiegend ersetzt durch das Verhältnis von

$$\frac{\text{Eigenkapital}}{\text{Bilanzsumme}} \text{ bzw. } \frac{\text{Fremdkapital}}{\text{Bilanzsumme}} = \textbf{Eigen- bzw Fremdkapitalquote}$$

Eigenkapital-/ Fremdkapitalintensität

Die entsprechenden Kennzahlen werden dann als **Eigenkapitalintensität** oder **-quote** bzw. **Fremdkapitalintensität** oder **-quote** bezeichnet. Für letztere Kennzahl ist auch der Begriff Verschuldungsgrad oder Anspannungskoeffizient gebräuchlich.

Auch hier sind weitere Untergliederungen möglich, so etwa zur Ermittlung der Kennzahl

Kurzfristige Verschuldungsquote

$$\textbf{Kurzfristige Verschuldungsquote} = \frac{\text{Kurzfristiges Fremdkapital}}{\text{Bilanzsumme}}$$

die für Liquiditätsbeurteilungen von Bedeutung sind.

Sicherungsfunktion des Eigenkapitals

Wie bei der Vermögensstruktur ist auch bei der **Kapitalstruktur** ein bestimmtes Verhältnis nicht generell als gut oder schlecht zu bezeichnen. Allerdings wird meist gefordert, das Eigenkapital sollte absolut und relativ so hoch wie möglich sein, vor allem im Hinblick auf seine Sicherungsfunktion für Kreditaufnahmen und konjunkturellen Schwankungen.

1 : 1-Regel

In der Literatur wurde häufig, vor allem mit Hinweis auf Gepflogenheiten von Banken, eine 1 : 1-Regel für die Kapitalstruktur postuliert, d. h. das Eigenkapital sollte (mindestens) so hoch wie das Fremdkapital sein. Von dieser Forderung wurde inzwischen abgerückt, da gerade hier von Branche zu Branche völlig unterschiedliche und meist wesentlich ungünstigere Relationen festzustellen sind.

Durchschnittliche Eigenkapitalquote

Tatsächlich liegt laut Statistik die Eigenkapitalausstattung deutscher Unternehmen durchschnittlich bei 20 %. Da auch bei diesem Prozentwert die Bilanzsumme als Bezugsgröße gilt, ist dies im Hinblick auf die o.a. Kapitalstruktur-Regel natürlich nicht das Verhältnis 1 : 5, sondern entspricht einem Wert von 1 : 4.

Kreditwürdigkeit, Krisensicherheit

Zusammenfassend kann festgestellt werden, dass eine hohe Eigenkapitalquote die Kreditwürdigkeit des Unternehmens stärkt. Des Weiteren wird das Unternehmen dadurch als weniger krisenanfällig angesehen, da beispielsweise steigende Zinsdienste für Fremdkapital weniger ins Gewicht fallen. Nicht zuletzt ist hinsichtlich der langfristigen Kapitalbindung im Anlagevermögen ein hoher Anteil von Eigenkapital, das ja dem Unternehmen unbefristet zur Verfügung steht, von Vorteil.

9.4 Kennzahlen der Finanzstruktur

Die **Finanzstruktur** untersucht im Gegensatz zu den beiden bisher dargestellten (vertikalen) Strukturregeln Beziehungen zwischen Aktiv- und Passivseite der Bilanz.

Goldene Bilanzregel

Da das dauerhaft gebundene Anlagevermögen möglichst durch dauerhaft verfügbares Kapital gedeckt sein sollte (sog. **Fristenkongruenz**), ergab sich als logische Konsequenz der sog. Deckungsgrad im engeren Sinne oder Deckungsgrad A, der bei dem Verhältnis

$$\frac{\text{Eigenkapital}}{\text{Anlagevermögen}} = \textbf{Deckungsgrad A} \text{ oder Deckungsgrad im engeren Sinne}$$

Deckungsgrad A oder Deckungsgrad im engeren Sinne

mindestens 1 bzw. 100 % betragen sollte. Im Hinblick auf die schlechte Eigenkapitalausstattung deutscher Unternehmen ist diese Forderung natürlich nur bedingt realistisch. Das Risiko spielt hierbei eine wichtige Rolle.

Einbeziehung langfristigen Fremdkapitals

Im Hinblick auf Kapitalbindungsfristen ist es daher eine notwendige und sinnvolle Folgerung, auch noch das langfristige Fremdkapital in die Anlagendeckung einzubeziehen. Diese sollte dann mindestens mehr als 1 bzw. 100 % betragen und wird dargestellt durch das Verhältnis (= Deckungsgrad im weiteren Sinne).

$$\frac{\text{Eigenkapital + langfristiges Fremdkapital}}{\text{Anlagevermögen}} = \textbf{Deckungsgrad B} \text{ oder Deckungsgrad im weiteren Sinne}$$

Deckungsgrad B oder Deckungsgrad im weiteren Sinne

Insbesondere Kreditinstitute legen auf die Einhaltung dieser Mindestforderung großen Wert.

Verbesserung der Finanzstruktur

Sofern Maßnahmen zur **Verbesserung der Finanzstruktur** notwendig sind, bieten sich verschiedene Möglichkeiten an, wobei Umschuldung und Verzicht oder Verminderung von Gewinnausschüttungen wohl am ehesten praktiziert werden. Eine mögliche Erhöhung des Eigenkapitals durch Aufnahme neuer Gesellschafter oder Umwandlung von Fremdkapital in Eigenkapital dürfte für kleinere Unternehmen wohl eher untypisch, weil vielfach schwierig, sein.

9.5 Kennzahlen der Finanzlage

Liquidität

Auch die **Finanzlage** kann anhand von Beziehungen zwischen Aktiv- und Passivseite der Bilanz analysiert werden, wobei hier im Vordergrund die Frage einer befriedigenden Finanzlage, d.h. der Liquidität des Unternehmens steht.

Unter **Liquidität** wird dabei üblicherweise die Bereitschaft verstanden, jederzeit den fälligen Zahlungsverpflichtungen genügen zu können.

Bei den aus der Bilanz abgeleiteten Liquiditätskennzahlen sind grundsätzlich drei Ausprägungen zu unterscheiden, die im Folgenden kurz dargestellt werden (vgl. dazu auch die Ausführungen auf den Seiten 83–85).

$$\frac{\text{liquide Mittel x 100}}{\text{kurzfristiges Fremdkapital}} = \textbf{Liquidität 1. Grades} \text{ oder Barliquidität}$$

Liquidität 1. Grades

$$\frac{\text{(liquide Mittel + kurzfristige Forderungen) x 100}}{\text{kurzfristiges Fremdkapital}} = \textbf{Liquidität 2. Grades} \text{ oder einzugsbedingte Liquidität}$$

Liquidität 2. Grades

Liquidität 3. Grades

$$\frac{\text{gesamtes Umlaufvermögen x 100}}{\text{kurzfristiges Fremdkapital}} = \text{Liquidität 3. Grades oder Umsatzliquidität}$$

Barliquidität mindestens 20 %

Natürlich wäre die jeweilige Liquidität immer ausreichend, wenn die Kennzahl jeweils mindestens 1 (bzw. 100 %) oder größer wäre. Dies ist hinsichtlich der Barliquidität jedoch unrealistisch, da den momentan verfügbaren liquiden Mitteln Verbindlichkeiten mit Fälligkeiten von bis zu zwölf Monaten gegenübergestellt werden. Deshalb wird es in der Praxis als ausreichend angesehen, wenn die Barliquidität mindestens 20 % beträgt.

Stichtagsorientierung

Gerade bei der Liquiditätslage zeigen sich aber auch die **Grenzen einer Bilanzanalyse**, denn die ausgewerteten Zahlen sind Vergangenheitswerte. Weiterhin ist zu beachten, dass die Bilanz eine **Stichtagsrechnung** ist, sodass später zu erwartende – vorhersehbare wie unvorhersehbare – Liquiditätszuflüsse oder -abflüsse unberücksichtigt bleiben.

Für ein genaueres Bild der Liquiditätslage sind daher zusätzliche Auswertungen erforderlich:

Bewegungsbilanz

– Im Rahmen einer **Bewegungsbilanz** (siehe Kapitel 12.1) wird der statische Charakter der Stichtagsorientierung gemildert, da hierbei die Differenzen zweier aufeinander folgender Bilanzen finanzwirtschaftlich gegenübergestellt werden.

Cash-flow

– Der **„Cash-flow"** (siehe Kapitel 11.3 und 13.4.4.) und seine unterschiedlichen Ausprägungen sind eine weitere wichtige finanzwirtschaftliche Beurteilungsgröße.

Finanzpläne

– In der Praxis werden darüber hinaus Liquiditätsbetrachtungen grundsätzlich mit der Erstellung von **Finanzplänen** verbunden; darauf soll aber hier nicht näher eingegangen werden, da sie im Rahmen von Teil 2: Finanzwirtschaft behandelt werden.

Wiederholungsfragen zum 9. Kapitel:

1. Aus welchen Gründen ist eine nach § 266 HGB gegliederte Bilanz für Auswertungen wenig geeignet? (Seite 53)
2. Nach welchen Gesichtspunkten werden die Vermögensposten bei der Bilanzaufbereitung im Regelfall geordnet? (Seite 53)
3. Nach welchen Gesichtspunkten werden die Passivposten im Allgemeinen zusammengefasst und geordnet? (Seite 53)
4. Was versteht man unter der Konstitution? (Seite 54)
5. Was versteht man unter der Intensität des Anlage- bzw. Umlaufvermögens? (Seite 54)
6. Welche Aussagekraft hat die Anlagenintensität hinsichtlich des Rationalisierungsgrades und der Flexibilität eines Unternehmens? (Seite 55)
7. Nennen und kommentieren Sie Kennzahlen der Kapitalstruktur eines Unternehmens. (Seite 55)
8. Welche Forderung wird mit der sog. „1 : 1-Regel" erhoben und inwieweit ist diese in der Praxis realisiert? (Seite 56)
9. Inwieweit ist hinsichtlich der Finanzstruktur die Einhaltung bestimmter Deckungsgrade von Bedeutung? (Seite 55–57)
10. Erläutern Sie die drei Liquiditätsgrade und die Grenzen ihrer Aussagefähigkeit. (Seite 57–58)

10. GuV-orientierte Unternehmensanalyse

10.1 Strukturelle Aufbereitung

Aufbereitung der GuV: Staffelform im Gesamtkostenverfahren

Wie bei der Bilanz bereits dargestellt, ist auch die GuV-Rechnung ohne Aufbereitung, d.h. ohne Umgliederungen, Zusammenfassungen, Zwischenergebnisse u.ä. nicht aussagekräftig. Dabei ist es sinnvoll, die nach § 275 Abs. 2 HGB für Kapitalgesellschaften obligatorische Staffelform **nach dem Gesamtkostenschema** zugrunde zu legen.

Diese Vorgehensweise lässt sich rechtfertigen, da das nach § 275 Abs. 3 zulässige **Umsatzkostenverfahren** in der Praxis nur bei wenigen und dann meist sehr großen und international tätigen Kapitalgesellschaften (z.B. DaimlerChrysler AG, Deutsche Bank AG, BASF AG u.a.) angewandt wird.

Zwischenergebnisse

Da die Vorschriften bezüglich der Staffelform für die bei kleinen und mittleren Unternehmen eher typischen Nicht-Kapitalgesellschaften (außer der GmbH) unerheblich sind, kann eine GuV-Rechnung auch in Kontoform mit Gegenüberstellung von Aufwendungen und Erträgen erstellt werden, ist jedoch nicht mehr üblich. Jedoch ist eine Umgliederung zu dem im Folgenden beschriebenen Schema unproblematisch und schon wegen der Zwischenergebnisse zu empfehlen.

Aufbereitetes GuV-Schema

Als praktikables Ergebnis dieser Erwägungen soll daher das folgende Aufbereitungsschema stehen.

Aufbereitungsschema der GuV-Rechnung

1.		Gesamtleistung (bzw. Umsatzerlöse ± Bestandsveränderungen und aktivierte Eigenleistungen)	
2.	./.	Materialaufwand	
3.	=	Rohertrag	= erstes Zwischenergebnis
4.	+	Sonstige betriebliche Erträge	
5.	./.	Personalaufwand	
6.	./.	Abschreibungen	
7.	./.	Sonstige betriebliche Aufwendungen	
8.	=	Betriebsergebnis (vor Steuern)	= zweites Zwischenergebnis
	+	bzw.	
9.	./.	Finanzergebnis	= drittes Zwischenergebnis
	+	bzw.	
10.	./.	Außerordentliches Ergebnis	= viertes Zwischenergebnis
11.	=	Jahresüberschuss (vor Steuern)	= fünftes Zwischenergebnis
12.	./.	Steuern vom Einkommen und Ertrag	
13.	=	Jahresüberschuss	= Gesamtergebnis

Abb. 4: Aufbereitungsschema der GuV-Rechnung

Weiterhin zeigt die Praxis schon seit längerem, dass sich die i.d.R. zur Erstellung von Bilanz und GuV beauftragten steuerlichen Berater überwiegend an den Gliederungsschemata für Kapitalgesellschaften orientieren.

10.2 Ergebnisanalyse

Erstes Zwischenergebnis: Rohertrag

Das **erste Zwischenergebnis** der GuV-Rechnung bildet der **Rohertrag** als Differenz zwischen Gesamtleistung und Materialaufwendungen. Dabei umfasst die Gesamtleistung – im Handwerksbereich häufig auch als Betriebsleistung bezeichnet – die Umsatzerlöse +/– Bestandsveränderungen von unfertigen und fertigen Erzeugnissen (Leistungen) + aktivierte Eigenleistungen.

Sofern die Bestandsveränderungen und aktivierten Eigenleistungen nur eine untergeordnete Rolle spielen, wird die Gesamtleistung mit den Umsatzerlösen gleichgesetzt.

Zweites Zwischenergebnis: Betriebsergebnis

Eine überragende Rolle für die Beurteilung der betrieblichen Leistungsfähigkeit kommt dem **Betriebsergebnis (zweites Zwischenergebnis)** zu, da es aufgrund der Betätigung im Sinne des Betriebszweckes den tatsächlichen Unternehmenserfolg am ehesten aufzeigt.

Abweichende Interpretation von „betrieblich"

Problematisch für eine Analyse ist hierbei allerdings, dass die „sonstigen betrieblichen Erträge bzw. Aufwendungen" auch Posten beinhalten können, die im betriebswirtschaftlichen Sinne als neutral zu bezeichnen sind.

Beispiele:

Aufwendungen oder Erträge aus Anlagenverkauf unter bzw. über dem Buchwert, Erträge aus der Auflösung von Rückstellungen, Forderungsverluste u.ä.

Sofern deren Umfang erkennbar ist, ist daher eine Umgliederung in das außerordentliche (neutrale) Ergebnis empfehlenswert.

Drittes Zwischenergebnis: Finanzergebnis

Das **Finanzergebnis als drittes Zwischenergebnis** repräsentiert das Ergebnis der Aktivitäten des Unternehmens auf dem Geld- und Kapitalmarkt; es umfasst neben den Zinsaufwendungen und -erträgen die für kleinere Unternehmen eher untergeordneten Aufwendungen und Erträge aus Finanzanlagen und Wertpapieren des Umlaufvermögens.

Viertes Zwischenergebnis: Außerordentliches Ergebnis

Das **außerordentliche Ergebnis (viertes Zwischenergebnis)** umfasst nach der handelsrechtlichen Definition lediglich die außerhalb der gewöhnlichen Geschäftstätigkeit anfallenden, wesentlichen außerordentlichen Aufwendungen und Erträge. Für analytische Zwecke ist es sinnvoll, hierunter auch periodenfremde und sonstige ungewöhnliche Erfolgskomponenten zu erfassen, die aufgrund des Bilanzrechts unter „sonstigen betrieblichen Aufwendungen/ Erträgen" auszuweisen sind.

Fünftes Zwischenergebnis

Das **fünfte Zwischenergebnis** ist wohl nicht weiter zu interpretieren, da es sämtliche bisher aufgeführten Komponenten beinhaltet und lediglich noch die Steuern vom Einkommen und Ertrag abzuziehen sind, um zum Gesamtergebnis laut GuV-Rechnung, dem **Jahresüberschuss** zu gelangen.

Der Vollständigkeit halber muss noch erwähnt werden, dass bis auf das „außerordentliche Ergebnis" keines der hier vorgeschlagenen Zwischenergebnisse handelsrechtlich verbindlich ist. Andererseits wurde ein weiteres handelsrechtlich vorgeschriebenes Zwischenergebnis, das **„Ergebnis der gewöhnlichen Geschäftstätigkeit"**, nicht in die Auflistung einbezogen. Es ist lediglich vor dem außerordentlichen Ergebnis einzufügen und bringt somit keine zusätzlichen Informationen.

Jahresüberschuss vor Steuern

Abschließend sei noch darauf hingewiesen, dass der **Jahresüberschuss vor Steuern** insbesondere bei Unternehmensvergleichen unterschiedlicher Rechtsform eine wichtige Rolle spielt.

Der Jahresüberschuss bei Kapitalgesellschaften ist allerdings bekanntermaßen bereits um die Steuer vom Einkommen (die Körperschaftsteuer) gekürzt, während bei Nicht-Kapitalgesellschaften der Gewinn noch der Einkommensteuer zu unterwerfen ist. Diese darf als Privatentnahme wiederum den Gewinn nicht mindern. Den Gesamtgewinn laut GuV-Rechnung ohne Beachtung dieser Rechtsformproblematik in einer Unternehmensanalyse zu verwenden, würde zwangsläufig zu Fehlinterpretationen führen.

10.3 Kennzahlen der GuV-Rechnung

Wie schon bei der Bilanzanalyse ersichtlich wurde, lässt die Beschränkung des Untersuchungsgegenstandes auf ein Jahr nur wenig verwertbare Erkenntnisse zu. Dies gilt natürlich in gleichem Maße für Auswertungen der GuV-Rechnung.

Grundsätzlich lässt sich auch auf der Basis dieses Zahlenmaterials nur durch ein **Vergleich über mehrere Jahre** hinweg und mit **Branchen-** oder **Vorgabewerten** oder **Benchmarking**-Werten eine gute oder schlechte Unternehmensentwicklung feststellen.

Dabei ist die Beachtung des **Wirtschaftlichkeitsprinzips** als sinnvolle Zielsetzung zu unterstellen, d.h. die Aufwendungen sollten möglichst gering, andererseits die Erträge möglichst hoch sein.

Problematisch für die Ermittlung von relativen Kennzahlen erweist sich dabei die Bezugsgrundlage. In der Literatur und den einschlägigen Statistiken wird die Gesamtleistung bevorzugt, sofern sich nicht aus den bereits erwähnten Gründen die Umsatzerlöse anbieten.

Auf diese Bezugsgröße werden dann Posten der aufbereiteten GuV-Rechnung bezogen und i.d.R. als Quoten oder Intensität bezeichnet.

Die Liste dieser Quoten lässt sich beliebig erweitern, sofern ein entsprechender Aufwand/Ertrag vorliegt. Wie schon eingangs erwähnt, sind dabei ohne Vergleichswerte keine sinnvollen Aussagen möglich.

Primär ist entsprechend dem ökonomischen Prinzip langfristig eine Aufwandsminimierung bzw. Ertragsmaximierung anzustreben und für die Beurteilung dieser Kennzahlen maßgeblich.

Nachstehende Quoten können aus Werten der GuV-Rechnung ermittelt werden:

$$\frac{\text{Rohertrag}}{\text{Gesamtleistung}} = \textbf{Rohertragsquote}$$

Rohertragsquote

$$\frac{\text{Materialaufwand}}{\text{Gesamtleistung}} = \textbf{Materialaufwandsquote}$$

Materialaufwandsquote

$$\frac{\text{Personalaufwand}}{\text{Gesamtleistung}} = \textbf{Personalaufwandsquote}$$

Personalaufwandsquote

$$\frac{\text{Abschreibungen}}{\text{Gesamtleistung}} = \textbf{Abschreibungsquote}$$

Abschreibungsquote

Wiederholungsfragen zum 10. Kapitel:

1. Welche Unternehmen müssen die GuV-Rechnung in Staffelform statt in Kontoform aufstellen? (Seite 60)
2. Welche Vorteile hinsichtlich der Übersichtlichkeit und Veranschaulichung betrieblicher Zusammenhänge bietet die Staffelform nach dem Gesamtkostenverfahren? (Seite 60)
3. Welche Aussagekraft hat der „Rohertrag"? (Seite 61)
4. Welche betriebswirtschaftlichen Zusammenhänge können aus dem „Betriebsergebnis" abgeleitet werden? (Seite 61)
5. Welche Tatbestände werden im „Finanzergebnis" zusammengefasst? (Seite 61)
6. Inwiefern ist für Unternehmensvergleiche der Jahresüberschuss vor Steuern ein zentrales Beurteilungskriterium? (Seite 62)
7. Was sagt das „Ergebnis der gewöhnlichen Geschäftstätigkeit" aus? (Seite 62)
8. Stellen Sie einen Zusammenhang her zwischen „Wirtschaftlichkeitsprinzip" und der „GuV-Rechnung"? (Seite 62)
9. Was bedeutet „Benchmarking" im Zusammenhang mit Kennzahlen? (Seite 62)
10. Nennen Sie „Intensitäten bzw. Quoten", die sich aus der GuV-Rechnung ableiten lassen. (Seite 63)

11. Jahresabschlussorientierte Unternehmensanalyse

11.1 Umschlagshäufigkeit und Umschlagsdauer

Die bisherigen Ausführungen haben bereits eine Fülle von Kennzahlen zur Unternehmensbeurteilung aufgezeigt, die aber gekennzeichnet sind durch die Beschränkung auf Zahlenmaterial, das entweder nur aus der Bilanz oder der GuV resultiert. Diese Beschränkung soll nun aufgegeben werden, da auch **Beziehungen zwischen beiden Jahresabschlusskomponenten** zur Unternehmensbeurteilung hilfreich sein können.

Zahlen aus Bilanz und GuV

So wird es für Unternehmen im Allgemeinen von Bedeutung sein, Kapitalbindungsfristen und Lagerkosten der Vorratshaltung gering zu halten. Andererseits sollte die Lagerhaltung umfangreich genug sein, um Liefer- oder Produktionsstörungen zu vermeiden.

Lagerkosten/ Produktionsbereitschaft

Zu diesem Zweck wird der aus der GuV abzuleitende Materialeinsatz dem aus der Bilanz zu entnehmenden durchschnittlichen Vorratsbestand (Mittelwert aus Anfangs- und Endbestand) gegenübergestellt. Daraus ergibt sich die Beziehung:

Relation von Materialeinsatz und Vorräten

$$\frac{\text{Gesamter Materialaufwand}}{\text{Durchschnittlicher Vorratsbestand}} = \textbf{Umschlagshäufigkeit der Vorräte}$$

Umschlagshäufigkeit der Vorräte

Eine sinnvolle Beurteilung dieser Kennzahl kann wiederum nur im Hinblick auf den Zeit- und Branchenvergleich erfolgen.

Grundsätzlich werden Unternehmen aber bestrebt sein, eine möglichst **hohe Umschlagshäufigkeit** zu erreichen.

Eine weitere interessante Beziehung kann zwischen dem Materialeinsatz und dem durchschnittlichen Bestand der Verbindlichkeiten aus Lieferungen und Leistungen hergestellt werden. Die entsprechende Berechnung:

Materialeinsatz/Verbindlichkeiten

$$\frac{\text{Gesamter Materialaufwand}}{\text{Durchschnittliche Lieferantenverbindlichkeiten}} = \textbf{Umschlagshäufigkeit der Verbindlichkeiten}$$

Sie lässt Rückschlüsse auf die Zahlungsmoral des Unternehmens zu. Zur besseren zeitlichen Beurteilung ist zu empfehlen, das umgekehrte Verhältnis der Kennzahl mit 360 zu multiplizieren.

Zahlungsmoral

Daraus ergibt sich dann die durchschnittliche Zahlungsfrist (in Tagen) für Verbindlichkeiten in Tagen, d.h.:

$$\frac{\text{Durchschnittliche Lieferantenverbindlichkeiten} \times 360}{\text{Gesamter Materialaufwand}} = \textbf{Umschlagsdauer der Verbindlichkeiten}$$

Analog zur Frage nach den Zahlungsgepflogenheiten hinsichtlich der eigenen Verbindlichkeiten dürfte es für das Unternehmen sicher von Bedeutung sein, die Zahlungsmoral der Kunden zu beurteilen.

Ergibt hier wiederum der Branchen- und Zeitvergleich eine unbefriedigende Umschlagshäufigkeit, kann durch einen Maßnahmenkatalog (Skonti, kürzere Zahlungsfristen, verbessertes Mahnwesen, bessere Kundenzufriedenheit u. Ä.) gegengesteuert werden. Die entsprechende Kennzahl lautet:

$$\frac{\text{Umsatzerlöse}}{\text{Durchschnittlicher Forderungsbestand}} = \textbf{Umschlagshäufigkeit der Forderungen}$$

Daraus kann die durchschnittliche Debitatorendauer (in Tagen) ermittelt werden:

$$\frac{\text{360 (365 Tage)}}{\text{Umschlagshäufigkeit der Forderungen}} = \textbf{Durchschnittliche Debitorendauer}$$

Wie die bisherigen Ausführungen zeigen, ist eine beliebige Erweiterung von Umschlagskennzahlen denkbar, die grundsätzlich zu den Umsatzerlösen einen Bezug herstellen.

Beispiele:

$$\frac{\text{Umsatzerlöse}}{\text{Durchschnittliches Anlagevermögen}} = \textbf{Umschlagshäufigkeit des Anlagevermögens}$$

und

$$\frac{\text{Umsatzerlöse}}{\text{Durchschnittliches Umlaufvermögen}} = \textbf{Umschlagshäufigkeit des Umlaufvermögens}$$

Umrechnung in Umschlagsdauer

Abschließend soll nochmals darauf hingewiesen werden, dass natürlich aus jeder dieser Kennzahlen der Umschlagshäufigkeit die jeweilige **Umschlagsdauer in Tagen** ermittelt werden kann. Dazu ist lediglich Zähler und Nenner zu vertauschen und dieses umgekehrte Verhältnis mit 360 zu multiplizieren, wie oben an der Umschlagshäufigkeit der Verbindlichkeiten exemplarisch gezeigt wurde.

Das primäre Ziel jedes Unternehmens wird wohl grundsätzlich eine Erhöhung der Umschlagshäufigkeit(en) und somit eine Verkürzung der Umschlagsdauer(n) sein.

11.2 Kennzahlen der Rentabilität

11.2.1 Rentabilität des Eigenkapitals

Ein entscheidender Aspekt, insbesondere im Hinblick auf die Beurteilung der Ertragslage des Unternehmens, ist die Frage, ob das eingesetzte Kapital eine ausreichende Rendite abwirft.

Rentabilitätsbegriff

Unter **Rentabilität** versteht man daher allgemein das Verhältnis vom Gewinn zu einer Bezugsgröße, die im Regelfall ein Kapitalbetrag ist.

Verzinsung der Eigenmittel

Da es den Unternehmer zu allererst interessieren wird, wie sich das von ihm selbst eingesetzte Kapital verzinst hat, wird zunächst die **Eigenkapitalrentabilität** dargestellt:

$$\frac{\text{(Jahresüberschuss bzw. Reingewinn vor Ertragssteuern ./. Unternehmerlohn bei Personengesellschaften) x 100}}{\text{Eigenkapital (i.d.R. Endbestand)}} = \textbf{Rentabilität des Eigenkapitals}$$

Gewinn vor Ertragsteuern

Wie aus dieser Darstellung ersichtlich, ist es sinnvoll und für Vergleichszwecke unterschiedlicher Rechtsformen notwendig, vom Gewinn vor Ertragsteuern auszugehen. Weiterhin ist der **Unternehmerlohn** abzuziehen, da er bei Einzelunternehmen und Personengesellschaften nicht den Gewinn in der GuV-Rechnung mindert, während diese Minderung bei Kapitalgesellschaften durch Vorstands- oder Geschäftsführergehälter bereits erfolgt ist.

Eine weitere Problematik ergibt sich durch die Gegenüberstellung einer Zeitraumgröße (Gewinn) mit einer Zeitpunktgröße (Eigenkapital). In der Literatur wird deshalb neben der Wahl des Eigenkapitals, das am Anfang oder am Ende der Periode zur Verfügung steht, häufig der entsprechende Durchschnittsbetrag als Bezugsgröße vorgeschlagen.

Bezugsgröße meist Kapital am Jahresende

Da aber in der Praxis oft nur der Endbestand vorliegt, ist i.d.R. die Beziehung auf das Eigenkapital am Ende der Periode zu empfehlen. Weiterhin ist zu beachten, dass die einschlägigen statistischen Branchenauswertungen regelmäßig die Endwerte als Bezugsgröße wählen, sodass schon aus Gründen des Branchenvergleichs diese Vorgehensweise notwendig scheint.

Angemessene Eigenkapitalrendite

Eine angemessene Eigenkapitalrendite ist im Allgemeinen dann gegeben, wenn eine „landesübliche" Verzinsung zuzüglich einer sog. **Risikoprämie** erzielt wird. Der landesübliche Zinsfuß orientiert sich dabei meist am Hypothekarkreditzins oder einem Wert von etwa 2 bis 3 % über dem jeweiligen Diskontsatz. Somit wird er in der Regel zwischen 6 und 10 % liegen.

Risikoprämie

Die Risikoprämie hängt natürlich vom jeweiligen Branchenrisiko ab und dürfte zwischen 2 und 8 % liegen. Dementsprechend ist eine ausreichende

Rentabilität des Eigenkapitals meist erst ab 10 % gegeben, wobei auch hier für weitergehende Beurteilungen Branchen- und Zeitvergleiche beizuziehen sind.

11.2.2 Rentabilität des Gesamtkapitals

Die Rentabilität des Gesamtkapitals lässt sich anhand folgender Formel ermitteln:

$$\frac{\text{(Jahresüberschuss bzw. Reingewinn vor Ertragssteuern ./. Unternehmerlohn bei Personengesellschaften + Fremdkapitalzins)} \times 100}{\text{Gesamtkapital (i.d.R. Endbestand)}} = \textbf{Rentabilität des Gesamtkapitals}$$

Hinzurechnung der Fremdkapitalzinsen

Der entscheidende Unterschied zur Eigenkapitalrentabilität besteht dabei in der Hinzurechnung der Fremdkapitalzinsen.

Damit werden die Kosten der Finanzierung, die ja mit der Rentabilität nichts zu tun haben sollten und bei der Gewinnermittlung berücksichtigt sind, aus der Analyse eliminiert.

Ertragskraft des Unternehmens

Im Ergebnis zeigt die Kennzahl somit vor allem die Ertragskraft des gesamten im Unternehmen eingesetzten Kapitals, wobei für deren Beurteilung ebenfalls Zeit- und Branchenvergleiche heranzuziehen sind.

Ein wesentlicher Aspekt der Gesamtkapitalverzinsung, vor allem aus der Sicht der Unternehmenseigentümer, ist deren Einflussnahme auf die Verzinsung des Eigenkapitals. Es kann nämlich rechnerisch nachgewiesen werden, dass eine Aufnahme von Fremdkapital zu einem Zinssatz, der unter der Gesamtkapitalrendite liegt, die Eigenkapitalrendite erhöht.

Leverage-Effekt

Diese „Hebelwirkung" von zusätzlicher Verschuldung mit niedrigen Fremdkapitalzinsen wird deshalb auch als sog. **„Leverage-Effekt"** bezeichnet (vgl. Kapitel 17).

In der Praxis ist dieser unbestreitbar für die Eigenkapitalverzinsung positive Effekt eine wesentliche Argumentation für zunehmende Verschuldung. Allerdings darf dabei nicht übersehen werden, dass ein hoher Verschuldungsgrad in Krisensituationen aufgrund der hohen Zinsbelastung existenzbedrohend werden kann.

Umkehrung des Leverage-Effekts

Weiterhin ist zu berücksichtigen, dass bei steigenden Fremdkapitalzinsen und rückläufigen Gewinnen eine Minderung der Eigenkapitalrendite erfolgt, sobald die Fremdkapitalzinsen über der Gesamtkapitalrendite liegen.

11.2.3 Rentabilität des Umsatzes

Die Umsatzrentabilität wird im Allgemeinen folgendermaßen ermittelt:

$$\frac{\text{Betriebsergebnis bzw. Jahresüberschuss vor Ertragssteuern} \times 100}{\text{Umsatzerlöse (ggf. Gesamtleistung)}} = \textbf{Rentabilität des Umsatzes}$$

Wie hieraus ersichtlich, ist es sinnvoll, das **Betriebsergebnis** als Ausgangspunkt der Betrachtung zu wählen. Nur in diesem spiegelt sich ja die eigentliche Leistungskraft des Unternehmens, da neutrale und sonstige geschäftszweckfremde Faktoren eliminiert sind.

Umsatzerlöse oder Gesamtleistung

Als Bezugsgröße dienen, schon der Bezeichnung der Kennzahl zufolge, grundsätzlich die Umsatzerlöse. Allerdings gäbe bei großen Veränderungen im Bestand an fertigen und unfertigen Erzeugnissen (Leistungen) die Gesamtleistung sicherlich eine bessere Bezugsgrundlage ab.

Jahresüberschuss als Grundlage

Für eine zutreffende Ermittlung des Betriebsergebnisses sind dem unternehmensexternen Analytiker naturgemäß Grenzen gesetzt. Diese Schwierigkeiten bei der Berechnung, wie bereits in Kapitel 10.2 dargestellt, führen daher im Regelfall zur **Auswahl des Jahresüberschusses** für die Kennzahlenermittlung.

Ein deutlicher Beleg dafür sind die statistischen Kennzahlenerhebungen, die fast durchweg den Jahresüberschuss zugrunde legen.

Die Aussagekraft auch dieser Relation ist ohne mehrjährigen Zeitvergleich und Vergleich mit Branchenwerten gering; im Grundsatz gilt sicher das Bestreben, eine möglichst hohe Umsatzrentabilität zu erreichen.

11.2.4 Return on Investment (ROI)

Investitionsrendite

Die Kennzahl des ROI ist eine vor allem in der Praxis häufig verwendete Kennzahl, um die Rendite bestimmter Investitionen zu überprüfen; dies erklärt auch die entsprechende Bezeichnung.

> Um den ROI zu erhalten, werden zwei Betrachtungsweisen kombiniert, nämlich die Ertragskraft der Investition und Umschlagshäufigkeit des investierten Kapitals.

Die entsprechende Formel lautet somit:

ROI

$$\frac{\text{Gewinn x 100}}{\text{Umsatzerlöse}} \times \frac{\text{Umsatzerlöse}}{\text{investiertes Kapital}} = \textbf{Return on Investment (ROI)}$$

Die Bedeutung der Kennzahl ist unschwer zu erkennen, da eine steigende Umsatzrendite nur dann zu einer Erhöhung des ROI führt, wenn auch der Kapitalumschlag steigt oder zumindest gleich bleibt. Somit kann eine falsche Interpretation der Umsatzrentabilität vermieden werden.

11.3 Die Analyse des Cash-flow

11.3.1 Begriff und Arten des Cash-flow

Cash-flow: Begriffsbestimmung

Der Begriff **„Cash-flow"** stammt wie der Begriff „Return on Investment" aus dem angelsächsischen Sprachbereich und wird sinnvollerweise ohne Übersetzung verwendet. Versuche der Eindeutschung wie „Kassenfluss", „Geldüberschuss" u.ä. umschreiben nämlich Inhalt und Bedeutung nur unzureichend und haben sich nicht durchgesetzt.

Bedeutung

Die elementare Bedeutung des Cash-flow liegt darin begründet, dass durch ihn **zusätzliche Erkenntnisse über die Finanz- und Ertragskraft** des Unternehmens ermöglicht werden.

Ausgabenlose Aufwendungen

Dabei wird vor allem der Problematik Rechnung getragen, dass in der Erfolgsrechnung wesentliche Aufwendungen zwar gewinnmindernd berücksichtigt wurden, aber keine Ausgaben dafür angefallen sind.

In Literatur und Praxis herrscht zwar Uneinheitlichkeit, ob und inwieweit alle Aufwendungen und Erträge, denen keine Ausgaben oder Einnahmen gegenüberstehen, zu berücksichtigen sind. Es haben sich jedoch zumindest zwei allgemein gültige Auffassungen herauskristallisiert, die hier dargestellt werden sollen.

Die einfachste Darstellung geht von folgender Berechnung aus:

Cash-flow I

Jahresüberschuss + Abschreibungen = **Cash-flow I**

Eine **Erhöhung der Aussagekraft** erreicht man, wenn die Veränderungen der langfristigen Rückstellungen zusätzlich mit einbezogen werden, sodass die Formel dann lautet:

Cash-flow II

Jahresüberschuss + Abschreibungen + bzw.
./. Veränderungen der langfristigen Rückstellungen = **Cash-flow II**

11.3.2 Die Aussagefähigkeit des Cash-flow

Kennzahl der Finanzkraft

Der Cash-flow, vor allem in der ausführlicheren Form des Cash-flow II, gibt an, welchen **Finanzmittelüberschuss** das Unternehmen in einer Periode erzielt hat, der für einen längeren Zeitraum verfügbar sein müsste.

Daraus lassen sich Zahlungen für den Kauf von Investitionsgütern, eine Erhöhung des Umlaufvermögens, Tilgung von Verbindlichkeiten u.ä. bestreiten. Somit gibt der Cash-flow vor allem Auskunft über die **Finanzkraft des Unternehmens**.

Wahlrechte und Gewinnausweis

Die **Ertragskraft** eines Unternehmens wird bekanntermaßen vor allem am Gewinn gemessen. Problematisch ist allerdings, dass der Gewinn durchaus legal anhand handels- und steuerrechtlicher Wahlrechte beeinflussbar ist. Überwiegend wird nämlich mittels hoher Abschreibungen, Rückstellungsbildung u.ä. meist eine Gewinnminderung aus steuerlichen oder ausschüttungspolitischen Gründen angestrebt, wodurch aber die tatsächliche Ertragskraft des Unternehmens nicht beeinflusst wird.

Kennzahl der Ertragskraft

Somit ist der Cash-flow auch ein zusätzlicher Indikator für die **Ertragskraft** des Unternehmens, da er ja diese Abschreibungs- und Rückstellungseinflüsse berücksichtigt.

Grenzen der Aussagekraft

Wie bei den anderen Kennzahlen sind auch der Aussagekraft des **Cash-flow Grenzen** gesetzt. Nicht zuletzt sind es gerade die oben erwähnten Bilanzierungs- und Bewertungswahlrechte, die eine verlässliche Aussage über die Unternehmenslage erschweren.

Relative Kennzahlen auf Cash-flow-Basis

Trotz dieser einschränkenden Faktoren misst die Praxis dem Cash-flow recht hohe Beachtung bei. Dabei wird auch versucht, die Aussagefähigkeit zu erhöhen, indem der absolute Betrag zu anderen Größen in Beziehung gesetzt wird (sog. relative Cash-flow-Kennzahlen).

Beispiele:

$$\frac{\text{Cash-flow p.a.} \times 100}{\text{Eigenkapital}} = \textbf{Cash-flow-Rendite}$$

$$\frac{\text{Cash-flow p.a.} \times 100}{\text{Umsatzerlöse}} = \textbf{Cash-flow-Umsatzrendite}$$

$$\frac{\text{Cash-flow p.a.}}{\text{Verbindlichkeiten}} \quad \textit{(oder der Kehrwert)} \quad \frac{\text{Verbindlichkeiten}}{\text{Cash-flow p.a.}} = \textbf{Cash-flow-Verschuldungsrate}$$

Der Zweck der ersten beiden Kennzahlen liegt offenkundig in der Ergänzung von Rentabilitätsbetrachtungen. Dabei wird jeweils gezeigt, wieviel Prozent des Eigenkapitals bzw. des Umsatzes über die selbst erwirtschafteten Finanzmittel zugeflossen sind.

Die letzte Kennzahl soll aufzeigen, wieviele Jahre das Unternehmen benötigen würde, die Verbindlichkeiten lediglich aus den selbst erwirtschafteten Mitteln zu tilgen. Dabei ist es in der Praxis üblich, für diese Cash-flow-Verschuldungsrate bestimmte Maximalwerte als Normgrößen festzulegen.

Wiederholungsfragen zum 11. Kapitel:

1. Was versteht man unter der Umschlagshäufigkeit der Vorräte? (Seite 65)
2. Nennen Sie weitere Kennzahlen der Umschlagshäufigkeit. (Seite 65–66)
3. Wie kann aus einer Kennzahl zur Umschlagshäufigkeit die jeweilige Umschlagsdauer in Tagen ermittelt werden? (Seite 66)
4. Was versteht man im Allgemeinen unter der Rentabilität? (Seite 67)
5. Woraus errechnet sich die Rentabilität des Eigenkapitals? (Seite 67)
6. Woraus errechnet sich die Rentabilität des Gesamtkapitals? (Seite 68)
7. Welche Voraussetzungen müssen vorliegen, damit sich der „Leverage-Effekt" für die Unternehmung vorteilhaft auswirkt? (Seite 68)
8. Woraus errechnet sich die Umsatzrentabilität? (Seite 68)
9. Erläutern Sie die Bestandteile des Return on Investment. (Seite 69)
10. In welchen Ausprägungen wird der Cash-flow im Allgemeinen errechnet? (Seite 70)
11. Inwieweit kann der Cash-flow zusätzliche Informationen über die Finanz- und Ertragskraft eines Unternehmens vermitteln? (Seite 70)
12. Welche relativen Cash-flow-Kennzahlen werden bei Unternehmensanalysen häufig ermittelt? (Seite 71)

12. Ergänzende Analyseinstrumente

12.1 Die Bewegungsbilanz

Zur weiteren Erkenntnisgewinnung kann neben der bisher behandelten Jahresabschlussanalyse die Aufstellung einer **Bewegungsbilanz** dienen. Die grundsätzlich neue Überlegung ist dabei der **Übergang von der Zeitpunkt- zu einer Zeitraumbetrachtung.**

Dynamischer Charakter der Bewegungsbilanz

Ermöglicht wird dies durch Gegenüberstellung der Bilanzwerte des Abschlussjahres mit den Beträgen aus der Vorjahresbilanz. Dies erfordert natürlich eine Angabe der Vorjahreswerte, was bei den heutigen Jahresabschlüssen üblich ist.

Vergleich mit Vorjahreswerten

Die Aufteilung der Differenzbeträge erfolgt nach den Kriterien der Mittelherkunft und der Mittelverwendung. Dabei ist für die **Mittelherkunft** eine Zunahme der Passiva und eine Abnahme der Aktiva ursächlich, während **Mittelverwendung** bei Zunahme der Aktiva und Abnahme der Passiva vorliegt.

Mittelherkunft, -verwendung

In ihrer einfachen Form besteht also eine Bewegungsbilanz aus der Gegenüberstellung folgender Posten:

Form der Bewegungsbilanz

Mittelverwendung	Jahr 01 / 02	Mittelherkunft
Aktiv-Mehrungen (z. B. Zunahme Sachanlagen)		Passiv-Mehrungen (z. B. Zunahme Verbindlichkeiten)
Passiv-Minderungen (z. B. Abnahme Darlehen)		Aktiv-Minderungen (z. B. Abnahme Vorräte)

Abb. 5: Einfache Form der Bewegungsbilanz

Aus dieser Darstellung ist übersichtlich zu erkennen, ob Mittel etwa durch Zunahme von Eigen- oder Fremdkapital bzw. durch Umschichtungen oder Freisetzung von Aktiva zugeflossen sind. Diese Finanzmittel werden dann zu Investitionen im Anlage- oder Umlaufvermögen bzw. zur Rückführung von Passiva verwendet.

Der Vorteil der Bewegungsbilanz liegt vor allem darin begründet, dass sie, ergänzend zu den entsprechenden Kennzahlen, eine bessere Einschätzung der Finanzlage und ihrer Entwicklung ermöglicht.

Ergänzende Informationsquelle

12.2 Sonstige Beurteilungsgrundlagen

In zunehmend schwierigeren wirtschaftlichen Zeiten werden auch kleine und mittlere Unternehmen an ihrem Beitrag zu gesamtwirtschaftlichen Zielen gemessen. Ohne Zweifel ist die Sicherung bzw. Mehrung von Arbeitsplätzen eher in einem wachstumsorientierten Unternehmen gewährleistet.

Beurteilung des Unternehmens nach: Wachstum

Ein wichtiges Indiz dafür, nämlich die Zunahme der **Beschäftigtenzahl,** ist für einen externen Betrachter – mit Ausnahme von Kapitalgesellschaften, bei denen Berichtspflicht im Anhang besteht – allerdings meist schwer ersichtlich.

Umweltschutz

Die gleiche Einschränkung gilt für die meist sehr kostenintensiven Probleme im Zusammenhang mit dem **Umweltschutz**. Maßnahmen zum Schutz der Umwelt, die ja meist hohe Aufwendungen ohne Produktivitätszuwachs bedingen, sind i.d.R. nur aus dem Anhang zu entnehmen.

Gesetz-geberische Eingriffe

Von gesetzgeberischer Seite sind wohl zunehmende umweltorientierte Auflagen zu erwarten, die der unternehmerischen Zielsetzung maximaler Gewinnerzielung zumindest kurz- und mittelfristig Grenzen setzen werden.

Empfehlenswert und für eine Unternehmensbeurteilung sicher von Nutzen wäre daher eine freiwillige Berichterstattung über Aktivitäten im Umweltschutz, wie es große Unternehmen bereits häufig praktizieren in Form einer **gesellschaftsbezogenen Rechnungslegung** oder einer **Sozialbilanz** (social accounting).

Kennzahlen-system

Von besonderer Bedeutung sind **Kennzahlensysteme**. Ein Kennzahlensystem bezeichnet eine geordnete Menge von betriebswirtschaftlichen Kennzahlen, die miteinander in Beziehung stehen (Wikipedia). Das Ziel eines Kennzahlensystems ist es, vollständig über einen Sachverhalt (z.B. Rentabilität) zu informieren.

Die bekanntesten Kennzahlensysteme sind

- das DuPont-Kennzahlensystem
- das ZVEI (Zentralverband der Elektroindustrie)-Kennzahlensystem
- das RL (Rentabilitäts-Liquiditäts-)-Kennzahlensystem und
- das Kennzahlen-Cockpit

12.3 Zusammenfassende Bemerkungen

> Eine zuverlässige Beurteilung der gegenwärtigen und zukünftigen Lage eines Unternehmens basiert vor allem auf einer Kennzahlenrechnung.

Beschränkung auf wesentliche Kennzahlen

Die dargestellten Kennzahlen wurden natürlich nicht in allen möglichen Varianten abgehandelt, da gerade bei kleinen und mittleren Unternehmen der Schwerpunkt auf elementare Relationen gelegt werden sollte.

Informations-beitrag und Nutzen-zuwachs

Im Übrigen gilt auch hier das ökonomische Prinzip, d.h. zusätzliche Kennzahlen sind nur dann zu rechtfertigen, wenn daraus ein Nutzenzuwachs in Form zusätzlicher Erkenntnisse resultiert. Dies gilt umso mehr für ergänzende Analysen, die meist nur bei größeren Unternehmen einen wichtigen Informationsbeitrag leisten.

Analytiker als Schlüsselgröße

Das zentrale Element jeder qualifizierten Unternehmensbeurteilung, so viele Unwägbarkeiten und Ungenauigkeiten sie auch enthalten mag, ist natürlich der Analytiker selbst. Er muss letztendlich Schlussfolgerungen ziehen und Entscheidungen treffen, wobei er sich sinnvollerweise auf Erfahrungswerte der Vergangenheit und Vergleichswerte der Branche stützen wird.

Interessant sind in diesem Zusammenhang die Ansätze einer sog. dynamischen Bilanzanalyse. Zur Beurteilung eines Unternehmens werden in der Literatur u.a. folgende Bausteine genannt:

- Leitbild
- Kennzahlen und deren Aussage
- Verlauf der Wertschöpfungskette
- Leistungsprogramm
- Kunden und Kundenstruktur
- Konkurrenz und Branchenattraktivität
- Lieferanten und Lieferantenstruktur
- Innovationsfähigkeit

Wiederholungsfragen zum 12. Kapitel:

1. Was versteht man unter dem dynamischen Charakter der Bewegungsbilanz? (Seite 73)
2. Beschreiben Sie die Bewegungsbilanz in ihrer allgemeinen Form. (Seite 73)
3. Inwieweit sind aus der Rechnungslegung auch Erkenntnisse über das Unternehmenswachstum abzuleiten? (Seite 73–74)
4. Inwiefern sind freiwillige bzw. vom Gesetzgeber verordnete Maßnahmen des Umweltschutzes für die Unternehmensbeurteilung von Bedeutung? (Seite 74)
5. Was versteht man unter einer „dynamischen Bilanzanalyse"? (Seite 75)
6. Nennen Sie zwei bekannte Kennzahlensysteme. (Seite 74)
7. Was versteht man unter der „Gesellschaftsbezogenen Rechnungslegung"? (Seite 74)

Zu weiteren Übungen sei auf das Arbeitsheft „Bilanzen und Bilanzanalyse" zu dieser Reihe hingewiesen.

Teil II: Finanzwirtschaft (Dr. Rössle)

13. Grundlagen der Finanzwirtschaft

13.1 Aufgabenstruktur der Finanzwirtschaft

Ein Unternehmen ist durch die Leistungserstellung für die Bedarfsdeckung Dritter, also Kunden, tätig. Hierbei sind marktwirtschaftliche Bedingungen wirksam, was bedeutet, dass das Unternehmen frei entscheiden kann, welche Leistungen es erbringen will.

Bedarfsdeckung gegen Entgelt

Dabei steht das Unternehmen im Spannungsfeld der Märkte, weil es die zur Leistungserstellung benötigten Produktionsmittel beschaffen muss und die durch den Kombinationsprozess entstandenen Leistungen gegen Entgelt am Absatzmarkt veräußern will.

Leistungs- und Zahlungsstrom

Dieser Prozess zur Leistungserbringung wird als „leistungswirtschaftlicher Prozess" oder **„Leistungsprozess"** bezeichnet. Daraus ergibt sich, dass jedem Zugang an Produktionsfaktoren ein Abgang an Geld an die Vorstufe folgt und dass jede Abgabe von Leistungen von einem Geldeingang der Nachstufe begleitet ist. Dem **Leistungsstrom** läuft also der **Zahlungsstrom** entgegen.

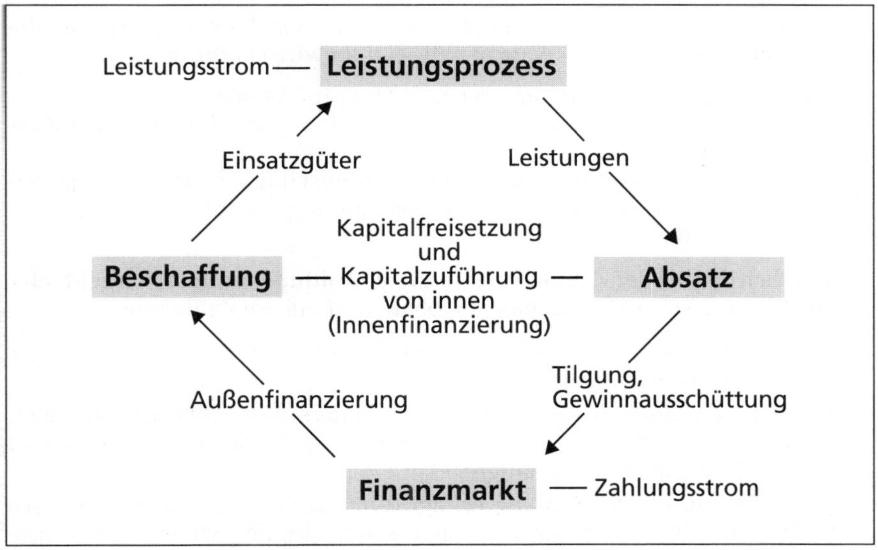

Abb. 6: Leistungs- und Zahlungsströme aus der Sicht der Unternehmung

Zahlungsvorgänge

Gegenstand der betrieblichen Finanzwirtschaft sind alle **Zahlungsvorgänge** sowohl in der Form von Einzahlungs- wie auch von Auszahlungsströmen, die durch Kapitalbeschaffung (Finanzierung), Kapitalverwendung (Investition) oder Kapitaltilgung hervorgerufen sind.

Der Leistungsprozess erfordert Zeit, um die notwendigen Produktionsfaktoren zu beschaffen, Leistungen zu erstellen und sie an den Absatzmärkten zu verwerten. Die Verfügungsmacht über die Produktionsfaktoren für die Zeit des Leistungsprozesses erhält man durch Kapital. Die Beschaffung von Kapital – gleichgültig aus welchen Quellen es stammt – nennt man **Finanzierung**.

Finanzierung = Kapitalbeschaffung und -bewirtschaftung

Die Unternehmensführung als dispositiver Faktor hat nun die Aufgabe, den Unternehmenszielen entsprechend durch die Instrumente Planung, Organisation und Kontrolle eine Abstimmung herbeizuführen zwischen dem durch Finanzierung zu beschaffenden Kapital und dem durch den Leistungsprozess ausgelösten Kapitalbedarf. Man bezeichnet dies als **Kapitalbewirtschaftung**.

Sonderfälle der Finanzierung

Ihre Durchführung erfordert von den Verantwortlichen im Betrieb (Inhaber, Gesellschafter, Geschäftsführer) laufend Planungs- und Entscheidungsvorgänge. Daneben sind Aufgaben zu erfüllen, die im Leben eines Unternehmens einmalig oder zumindest seltener sind, wie Gründung, Erweiterung, Zusammenschluss, Fusion oder Auflösung. Solche **Sonderfälle der Finanzierung** bewirken bei der Kapitalstruktur des Unternehmens in aller Regel eine grundlegende Neuregelung, bei der Rechts-, Haftungs- und meist auch Steuerfragen eine maßgebliche Rolle spielen. Sie werden im Weiteren nur insoweit behandelt, als sie für alle Unternehmen maßgebend sind. Wegen der vielfältigen und laufend Änderungen unterworfenen Problematik wird auf Fragen des Steuerrechts hier nicht eingegangen. (siehe dazu in dieser Reihe Rudolf Jung, „Steuerrecht", Holzmann Buchverlag, 9. Auflage 2005).

Geldbewirtschaftung

Die aus der Kapitalbewirtschaftung resultierenden Geldvorgänge ergeben die zweite finanzwirtschaftliche Aufgabe: die Geldbewirtschaftung.

Die Geldbewirtschaftung umfasst zwei Hauptprobleme:
- das organisatorische Problem der Abwicklung des betrieblichen **Zahlungsverkehrs** und
- das finanzdispositive Problem der Zahlungsfähigkeit, das eine jederzeitige Geldbereitstellung in Höhe der Zahlungsanforderungen verlangt **(Liquidität)**.

Zahlungsarten

Hinsichtlich des bei der Zahlung verwendeten **Zahlungsmittels (Bargeld oder Buchgeld**) unterscheidet man bare, halbbare und unbare Zahlungen.

- **Bare Zahlung:** Die Zahlung erfolgt mit barem Geld, und der Empfänger erhält bares Geld.
- **Halbbare Zahlung:** Bareinzahlung des Zahlers und Gutschrift auf dem Konto des Empfängers oder Abbuchung vom Konto des Zahlers und Barauszahlung an den Empfänger.
- **Unbare Zahlung:** Die Zahlung erfolgt durch Abbuchung vom Konto des Zahlers und durch Gutschrift auf dem Konto des Empfängers (z.B. Überweisung oder Kreditkarte).

Im Hinblick auf die bei Zahlungsvorgängen verwendeten Zahlungsmittel (Bargeld und/oder Buchgeld) unterscheidet man die in Abb. 7 dargestellten Formen:

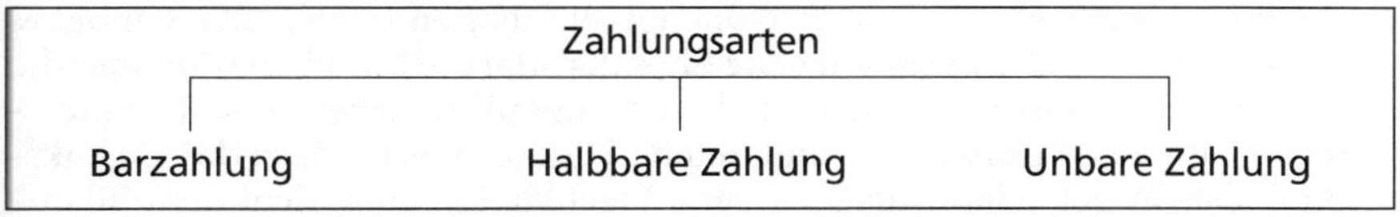

Abb. 7: Zahlungsarten

Electronic Banking Electronic Cash

Durch die Möglichkeiten des Electronic Banking bzw. Electronic Cash wird der Zahlungsverkehr enorm beschleunigt und für die Beteiligten auch vereinfacht. Die traditionellen Zahlungsarten (Barzahlung und halbbare Zahlung) haben dadurch an Bedeutung im geschäftlichen wie auch im privaten Bereich verloren. Beispielhaft sollen das POS-Verfahren mit Zahlungsgarantie und POZ-Verfahren ohne Zahlungsgarantie kurz vorgestellt werden.

- **POS-Verfahren mit Zahlungsgarantie**
  POS = Point of Sale: Zahlung mit ec-Karte und PIN-Nummer. Nach Eingabe der PIN-Nummer wird über eine Online-Verbindung mit dem Rechenzentrum der kontoführenden Bank überprüft, ob eine Sperre vorliegt, die PIN-Nummer stimmt und der eingeräumte Verfügungsrahmen eingehalten wurde. Die Kontobelastung wird sofort gebucht (Abbuchung) und dem Empfängerkonto gutgeschrieben.
  Bei diesem Verfahren garantiert das Kreditinstitut die Zahlung.
- **Point of Sale ohne Zahlungsgarantie (POZ)**
  Die ec-Karte wird ohne PIN verwendet, es besteht keine Zahlungsgarantie seitens der kontoführenden Bank.
  Im Handel werden die Kartendaten des Magnetstreifens in das Kassenterminal eingelesen. Es wird ein Einzugsermächtigungsbeleg erstellt, den der Kunde unterschreibt.
  Das Kreditinstitut zieht aufgrund der Lastschrift den Betrag von den Konten der Kunden ein.

Anmerkung: Technische Neuerungen bedingen auch Änderungen im nationalen und internationalen Zahlungsverkehr.

13.2 Finanzwirtschaftliche Grundbegriffe

Alle Maßnahmen der Kapitalbeschaffung und -verwendung finden ihren Niederschlag in der Vermögens- und Kapitalsphäre des Unternehmens. Daher ist es notwendig, folgende Grundbegriffe abzuklären:

Eigen- und Fremdkapital

- **Kapital**
  Kapital ist der abstrakte Gegenwert des Vermögens, der über den Umfang und die Arten der Kapitalquellen Auskunft gibt. Nach der Art des Kapitals unterscheidet man in **Eigen- und Fremdkapital**. Eigen- und Fremdkapital bilden das Gesamtkapital des Unternehmens.

  Das **Eigenkapital** ist das Beteiligungskapital der Eigentümer. Das in der Bilanz als Zusammenfassung der Kapitalkonten dargestellte Eigenkapital (= ausgewiesenes oder nominelles Eigenkapital) entspricht nicht immer dem tatsächlichen Wert des Eigenkapitals (= wirkliches oder reales Eigenkapital).

Ausgewiesenes Eigenkapital

Bei Einzelunternehmen und Personengesellschaften (OHG, KG, GmbH & Co. KG) umfasst das **ausgewiesene Eigenkapital** die Mittel, die der oder die Unternehmer selbst dem Unternehmen zugeführt haben. Nicht entnommene Gewinne vermehren, eingetretene Verluste vermindern das Eigenkapital. Das in der Bilanz ausgewiesene Eigenkapital entspricht dem Bilanzvermögen abzüglich dem Fremdkapital. Bei Kapitalgesellschaften (wie z.B. GmbH und AG) umfasst das ausgewiesene Eigenkapital das Nominalkapital (gezeichnetes Kapital), vermehrt um die Rücklagen und den Gewinnvortrag, vermindert um den Verlustvortrag.

Reales Eigenkapital

Das **wirkliche (reale) Eigenkapital** setzt sich zusammen aus dem ausgewiesenen Eigenkapital zuzüglich der stillen Reserven. Diese entstehen durch Unterbewertung bzw. Nichtaktivierung von Vermögensgütern im Anlage- und Umlaufvermögen sowie durch Überbewertung von Schulden.

Fremdkapital

Das **Fremdkapital** ist der Teil des Gesamtkapitals, der dem Unternehmen von Gläubigern als Kredit in Form von Schulden überlassen wird. Üblicherweise fällt ein Kapitaldienst (Zins und Tilgung) an.

- **Vermögen**
  Vermögen stellt die konkrete Gestalt des Kapitals dar. Es handelt sich um alle Güter und Rechte, die einer natürlichen oder juristischen Person in einem bestimmten Zeitpunkt zur Verfügung stehen. Dementsprechend muss man zwischen zwei Vermögensbegriffen unterscheiden:

Vermögen im betriebswirtschaftlichen Sinne

- **Vermögen im betriebswirtschaftlichen Sinne** ist die Gesamtheit aller Wirtschaftsgüter, die der Betrieb zur Leistungserstellung benötigt. Dazu gehören die materiellen Wirtschaftsgüter (wie Gebäude, Maschinen und Stoffe) und die immateriellen Wirtschaftsgüter (wie Konzessionen und Patente). Aus Größe und Zusammensetzung des Vermögens lassen sich oft Art und konkrete Gestalt eines Unternehmens erkennen.

Vermögen im rechtlichen Sinne

- **Vermögen im rechtlichen Sinne** umfasst nur die Wirtschaftsgüter, die Eigentum des Unternehmens sind. Das in der Bilanz ausgewiesene Vermögen enthält neben Vermögen im rechtlichen Sinne auch Wirtschaftsgüter, die unter Eigentumsvorbehalt erworben wurden oder zur Sicherung z.B. an eine Bank übereignet sind. Andererseits kommt in der Bilanz nicht das ganze Vermögen zum Ausdruck, da Anlagen, die geliehen, gemietet oder gepachtet sind, in der Regel nicht beim Nutzer aktiviert werden (z.B. Leasing).

Gliederung des Vermögens in Anlage- und Umlaufvermögen

Die **Gliederung des Vermögens** kann nach verschiedenen Gesichtspunkten erfolgen. Für betriebswirtschaftliche Erkenntnisse ist die Einteilung nach den Aufgaben in Anlage- und Umlaufvermögen aufschlussreich. Das Anlagevermögen hat die Aufgabe, langfristig der betrieblichen Leistungserstellung zu dienen und die technische Betriebsbereitschaft zu sichern. Das Umlaufvermögen umfasst die Vermögensteile, die möglichst kurzfristig im Unternehmen verbleiben sollen, aus betrieblicher Sicht also zumindest teilweise Verbrauchsgüter darstellen.

13.3 Finanzwirtschaftliche Zielsetzungen

Die kostengünstige, aber zugleich möglichst risikolose **Deckung des Kapitalbedarfs** muss das Hauptziel bei allen finanzwirtschaftlichen Aktivitäten sein.

Deckung des Kapitalbedarfs

> Ein Ausgleich von Kapitalbedarf und Kapitaldeckung ist dann erreicht, wenn das Unternehmen den fälligen Zahlungsverpflichtungen jederzeit ohne Vorbehalte und dauerhaft nachkommen kann. Man spricht dann vom finanziellen Gleichgewicht.

Finanzielles Gleichgewicht

Diese Bedingungen lassen sich nur in Abhängigkeit von den Erfordernissen des leistungswirtschaftlichen Bereichs erreichen.

Die Kapitalbedarfsdeckung (= eigentliche Aufgabe der Finanzierung) kann auf unterschiedliche Art und Weise erfolgen und wird im Rahmen der Finanzierungsmöglichkeiten näher untersucht (siehe Kapitel 15).

Die Ziele, die im finanziellen Bereich eines Unternehmens neben der Kapitalbedarfsdeckung zur Erreichung des finanziellen Gleichgewichts verfolgt werden, lassen sich in folgende Zielkategorien zusammenfassen:

- Rentabilität,
- Sicherheit,
- Unabhängigkeit sowie
- jederzeitige Zahlungsfähigkeit **(Liquidität)**.

13.3.1 Rentabilität

Im Gegensatz zum absoluten Gewinnstreben ist die Rentabilität als Erfolgsrelation der Gewinn pro Einheit des investierten Kapitals (vgl. dazu auch Kapitel 11.2.1), wobei bewusst keine Festlegung auf eine bestimmte „Gewinnart" und Rechtsform vorgenommen wird.

Rentabilität

$$\frac{\text{Gewinn x 100}}{\text{investiertes Kapital}} = \textbf{Rentabilität (in \%)}$$

Das Rentabilitätsstreben ist nicht nur auf die Finanzwirtschaft zugeschnitten, sondern wird auch in anderen Unternehmensbereichen gefordert und stellt damit ein wesentliches Ziel im Rahmen der unternehmerischen Zielsetzungen dar. Rentabilitätsstreben im Finanzbereich bedeutet für die Praxis: Der Kapitalbedarf ist möglichst kostengünstig zu decken, d.h. die Kosten des Eigen- und des Fremdkapitals sollen so gering wie möglich sein.

> **Kosten des Eigenkapitals** sind alle Zahlungen, die im Zusammenhang mit dem von dem Eigentümer bzw. den Gesellschaftern zur Verfügung gestellten Eigenkapital zu leisten sind bzw. von ihnen erwartet werden. Es handelt sich hier um Gewinnzahlungen an die Eigenkapitalgeber.

Kapitalkosten

Diese Kosten sind in der Kalkulation als kalkulatorische Eigenkapitalzinsen anzusetzen (vgl. Kapitel 22.2.4).

Kosten des Fremdkapitals sind der Fremdkapitalzins sowie alle sonstigen Belastungen, die einmalig oder laufend bei einer Kreditgewährung anfallen, z.B. Disagio, Provisionen, Bereitstellungsgebühren u.a.

Der Erkenntniswert der Rentabilitätskennzahlen kann durch eine nähere Kennzeichnung der Kapitalgröße (Eigenkapital, Gesamtkapital, Umsatz) oder durch Verwendung von Kennzahlensystemen (z.B. DuPont Kennzahlensystem) verbessert werden.

13.3.2 Sicherheit

Finanzierungsrisiken

Das Sicherheitsstreben äußert sich in der Vermeidung möglicher Risiken, die mit Finanzierungsvorgängen verbunden sind. Hier ist zuerst das **Kapitalerhaltungsrisiko** zu nennen. Es hängt im Wesentlichen von der Erfolgssituation eines Betriebes ab. Im Falle eines Verlustes ist das Kapital nicht mehr in seiner alten Höhe vorhanden, wobei das Problem der nominellen und der realen Kapitalerhaltung vor allem in Zeiten einer Geldentwertung von Bedeutung ist.

Ein weiterer Risikobereich ist der **Mitbestimmungsanspruch** der Kapitalgeber. Durch ihn sucht der Eigen- wie auch der Fremdkapitalgeber sein Risiko so gering wie möglich zu halten.

In die Berechnung wird er folgende Überlegungen mit einbeziehen:

- Das zur Verfügung gestellte Kapital kann nicht oder nur teilweise zurückbezahlt werden **(Insolvenzrisiko)**.
- Es kann nicht zum vereinbarten Zeitpunkt zurückgezahlt werden **(Liquiditätsrisiko)**.
- Kreditsicherheiten gehen unter oder verlieren an Wert **(Sicherungsrisiko)**.
- Das allgemeine Zinsniveau steigt über den vereinbarten Kreditzins **(Zinsänderungsrisiko)**.
- Der Geldwert verschlechtert sich **(Inflationsrisiko)**.

Eine Risikovorsorge ist daher sowohl für den Kapitalgeber wie auch für den Kapitalnehmer von besonderer Wichtigkeit. Im Rahmen der betrieblichen Risikopolitik ist deshalb verstärkt an Risikoabwälzung, Risikostreuung und Risikovorbeugung zu denken. Voraussetzungen dafür können durch ein verbessertes Informationswesen für die Finanzplanung und durch eine ausreichende Eigenkapitaldecke geschaffen werden.

13.3.3 Unabhängigkeit

Mit dem Ziel der Unabhängigkeit versucht der Kapitalnehmer den Einfluss des Kapitalgebers so wirksam wie möglich zu unterbinden. Daher sollte jegliche Kapitalbeschaffung nur unter der Bedingung durchgeführt werden, dass die Einengung der unternehmerischen Entscheidungsfreiheit auf ein Minimum reduziert wird.

In der Regel ist die geringste Einbuße mit der **Informationspflicht** verbunden, die Dritten gegenüber laufend oder einmalig zu erfolgen hat (z.B. bei stillen Gesellschaftern und Kommanditisten oder teilweise bei Kreditwürdigkeitsprüfungen).

Die **Entscheidungsbeschränkung** (z.B. bei Verwendungsbeschränkungen des aufgenommenen Kredits, Ausschließlichkeitsklauseln bei Bankkrediten und Lieferantendarlehen), die die finanzwirtschaftliche und die leistungswirtschaftliche Souveränität betrifft, ist für das einzelne Unternehmen wesentlich einschneidender. Die Mitentscheidung reicht bis zur Teilnahme des Kapitalgebers an allen Entscheidungen und zur Besetzung von Schlüsselpositionen durch Personen seiner Wahl. Das zeigt sich deutlich bei der Aufnahme eines weiteren Gesellschafters, vor allem wenn damit eine Rechtsformänderung verbunden ist.

Entscheidungsbeschränkung

13.3.4 Liquidität

Bedeutung

Liquidität ist die Fähigkeit eines Unternehmens, die zu einem Zeitpunkt (z.B. ein bestimmter Tag) zwingend fälligen Zahlungsverpflichtungen (z.B. Lieferantenverbindlichkeiten, Löhne und Gehälter, Zinsen, Steuern) uneingeschränkt erfüllen zu können (vgl. dazu auch Kapitel 9.5).

Liquidität = Zahlungsfähigkeit

Zwingend fällige Zahlungsverpflichtungen sind durch einen Termin bestimmt, der als letztmöglicher Zeitpunkt der Erfüllung gesetzt ist. Spätestens zu diesem Termin muss die Zahlungskraft des Unternehmens die betreffenden Ausgaben ermöglichen. Dabei ist es für die Feststellung einer eventuellen Zahlungsunfähigkeit von entscheidender Bedeutung, ob die Ausgaben aus wirtschaftlichen, gesetzlichen oder vertraglichen Gründen auf diesen Zeitpunkt fixiert sind. Wechselschulden z.B. zählen zu den zwingenden Ausgaben im engeren Sinne, während fällige Lieferantenverbindlichkeiten unter Umständen verschiebbar sind.

Vor allem in wirtschaftlich schwierigen Zeiten ist es wichtig, der Liquidität erhöhte Aufmerksamkeit zu schenken. Die Ursachen finanzieller Zusammenbrüche (Insolvenzen) liegen zunächst meist weit weniger in der sinkenden Rentabilität, sondern in erster Linie in Schwachstellen in einzelnen Funktionsbereichen des Unternehmens, die zur **Zahlungsunfähigkeit** und damit **Insolvenz** führen können (vgl. § 17 Insolvenzordnung). Beantragt der Schuldner das Insolvenzverfahren, ist auch die **drohende Zahlungsunfähigkeit** ein Eröffnungsgrund (§ 18 Insolvenzordnung). Auf den weiteren Insolvenzgrund **Überschuldung** (§ 19 Insolvenzordnung) soll hier nicht eingegangen werden.

Zahlungsunfähigkeit

Schleppende Zahlungsfähigkeit **(Zahlungsstockung)** erzeugt bei Lieferanten und Kreditgebern sinkende Kreditwürdigkeit und hat bei Lieferanten meist härter werdende Zahlungskonditionen und / oder Lieferverzögerungen zur Folge. Außerdem sind oftmals auch Auswirkungen durch sich verschlechterndes Image auf den Absatzbereich festzustellen, wodurch wiederum die für Liquidität und Rentabilität notwendigen Umsatzerlöse leiden. Kapitalmäßig sehr schwach ausgestattete Unternehmen ohne positive Zukunftserwartungen haben bei einer derartigen Entwicklung selten eine Überlebenschance, zumal oftmals gerade die besonders qualifizierten Mitarbeiter das Unternehmen verlassen, Kreditgeber sich sehr restriktiv verhalten und die Auswirkungen einer schlechten Ratingziffer zu spüren sind.

Zahlungsstockung

Arten

Die Liquidität (= Zahlungsfähigkeit) zeigt sich in unterschiedlichen Ausprägungsformen:

Liquiditätsarten

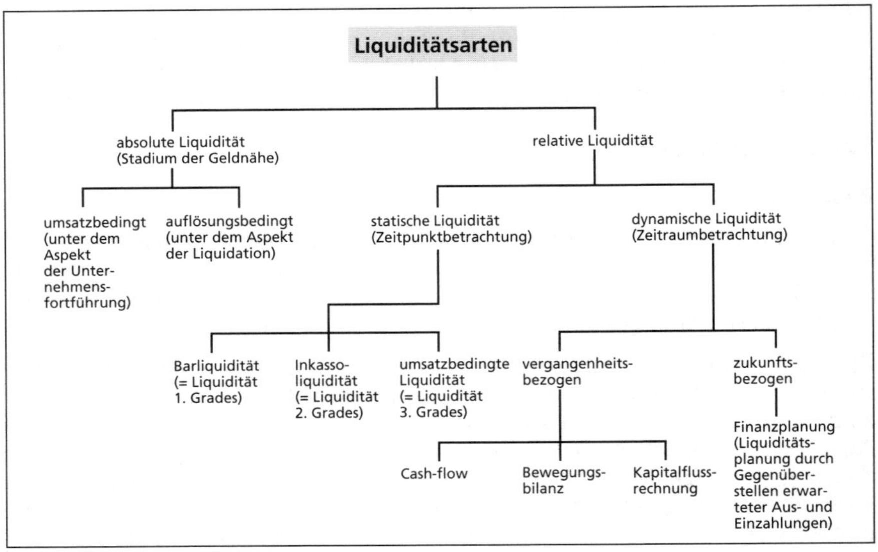

Abb. 8: Liquiditätsarten

Absolute Liquidität

– Die **absolute Liquidität** (auch als graduelle Liquidität bezeichnet) beinhaltet die Nähe eines Wirtschaftsgutes zum Geld. Diese Art der Liquiditätsmessung ist im Rahmen der Kreditwürdigkeitsprüfung einer Bank von Bedeutung, wenn die Nähe zum Geldstadium zum einen bei planmäßigem Betriebsgeschehen (Umsatzprozess), zum anderen unter Liquidationsgesichtspunkten festgestellt wird. Ein und dasselbe Wirtschaftsgut kann je nach Betrachtungsweise einen unterschiedlichen Wert aufweisen. Oft fällt der Liquidationswert wesentlich geringer aus. Die Werte differieren immer dann besonders stark, wenn, wie in manchen Branchen der Fall, ein Wirtschaftsgut nur einen engen Markt besitzt oder gar im Extremfall eine reine, individuell ausgerichtete Auftragsfertigung darstellt.

Der absolute Liquiditätsbegriff kann nichts über die tatsächliche Zahlungsfähigkeit des Unternehmens aussagen. Dazu fehlt es an der Gegenüberstellung von Vermögenswerten und Zahlungsverpflichtungen.

Relative Liquidität

– Die **relative Liquidität** stellt die Vermögenswerte und Zahlungsverpflichtungen gegenüber; damit ist eine Aussage über die tatsächliche Zahlungsfähigkeit des Unternehmens „statisch" oder „dynamisch" möglich.

Statische Liquidität

- Die **statische Liquidität** nimmt die Gegenüberstellung der Vermögenswerte und Zahlungsverpflichtungen auf der Grundlage einer Zeitpunktbetrachtung vor (Jahresbilanz, Halbjahresbilanz, Monatsstatus). Reichen die Zahlungsmittel aus, die sofort fälligen Verbindlichkeiten zu begleichen, ist das Unternehmen zu diesem Zeitpunkt liquide.

- Die **dynamische Liquidität** betrachtet die Liquidität über einen bestimmten zukünftigen Zeitraum. Dies ist nötig, weil die ständige Zahlungsfähigkeit nicht nur ein Zeitpunkt-, sondern auch ein Zeitraumproblem ist (vgl. S. 88 ff).

Dynamische Liquidität

Liquiditätsgrade

In der Praxis werden mehrere Liquiditätsgrade unterschieden, die auch vielfach in die Kreditwürdigkeitsprüfung Eingang gefunden haben. Sie werden als Differenzbetrag oder als Quotient dargestellt (vgl. dazu 9.5).

Die **Barliquidität** (= Liquidität 1. Grades oder 1. Ordnung) wird wie folgt ermittelt:

Barliquidität

Zahlungsmittel ./. kurzfristige Verbindlichkeiten = **Barliquidität**
oder

$$\frac{\text{Zahlungsmittel}}{\text{kurzfristige Verbindlichkeiten}} \times 100 = \textbf{Barliquidität (in \%)}$$

Unter Zahlungsmitteln können Kassenbestand, Bankguthaben, Schecks, diskontierbare Wechsel und Wertpapiere des Umlaufvermögens zusammengefasst werden.

Kurzfristige Verbindlichkeiten umfassen in der Regel Verbindlichkeiten aus Lieferungen und Leistungen, Schuldwechsel, kurzfristige Verbindlichkeiten gegenüber Kreditinstituten, sonstige Verbindlichkeiten und wegen der möglichen kurzfristigen Auszahlungswirksamkeit Teile der kurzfristigen Rückstellungen.

Die statische Liquiditätsrechnung kann aussagefähiger sein, wenn eine Gegenüberstellung der nach der Geldnähe geordneten Vermögensteile des Umlaufvermögens und der nach der Fälligkeit geordneten Verbindlichkeiten gemacht wird (Inkassoliquidität, Umsatzliquidität bzw. umsatzbedingte Liquidität).

Für die **Inkassoliquidität** (= Liquidität 2. Grades oder 2. Ordnung) gilt:

Inkassoliquidität

Zahlungsmittel + kurzfristige Forderungen, d.h. vor allem
Forderungen aus Lieferungen und Leistungen
./. kurzfristige Verbindlichkeiten = **Inkassoliquidität**
oder

$$\frac{\text{Zahlungsmittel + kurzfristige Forderungen, d.h. vor allem Forderungen aus Lieferungen und Leistungen}}{\text{kurzfristige Verbindlichkeiten}} \times 100 = \textbf{Inkassoliquidität (in \%)}$$

Entsprechend wird die **Umsatzliquidität** (= Liquidität 3. Grades oder 3. Ordnung) ermittelt:

Umsatzliquidität

Umlaufvermögen ./. kurzfristige Verbindlichkeiten = **Umsatzliquidität**

oder

$$\frac{\text{Umlaufvermögen}}{\text{kurzfristige Verbindlichkeiten}} \times 100 = \textbf{Umsatzliquidität (in \%)}$$

Von der Inkasso- und Umsatzliquidität wird gefordert, dass die Liquidität nur gesichert sei, wenn je nach Berechnungsart ein Wert gleich oder größer 100 % bzw. 200 %, bzw. ein positiver absoluter Zahlenwert ermittelt wird, während die Barliquidität wegen der meist späteren Fälligkeit der Verbindlichkeiten durchaus einen Wert unter 100 % (in der Regel zwischen 10 und 20 %) bzw. einen negativen absoluten Zahlenwert erreichen kann, sofern Kreditreserven vorhanden sind.

Kritik an den statischen Liquiditätsgraden

Der statischen Liquiditätsrechnung muss kritisch begegnet werden:

- Die Bilanz- bzw. Statuszahlen sagen nichts über die genaue Fälligkeit der kurzfristigen Forderungen und Verbindlichkeiten aus. Je unterschiedlicher die Fälligkeiten sind, desto mehr steigt das Risiko, dass trotz einer günstigen Kennzahl während der Betrachtungszeit Zahlungsstockungen auftreten können.
- Neben den in der Bilanz ausgewiesenen Verbindlichkeiten muss das Unternehmen mit weiteren wichtigen Ausgaben rechnen, wie z.B. Lohn- und Gehaltszahlungen, Zinsverpflichtungen, Leasinggebühren, Steuernach- bzw. -vorauszahlungen.
- Aus der Bilanz ist oft nicht zu erkennen, ob Vermögensteile zur Sicherheit übereignet, verpfändet oder abgetreten wurden. In diesen Fällen sind weitere Informationen notwendig.
- Die bilanzielle Bewertung bestimmter Vermögensteile (wie Roh-, Hilfs- und Betriebsstoffe, fertige und unfertige Erzeugnisse) entspricht nicht den später erlösten Verkaufspreisen.
- Die Stichtagsliquidität kann durch die Wahl des Stichtages beeinflusst werden. Dieser Sachverhalt macht sich besonders bei Saisonbetrieben bemerkbar.

Latente Liquidität

- Aus der Bilanz sind die zur Verfügung stehenden Möglichkeiten zur Beschaffung oder Prolongation kurzfristiger Kredite (latente Liquidität) nicht ersichtlich.

Cash-flow-Analyse, Bewegungsbilanz, Kapitalflussrechnung

Die Aufzählung der Mängel der statischen Liquiditätsrechnung zeigt, dass die Liquiditätsgrade zur Gewinnung von Aussagen über die zukünftigen Ströme liquider Mittel aus den Bestandsgrößen zum Bilanzstichtag für das Unternehmen nur von eingeschränktem Erkenntniswert sind. Man hat deshalb Methoden entwickelt, mit denen versucht wird, aus den Finanzmittelbewegungen der Vergangenheit auf die zu erwartenden Bewegungen in der Zukunft zu schließen. Da diese Betrachtungsweise auch auf Vergangenheitswerten der Bilanz beruht, unterliegt sie jedoch den gleichen Beschränkungen.

Cash-flow-Analyse

Die **Cash-flow-Analyse** geht von Daten der Jahresbilanz und der GuV-Rechnung aus. Mit dieser Kennzahl soll eine Aussage über den Mittelzufluss aus dem Umsatzprozess gemacht und ein besserer Einblick in die Liquiditätslage und die finanzielle Entwicklung des Unternehmens gewonnen werden. Diese Kennzahl errechnet sich aus dem Periodengewinn (= Jahresüberschuss), vermehrt um die Aufwendungen, denen keine Auszahlungen gegenüberstehen, und vermindert um die Erträge, aus denen keine Einzahlungen resultieren. Der Cash-flow lässt sich daher auf folgende Grundformel reduzieren:

Ermittlung Cash-flow

Jahresüberschuss
+ nicht auszahlungswirksame Aufwendungen
./. nicht einzahlungswirksame Erträge

= **Cash-flow**

In der Praxis wird der Cash-flow oft in stark vereinfachter Form ermittelt:

> Gewinn + Abschreibungen + Zuführung zu den (langfristigen) Rückstellungen = **Cash-flow** (in stark vereinfachter Form)

Die Aussagekraft dieser Cash-flow-Rechnungen besteht darin, die dem Unternehmen aus dem laufenden Umsatzprozess zugeflossenen Mittel aufzuzeigen. Die durch den Cash-flow auf den Bilanzstichtag festgestellten finanziellen Mittel stehen zu diesem Zeitpunkt dem Unternehmen aber nicht mehr frei zur Verfügung, sondern sind zum Teil innerhalb der Abrechnungsperiode für Ersatz- und Erweiterungsinvestitionen, zur Schuldentilgung und für Gewinnentnahmen bereits wieder verwendet worden.

Verallgemeinernd kann man feststellen, dass die Cash-flow-Ziffern in der Regel nur zu groben Annäherungen an die durch den Umsatzprozess bewirkten Bewegungen der liquiden Mittel führen können. Mit dem finanziellen Strom aus dem Umsatz sind diese Größen in der Regel nur entfernt verwandt, vor allem wenn die Aufwendungen und Erträge nicht exakt in zahlungs- und nichtzahlungswirksame Posten getrennt werden können. Damit hat die Cash-flow-Ziffer für das Unternehmen nur bedingt die Bedeutung, die ihr oft beigemessen wird (siehe dazu auch Kapitel 11.2).

Ein weiteres Instrument der Finanzanalyse ist die **Bewegungsbilanz** (siehe Kapitel 12.1).

Kapitalflussrechnung

Eine Weiterentwicklung der Bewegungsrechnung sind **Kapitalflussrechnungen**, die die Veränderung eines abgegrenzten Bestandes aus Mitteln aus den Zu- und Abnahmen der übrigen Bestände erklären.

Beurteilung

Beurteilung der Liquiditätsanalyse

Die oben beschriebenen Messungsmöglichkeiten der Liquidität (absolute Liquidität, Liquiditätsgrade, Cash-flow-Analyse, Bewegungsbilanz und Kapitalflussrechnung) werden in der Unternehmenspraxis für die Überwachung der Liquidität eingesetzt. Das bedeutet, dass bei Vorliegen der Jahresbilanz eine Analyse der Bestandswerte unter Berücksichtigung der eventuellen Aussageeinschränkungen vorgenommen wird, um sich damit ein Bild von der Liquiditätsstruktur zu machen und durch geeignete Maßnahmen eine möglicherweise ungünstige Aussage bis zu einer Kreditwürdigkeitsprüfung zu verbessern. Die Kreditinstitute sind bei ihren Kreditwürdigkeitsprüfungen neben der Berücksichtigung von künftigen internen und externen Faktoren (Rating) sehr stark bilanzorientiert und treffen ihre Entscheidungen nie ohne eine entsprechende **Liquiditätsanalyse**.

Wiederholungsfragen zum 13. Kapitel:

1. Welche Ziele sollen durch die betriebliche Finanzwirtschaft erreicht werden? (Seite 77–78)
2. Erläutern Sie die Begriffe Kapital und Vermögen. (Seite 79–80)
3. Unterscheiden Sie Vermögen im rechtlichen und betriebswirtschaftlichen Sinne. (Seite 80)
4. Welche wesentlichen Unterschiede bestehen zwischen Eigen- und Fremdkapital? (Seite 79–80)
5. Wie unterscheiden sich nominelles und reales Eigenkapital? (Seite 79–80)
6. Was versteht man unter dem Insolvenzrisiko? (Seite 82)
7. Erklären Sie den Begriff „Liquidität". (Seite 83)
8. Wie lassen sich die Liquiditätsgrade ermitteln und was sagen sie aus? (Seite 84–85)
9. Kritisieren Sie die statische Liquiditätsrechnung. (Seite 86)
10. Welche Bedeutung hat eine Cash-flow-Analyse? (Seite 86–87)

14. Die Finanzplanung als Instrument zur Steuerung und Sicherung der Unternehmensliquidität

Einnahmen- und Ausgabenprognose

Die Finanzplanung hat die Aufgabe, die erwarteten Einnahmen den erwarteten Ausgaben innerhalb einer festgelegten Periode möglichst zeitpunkt- und betragsgenau gegenüberzustellen und für Ausgleich zu sorgen. Man spricht von der zukunftsbezogenen, dynamischen Liquiditätsrechnung. Das Ziel besteht also darin, für jeden künftigen Zeitpunkt zu ermitteln, ob die erwarteten Einnahmen die erwarteten Ausgaben zeit- und betragsgerecht decken. Es ist dann festzustellen, welche Maßnahmen notwendig sind, um während der Planungsperiode einen Ausgleich herbeizuführen.

> Eine Finanzplanung muss daher lückenlos und zeitlich genau alle künftigen Zahlungsströme erfassen.

Fristen der Finanzplanung

Nach dem **Planungshorizont** unterscheidet man folgende grobe Fristen, wobei Branchenabhängigkeiten berücksichtigt werden müssen:

- die kurzfristige Finanzplanung (ca. 1 – 3 Monate, maximal 1 Jahr)
- die mittelfristige Finanzplanung (ca. 1 – 3 Jahre)
- die langfristige Finanzplanung (ca. 3 – 5 Jahre).

Aufbau der Finanzplanung

> Eine Finanzplanung hat, dem Liquiditätsziel entsprechend, folgenden Aufbau:
> - Ermittlung der Kapitalströme, d.h. Ausgaben- und Einnahmenermittlung (Kapitalbedarfsrechnung und Umsatzplanung) und damit
> - Aufstellung der Finanzprognose
> - Beseitigung eines erwarteten Defizits bzw. Überschusses
> - Ursachenanalyse vor allem bei einem längerfristigen Defizit.

14.1 Der Kapitalbedarf als Ausgangspunkt

14.1.1 Ursachen und Einflussgrößen

Zeitliches Auseinanderfallen von Einnahmen und Ausgaben

Jedes Unternehmen benötigt zur Durchführung seiner Ziel- und Zwecksetzung finanzielle Mittel in bestimmter Höhe für eine gewisse Zeitperiode. Die Ursachen des Kapitalbedarfs liegen im zeitlichen Auseinanderfallen der Einnahmen und Ausgaben.

Höhe des Kapitalbedarfs

> Die Höhe des Kapitalbedarfs ist von der Höhe der Einnahmen und Ausgaben sowie ihrem zeitlichen Anfall abhängig. Höhe und zeitlicher Anfall werden von folgenden Faktoren beeinflusst:
> - Anordnung, Ablauf und Geschwindigkeit des Leistungsprozesses,
> - Beschäftigungsschwankungen,
> - Preisniveau der Produktionsfaktoren (Betriebsmittel, Werkstoffe und menschliche Arbeitskraft)
> - Betriebsgröße,
> - Änderungshäufigkeit des Leistungsprogrammes.

14.1.2 Ermittlung des Kapitalbedarfs

Die Ermittlung des Kapitalbedarfs erfolgt aufgrund der unterschiedlichen Zeitgebundenheit getrennt für Anlagevermögen und Umlaufvermögen. Außerdem ist zwischen einem Kapitalbedarf im Gründungs- bzw. Erweiterungsstadium und bei laufendem Betriebsgeschehen zu unterscheiden.

Berechnung für das Anlagevermögen

Der Kapitalbedarf für das Anlagevermögen ist von den Anschaffungskosten des Investitionsvorhabens abhängig. Die Anschaffungskosten ergeben sich aus den Anschaffungspreisen sowie den Anschaffungsnebenkosten, wie z.B. Transportkosten, Demontage der alten Anlage, Montage der neuen Anlage, bauliche Veränderungen usw. Weiterhin sind die Kosten der Ingangsetzung und ein vorzuhaltender Sicherheitsbestand hinzuzurechnen. Der Kapitalbedarf für das Anlagevermögen ergibt sich wie folgt:

Anschaffungskosten der Investitionsgüter plus Ingangsetzungskosten plus Sicherheitsbestand.

Im **Gründungsstadium** ist die Höhe des Kapitalbedarfs für das Anlagevermögen von den erwarteten Absatzchancen des geplanten Leistungsprogramms, nach der Gründung von einer wirtschaftlichen Fertigungskapazität und Fertigungstiefe abhängig.

Anschaffungskosten der Anlagegegenstände

Werden bei der **Gründung** eines Unternehmens alle für die Produktion erforderlichen Anlagegegenstände in einer Periode angeschafft, ergibt sich der zu finanzierende Kapitalbedarf aus der Summe der Anschaffungskosten der Anlagegegenstände zuzüglich der Ausgaben für die Schaffung der Betriebsbereitschaft (d.h. Organisationskosten einschließlich Mitarbeiterbeschaffung und -ausbildung).

Die Berechnung des Kapitalbedarfs für das Anlagevermögen in einem **bereits bestehenden Unternehmen** richtet sich nach der Investitionsbereitschaft und nach den durch die Investitionen geplanten Ausgaben. In allen Fällen geht aber der den Kapitalbedarf verursachenden Entscheidung eine Investitionsentscheidung mit einer Investitionsrechnung (siehe Kapitel 18) voraus. In ihr ist bereits eine Vorentscheidung über die Finanzierungsart durch die Berücksichtigung eventueller Finanzierungsengpässe und die durch die Finanzierung anfallenden Kapitalkosten enthalten. In diesen Fällen sind Investitions- und Finanzplanung dringend aufeinander abzustimmen.

Berechnung für das Umlaufvermögen

Durchschnittliche Kapitalbindung

Die Ermittlung des Kapitalbedarfs für das Umlaufvermögen kommt der Ermittlung der durchschnittlichen Kapitalbindung gleich.

Zum Kapitalbedarf für das Umlaufvermögen führen insbesondere Ausgaben für

- Materialkosten (Roh-, Hilfs- und Betriebsstoffe),
- Löhne und
- Gemeinkosten.

Vom Einkauf der Roh-, Hilfs- und Betriebsstoffe und deren Bezahlung, über die Lagerung und Produktion bis zum Verkauf und Eingang des Kaufpreises vergeht Zeit, während der ständig neue Ausgaben nötig sind, um die Produktion aufrechtzuerhalten. Entsprechend müssen bei der Ermittlung des Umlaufvermögens die durchschnittlichen täglichen Ausgaben mit der Anzahl der Tage multipliziert werden, die das Unternehmen benötigt, bis die Ausgaben für Roh-, Hilfs- und Betriebsstoffe, Löhne u.a. zu Einnahmen geführt haben. Man spricht von der Umschlagshäufigkeit und durchschnittlichen Umschlagsdauer des Umlaufvermögens. Die Abbildung 9 verdeutlicht vereinfacht und beispielhaft diesen Sachverhalt.

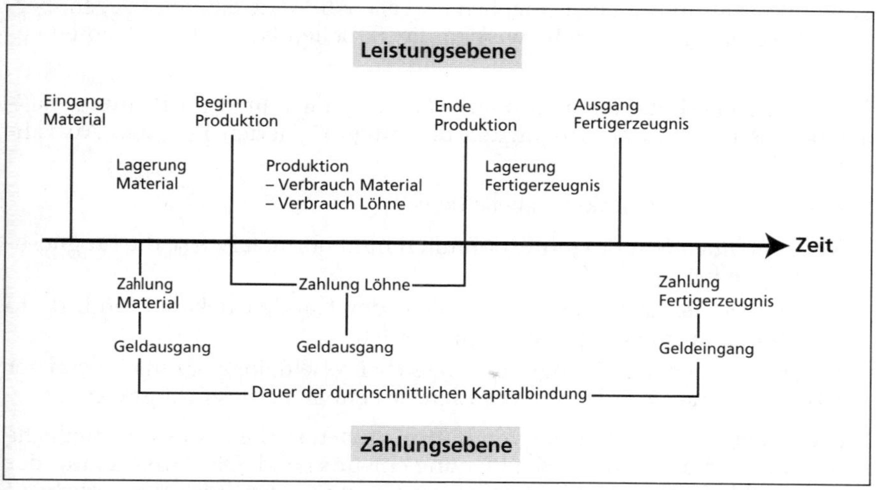

Abb. 9: Schematische Darstellung einer durchschnittlichen Kapitalbindung

Formel für die Ermittlung des Kapitalbedarfs für das Umlaufvermögen

Der **Kapitalbedarf des Umlaufvermögens** ergibt sich durch folgende Rechnung:

Auszahlungen pro Tag x Dauer der Kapitalbindung (in Tagen) = **Kapitalbedarf**

Diese Berechnungsweise beinhaltet jedoch einige Unterstellungen, die in der **betrieblichen Praxis** nicht immer gegeben sind:

- Unterstellt wird die genaue Kenntnis über die einzelnen Aus- und Einzahlungstermine und deren Höhe. Je unterschiedlicher die Kunden- und die Auftragsstruktur ist, desto schwieriger wird es sein, vor allem die präzisen Einzahlungstermine zu ermitteln.
- Es wird eine normale Beschäftigung unterstellt. Bei Beschäftigungsschwankungen muss eine modifizierte Kapitalbedarfsrechnung erstellt werden.
- Einzahlungen und Auszahlungen werden inhaltlich mit Einnahmen und Ausgaben gleichgesetzt (vgl. Kapitel 19.2.2 und 19.2.3).

14.2 Durchführung der Finanzplanung

Sie erfolgt unter dem Ziel des so genannten finanziellen Gleichgewichts, was jederzeitige Zahlungsfähigkeit unter Einbeziehung der Rentabilität bedeutet. Zur Realisierung sind die Finanzprognose und der Planausgleich erforderlich (vgl. Abb. 10).

14.2.1 Finanzprognose

Geldmittel-vorschau

Bei der Finanzprognose handelt es sich um eine Geldmittelvorschaurechnung, in die die voraussehbaren Einzahlungen, Auszahlungen und kurzfristigen Kapitalbeschaffungsquellen eingehen und als Soll-Werte einander gegenübergestellt werden. Zur Kontrolle werden die aktuellen Ist-Werte laufend eingefügt.

Die Brauchbarkeit der Finanzprognose als Ausgangspunkt für Planungsmaßnahmen hängt von der Genauigkeit der prognostizierten Ein- und Auszahlungsströme ab.

Dabei sind folgende Punkte zu beachten:

- Mit zunehmendem Prognosezeitraum nimmt normalerweise die Prognosegenauigkeit ab.
- Je genauer die Zahlungsgewohnheiten der Kunden bekannt sind, desto präziser kann eine Prognose erstellt werden.
- Bekanntwerdende Zahlungsstockungen beim Geldeingang müssen von der Höhe und/oder Zeit her in der Prognose zeitnah berücksichtigt werden.

Prognose-genauigkeit

Die für die Prognose notwendigen Informationen umfassen unterschiedliche Zeiträume und beeinflussen die Planung entsprechend. Die Aussagekraft der **mittel- und langfristigen Finanzplanung** hängt von der Prognosemöglichkeit der auf diese Planung einwirkenden Faktoren ab. In vielen Unternehmen war man bis vor wenigen Jahren der Meinung, dass man eine mittel- bis langfristige Planung nicht durchführen müsse und auch nicht könne. Die Schnelligkeit des technologischen Wandels und die sich ständig ändernden Umweltsituationen haben die Notwendigkeit einer mittel- bis langfristigen Planung und deren Auswirkung auf die finanziellen Verhältnisse unterstrichen. Ganz besonders macht sich dieses Phänomen in der Gründungsphase bemerkbar, wenn die einzelnen Phasen einer möglichen Erweiterung im Investitionsplan prognostiziert und mit den finanziellen Möglichkeiten abgestimmt werden.

Die **kurzfristige Finanzplanung** wird für einen Zeitraum von maximal 12 Monaten erstellt. Kürzere Zeiträume sind vor allem in solchen Branchen üblich, die eine kurzfristigere Auftrags- und damit auch Zahlungsabwicklung aufweisen. Bei dieser im Gegensatz zur mittel- und langfristigen Planung wesentlich geringeren zeitlichen Tiefe können die Planansätze meist eine größere Genauigkeit aufweisen.

Generell gilt: Trotz häufig beklagter Genauigkeit vor allem beim Zahlungseingang darf auf die **Finanzplanung nicht verzichtet** werden.

Finanzplan

Geldbewegungen in Form von erwarteten Geldein- und Geldausgängen	1. Monat: 1. Woche	1. Monat: 2. Woche	1. Monat: 3. Woche	1. Monat: 4. Woche	2. Monat	3. Monat
A) Laufendes Geschäft 1. **Geldeingänge** Umsatzerlöse Sonstige Eingänge (z. B. Kundenanzahlungen)						
Summe 1						
2. **Geldausgänge** Löhne und Gehälter Fällige Verbindlichkeiten aus Lieferungen und Leistungen Zinsen Steuern Sonstige Ausgaben						
Summe 2						
3. **Über-/Unterdeckung (Summe 1 ./. Summe 2)**						
B) Finanzverkehr und Geldbewegungen außerhalb des laufenden Geschäfts 1. **Geldeingänge** Erträge aus Beteiligungen Anlagenverkauf						
Summe 1						
2. **Geldausgänge** Kredittilgungen Akzepteinlösungen (Schuldwechsel) Investitionsausgaben Beteiligungen Gewinnausschüttungen Sonstiges						
Summe 2						
3. **Über-/Unterdeckung (Summe 1 ./. Summe 2)**						
C) Über-/Unterdeckung insgesamt (Ergebnis A.3 + Ergebnis B.3)						
D) Ausgleichsposition Flüssige Mittel (Bestand) Akzepthergaben Kreditbelastung						
Summe						
E) Stand am Monatsende 1. Flüssige Mittel 2. Akzeptverbindlichkeiten 3. In Anspruch genommene Bankkredite (Kreditvolumen)						

Abb. 10: Schema einer Finanzprognose und anschließendem Finanzplan

14.2.2 Planausgleich

Ergebnisse der Finanzprognose

Die Finanzprognose kann drei Ergebnisse aufzeigen:

Finanzielles Gleichgewicht

- Die Ein- und Auszahlungsströme verlaufen so, dass unter Beachtung einer der Unsicherheit angepassten **Liquiditätsreserve** eine jederzeitige Zahlungsfähigkeit gegeben ist. In diesem Falle muss **keine Disposition** erfolgen. Es ist allerdings eine Kontrolle über den Anfall der prognostizierten Ein- und Auszahlungen notwendig.

Finanzbedarf

- Die Prognose ergibt eine **Unterdeckung** und damit einen **Finanzbedarf**, der, würde kein Ausgleich erfolgen, eine zumindest kurzfristige Zahlungsunfähigkeit hervorruft.

Überschuss

- Die Prognose ergibt einen **Überschuss**, der eine **Disposition** aus Rentabilitätsgründen als notwendig erscheinen lässt.

Maßnahmen bei zu erwartendem Finanzbedarf

Erwarteter Finanzbedarf

Zur Behebung des voraussichtlichen Finanzbedarfs gibt es generell folgende Möglichkeiten, wobei berücksichtigt werden muss, dass bei der Veränderung von Zahlungsströmen, die mit leistungswirtschaftlichen Strömen zusammenhängen, andere Finanzströme indirekt beeinflusst werden können:

- Ausnutzung einer noch nicht in Anspruch genommenen Kreditreserve,
- **Einnahmenmehrung** durch Vorziehen von Einnahmen späterer Perioden (z.B. Voraus- und Anzahlungen),
- **Aufschieben von Ausgaben** auf spätere Perioden (z.B. zeitliches Verschieben einer Investition oder Tilgungsaufschub),
- **Kürzung von Ausgaben** durch Verzicht auf geplante ausgabenerzwingende Maßnahmen (z.B. Investitionsaufschub),
- **Überprüfung des Mahnwesens**.
- **Überprüfung** der zeitlichen und qualitativen Leistungsabwicklung.

Maßnahmen bei zu erwartendem Finanzüberschuss

Erwarteter Finanzüberschuss

Das Maß der **Liquiditätsreserve** als Ausfluss der finanzpolitischen Ziele ist mitentscheidend für Höhe und Zusammensetzung des durch die Finanzprognose ermittelten und rentabel anzulegenden Finanzüberschusses (z.B. Termingelder, Wertpapiere). Außerdem muss bei der Erstellung der Finanzprognose bereits sichergestellt sein, dass gewisse unternehmerische Maßnahmen eine entsprechende Einnahmen- und Ausgabensteuerung mit sich bringen. Dabei ist vor allem an die Auswirkung möglicher Skontoabzüge bei der Begleichung von Verbindlichkeiten aus Lieferungen und Leistungen gedacht, da Lieferantenkredite unter Umständen weitaus kostspieliger sind als andere Verschuldungsmöglichkeiten. Die **Unsicherheit** der Erwartungen spielt hier eine wesentlich größere Rolle als bei der Deckung einer Finanzlücke.

14.2.3 Finanzkontrolle

Die Erstellung der Finanzprognose ist vor allem im Einnahmenbereich vielfach mit großen Unsicherheiten verbunden, die sich auf die Zahlungsmoral der Kunden, aber auch auf Organisationsmängel beim Unternehmer selbst zurückführen lassen. Dementsprechend vorsichtig und risikobewusst muss eine Unter- oder auch Überdeckung ausgeglichen werden.

Daher ist es ratsam, dass der Verlauf der Prognose einer Soll-Ist-Betrachtung unterliegt, um nicht nur eine

Abweichungs-, sondern vor allem eine Ursachenanalyse

Abweichungs- und Ursachenanalyse können Schwachstellen aufdecken

für Prognoseabweichungen zu erstellen. Das dient der Erfahrung für künftige Prognosen und kann bei längeren Unterdeckungen auch zur Aufdeckung betrieblicher Schwachstellen, wie z.B. Fehlkalkulationen, verspätete Rechnungsstellung, mangelndes Mahnwesen, zeitlich und qualitativ unbefriedigende Auftragsabwicklung usw. dienen. Auf jeden Fall sollte die Umschlagshäufigkeit und die Debitorendauer der Forderungen beobachtet werden (vgl. dazu Kapitel 11.1). Hier können auch Controllingmaßnahmen ansetzen.

Wiederholungsfragen zum 14. Kapitel:

1. Wie und wann entsteht Kapitalbedarf? (Seite 89)
2. Welche Faktoren bestimmen den Kapitalbedarf für das Anlagevermögen? (Seite 90)
3. Welche Faktoren bestimmen den Kapitalbedarf für das Umlaufvermögen? (Seite 90–91)
4. Welches Ziel verfolgt die Finanzplanung? (Seite 92)
5. Beschreiben Sie den Aufbau der Finanzplanung. (Seite 93)
6. Welcher Zusammenhang besteht zwischen Kapitalbedarf und Kapitalumschlag (Umschlagshäufigkeit des Kapitals)? (Seite 91)
7. Was versteht man unter dem finanziellen Gleichgewicht? (Seite 94)
8. Wodurch wird die Unsicherheit im Bereich der Finanzprognose begründet? (Seite 94)
9. Nennen Sie Maßnahmen bei zu erwartendem Finanzüberschuss bzw. Finanzbedarf. (Seite 94)
10. Welche Aufgaben muss die Finanzkontrolle erfüllen? (Seite 94–95)

15. Finanzierungsalternativen

Die dem Unternehmen zur Verfügung stehenden Finanzierungsmöglichkeiten lassen sich nach unterschiedlichen Gesichtspunkten einteilen (vgl. Abb. 11).

Finanzierungsarten		
Kapital- oder Finanzierungsart	Kapital- oder Finanzierungsquelle	
	Außenfinanzierung (von außerhalb des Unternehmens)	**Innenfinanzierung** (aus dem Unternehmen selbst)
Eigenfinanzierung (Zufuhr von Eigenkapital)	Beteiligungsfinanzierung	Gewinnthesaurierung (durch Einbehalten von Gewinnen) Vermögensumschichtungen
Fremdfinanzierung (Zufuhr von Fremdkapital)	Kreditfinanzierung	Finanzierung durch Rückstellungen

Abb. 11: Mögliche Einteilung der Finanzierungsarten

Kapitalform

Üblicherweise werden unterschieden:
- nach der Art des zu beschaffenden Kapitals in **Eigenfinanzierung** (= Beschaffung von Eigenkapital) und **Fremdfinanzierung** (= Beschaffung von Fremdkapital) sowie
- nach der Herkunft (Quelle) des zu beschaffenden Kapitals in **Außen-** und **Innenfinanzierung**.

Kapital-herkunft

15.1 Finanzierungsquellen

Zur Kapitalbeschaffung stehen dem Unternehmen verschiedene Quellen und Kapitalarten zur Verfügung:

Aus dem **Privatbereich**:

Private Kapitalgeber

- neue Gesellschafter als Voll- oder Teilhafter bzw. stille Gesellschafter,
- seitherige Gesellschafter durch Erhöhung ihrer Einlage sowie
- private Darlehensgeber.

Aus dem **Wirtschaftsbereich**:

Geschäfts-banken

- **Geschäftsbanken** gewähren Kredite unterschiedlicher Laufzeit zur Finanzierung der Investitionen und des laufenden Kapitalbedarfs aus der Umsatztätigkeit.

Spezialbanken

- **Spezialbanken**, wie z.B. Kreditanstalt für Wiederaufbau, Industriekreditbank usw., befassen sich schwerpunktmäßig mit dem mittel- und langfristigen Kreditgeschäft und werden vielfach erst unter Einschaltung einer Geschäftsbank herangezogen.

Versicherungen

- **Versicherungen** sind als Kapitalsammelstellen auch an Kapitalausleihungen interessiert.

Finanzmakler und Finanzdienstleister

- **Finanzmakler** und **Finanzdienstleister** vermitteln mittel- und langfristige Kredite sowie im Rahmen der Beteiligungsfinanzierung Eigenkapital als Beteiligungen. Ihr Einfluss ist bei Klein- und Mittelbetrieben in letzter Zeit steigend.

Finanzierungsgesellschaften

- **Finanzierungsgesellschaften** werden für Klein- und Mittelbetriebe von zunehmender Bedeutung. Auch wird von den Geschäftsbanken aus versucht, eigenkapitalschwache Unternehmen über Beteiligungsgesellschaften strukturmäßig zu festigen. Dabei werden sog. Mezzanine als wichtige Eckpfeiler der Unternehmerfinanzierung angesehen.

Lieferanten und Kunden

- **Marktpartner** gewähren als Lieferanten (Lieferantenkredit) bzw. als Abnehmer (Vorauszahlung) Kredite.

Arbeitnehmer

- **Arbeitnehmer** stellen im Gegensatz zu den Großunternehmen in Handel und Industrie bei Klein- und Mittelbetrieben noch keine nennenswerte Finanzquelle dar. Ausnahme bilden die Fälle, in denen der oder die Betriebsinhaber aus unterschiedlichen Motiven heraus (Nachfolge, Haftung, Erweiterung usw.) bestimmten Mitarbeitern eine Beteiligungsmöglichkeit mit und ohne zusätzliche Entscheidungsrechte und in besonderen Fällen eine Übernahmemöglichkeit bieten.

Öffentliche Hand

- **Die öffentliche Hand** (Bund, Land, Gemeinde) gewährt Zahlungsaufschübe im Steuerbereich bei entsprechenden Anträgen an die zuständige Finanzbehörde und vergibt über staatseigene Banken (Kreditanstalt für Wiederaufbau, Landeskreditbanken) zinsgünstige Kredite in Form von Darlehen vor allem an die mittelständische Industrie, den mittelständischen Handel sowie an Handwerksunternehmen bei Vorliegen bestimmter Sachverhalte (Existenzgründung, Rationalisierungsvorhaben, Innovationen, Ansiedlung in strukturschwachen Gebieten, Schaffung bzw. Erhaltung von Arbeitsplätzen usw.).

ERP

Neben diesen aus der **ERP** (European Recovery Programm = Europäisches Wiederaufbauprogramm) Hilfe entstandenen Maßnahmen werden auch Bürgschaften und Garantien übernommen (Bürgschaftsbanken, Exportgarantiegemeinschaften).

Bei den die mittelständische gewerbliche Wirtschaft interessierenden Bundesprogrammen handelt es sich in erster Linie um sog. ERP-Kredite. Hinter dem ERP (Europäisches Wiederaufbauprogramm) steht das bedeutendste Wirtschaftsprogramm der neueren Geschichte, dessen Initiator der frühere amerikanische Außenminister George C. Marshall war.

Seitdem der Wiederaufbau als abgeschlossen anzusehen ist, dient das ERP-Sondervermögen heute der kontinuierlichen Förderung der deutschen Wirtschaft. Rechtsgrundlage der Förderung ist das ERP-Verwaltungsgesetz von 1953 in Verbindung mit dem jährlichen ERP-Wirtschaftsplangesetz, in dem Art und Umfang der Förderungsmaßnahmen jeweils im Einzelnen festgelegt werden.

Die ERP-Kredit-Aktionen umfassen hauptsächlich die
- Unterstützung von Existenzgründungen,
- die Errichtung von Betrieben in neuen Wohnsiedlungen sowie
- die Verbesserung der regionalen Wirtschaftsstruktur.

Nähere und aktuelle Informationen erhält man über die Hausbank, die zuständige Industrie- und Handelskammer oder Handwerkskammer.

15.2 Außenfinanzierung durch Beteiligungskapital

Rechtsform und Finanzierung

Die Einlage von Beteiligungskapital (Eigenkapital) durch die Anteilseigner (Eigentümer bzw. Gesellschafter) hängt wesentlich von der jeweiligen Rechtsform der Unternehmung ab. Sie ist die rechtliche Verfassung des Unternehmens, durch die Rechtsbeziehungen im Innen- und Außenverhältnis geregelt werden. Eine kurze Einführung in die Problematik kann die Bedeutung aufzeigen.

15.2.1 Allgemeine Kriterien für die Wahl der Rechtsform

Anlässe der Rechtsformentscheidung

Das Problem der Rechtsformwahl tritt im Stadium der Gründung sowie in den Situationen auf, in denen sich die Bedeutung gewisser Kriterien ändert und eine Umwandlung in eine andere Rechtsform sinnvoll erscheint.

Neben rein rechtlichen Aspekten sind es vor allem betriebswirtschaftliche Kriterien, die die **Rechtsformentscheidung** gerade auch für Klein- und Mittelbetriebe sehr wichtig erscheinen lassen (vgl. dazu die Zusammenstellung auf Seite 100). Die im Folgenden aufgeführten Punkte können im Einzelfall durch weitere Kriterien ergänzt werden. Wichtig und für den Bestand sowie den Erfolg des Betriebes entscheidend sind klare Regelungen im **Gesellschaftsvertrag**, der einen möglichst hohen Detaillierungsgrad haben sollte.

Wichtig: Gesellschaftsvertrag

Folgende Kriterien spielen eine wichtige Rolle:

Haftung: Grundsätzlich kennt man unbeschränkte Haftung (Vollhaftung) und die beschränkte Haftung (Teilhaftung).

Steuerliche Belastung: Die steuerliche Belastung kann je nach Rechtsform unterschiedlich sein, so vor allem bei der Gewinnbesteuerung und der Nachfolgeregelung.

Willensbildung: Je nach Rechtsform ist die Willensbildung dem einzelnen oder mehreren, dem (den) Eigentümer(n) bzw. gewählten Organen übertragen.

Gewinnbeteiligung: Die gesetzlichen Regelungen (z.B. HGB, GmbHG, AktG) greifen dann ein, wenn im Gesellschaftsvertrag über die Gewinnverteilung keine Regelungen getroffen wurden.

Finanzierung: Aufgrund von unterschiedlichen Haftungsverhältnissen und Gesetzesvorschriften ergeben sich zwangsläufig unterschiedliche Alternativen bei der Finanzierung (siehe dazu Kapitel 15.2.2).

Betriebs-aufspaltung

Neben der für Klein- und Mittelbetriebe typischen Einzelunternehmung kommen vor allem die KG, die OHG, die GmbH und Co. KG und die GmbH vor. Letztere hat auch im Rahmen einer Betriebsaufspaltung als Betriebsgesellschaft, wobei die Besitzgesellschaft eine Personengesellschaft bleibt, besondere Bedeutung erlangt.

Rechtsform / Merkmale	Einzelfirmen	Personengesellschaften		Kapitalgesellschaften	
		OHG	KG	GmbH	AG
(1) Gesetzliche Grundlage	§§ 1–104 HGB	§§ 105–160 HGB	§§ 161–171 HGB	GmbHG	AktG
(2) Bezeichnung der (Mit-) Eigentümer	Inhaber	Gesellschafter	Komplementäre, Kommanditisten	Gesellschafter	Aktionäre
(3) MIndestanzahl bei Gründung	höchstens 1 (sonst Gesellschaft)	2	2	1 (aber bei 1-Mann-GmbH Sicherheiten für nicht eingezahltes Stammkapital notwendig)	5 (aber: nach Gründung auch 1-Mann-AG zulässig) Neu: Klein-AG nur 1 Gründer
(4) Vorgeschriebenes Haftungskapital bei Gründung	–	–	–	25.000,– € (Stammkapital), davon mindestens 50 % eingezahlt	50.000,– € (Grundkapital)
(5) Regelung der Haftung	unbeschränkt persönlich	unbeschränkt persönlich und solidarisch	Komplementäre: unbeschränkt persönlich Kommanditisten: beschränkt auf die Kapitaleinlage	Beschränkt auf die Kapitaleinlage; es kann aber eine Nachschusspflicht im Gesellschaftsvertrag vereinbart sein, vgl. auch die für Existenzgründer in 6/2008 geschaffene „Mini GmbH" (vgl. S. 101)	Beschränkt auf die Kapitaleinlage
(6) Gewinnsteuerliche Belastung	Gewinn unterliegt der Einkommensteuer: Steuersatz je nach Höhe der persönlichen Gesamteinkünfte ab 2007: 15 % – 42 % (bzw. 45 % = sog. „Reichensteuer") Anmerkung: Teilweise Anrechnung der Gewerbesteuer auf die Einkommensteuer aus gewerblichen Einkünften.			Gewinn unterliegt der Körperschaftsteuer: Steuersatz 15 % ab 2008 definitiv. Die Gesellschafter resp. Aktionäre versteuern die an sie ausgeschütteten Gewinne nach den Regeln der Abgeltungssteuer).	

Abb. 12: „Wichtige Kriterien für die Wahl der Rechtsform" Stand: 6/2011

Einzel-unternehmung

Volle Haftung

– Eine **Einzelunternehmung** ist dadurch charakterisiert, dass ein Kaufmann seinen Betrieb ohne Gesellschafter oder nur mit einem stillen Gesellschafter betreibt. Der Einzelunternehmer haftet für die Verbindlichkeiten seiner Firma allein und unbeschränkt, d.h. nicht nur mit dem in seinen Betrieb eingelegten Teil seines Vermögens, sondern auch mit seinem sonstigen Privatvermögen. Die Gründung einer Einzelunternehmung erfolgt formlos. Bezüglich der Eintragung im **Handelsregister** gelten die §§ 1 HGB ff. (Ist-, Kann- und Formkaufmann). Die Firma der Einzelunternehmung ist eine **Personenfirma**, d.h. sie muss einen Familiennamen und mindestens einen ausgeschriebenen Vornamen enthalten. Zwar ist nur der Einzelunternehmer selbst und nicht die Firma Träger von Rechten und Pflichten, trotzdem kann auch er unter seiner Firma klagen und verklagt werden.

- Die **stille Gesellschaft)** (Beteiligung) tritt nach außen nicht als eigenständige Rechtsform auf. Man unterscheidet zwei Formen: Bei der stillen Beteiligung macht der Geldgeber eine formlose Einlage in das Unternehmensvermögen. Dafür wird er am Unternehmensgewinn beteiligt. Oft bekommen stille Gesellschafter eine fest vereinbarte Summe plus Gewinnanteil. In der Regel greift der Geber bei stillen Beteiligungen nicht in die Unternehmensführung ein, will aber Bilanzen und Wirtschaftszahlen einsehen. Die stille Beteiligung kann unabhängig von der Rechtsform des Unternehmens gewährt werden. Bei der typischen stillen Beteiligung profitiert der Geber nur vom Gewinn, bei der atypischen auch von den Wertzuwächsen des Unternehmens. Die offene oder direkte Beteiligung kommt nur für Personen- oder Kapitalgesellschaften in Frage. Bei ihr erwirbt der Kapitalgeber Geschäftsanteile. Er entscheidet mit, wie das Unternehmen geführt wird und ist an Gewinnen, Verlusten und Vermögenszuwächsen beteiligt.

Stille Gesellschaft

- Die **Offene Handelsgesellschaft (OHG)** ist nach § 105 HGB eine Gesellschaft, deren Zweck auf den Betrieb eines Handelsgewerbes unter gemeinsamer Firma gerichtet ist. Die Firma muss den Namen mindestens eines Gesellschafters mit einem Zusatz enthalten, in dem das Gesellschaftsverhältnis zum Ausdruck kommt. Die Gesellschafter der OHG haften den Gläubigern unbeschränkt mit ihrem gesamten Vermögen, d.h. es haftet nicht nur das Gesellschaftsvermögen, sondern jeder Gesellschafter haftet auch mit seinem Privatvermögen, ohne dass er eine Einrede der Vorausklage oder eine Einrede der Teilung hat; der Gläubiger kann sich also an einen einzelnen Gesellschafter halten und die Leistung von ihm verlangen.

Offene Handelsgesellschaft

Unbeschränkte Haftung der Gesellschafter

- Die **Kommanditgesellschaft (KG)** unterscheidet sich von der OHG hauptsächlich dadurch, dass sie zwei Arten von Gesellschaftern hat: Der Komplementär haftet wie die Gesellschafter der OHG unbeschränkt, der **Kommanditist** haftet nur mit der im Handelsregister eingetragenen Kapitaleinlage. Solange die Einlage noch nicht voll eingezahlt ist, haftet der Kommanditist mit seinem Privatvermögen für die Resteinzahlung. Jede KG muss mindestens einen Komplementär und einen Kommanditisten haben.

Kommanditgesellschaft

Komplementär und Kommanditist

- Die **Firma** muss den Namen wenigstens eines Komplementärs und einen das Gesellschaftsverhältnis andeutenden Zusatz enthalten. Der Name eines Kommanditisten darf nicht in die Firma aufgenommen werden.
- Die **Gesellschaft mit beschränkter Haftung (GmbH)** ist eine Kapitalgesellschaft, die rechtlich gesondert im GmbH-Gesetz geregelt ist.
  Ergänzend gelten die Vorschriften des Handelsgesetzbuches (HGB). Die GmbH hat in Deutschland eine große quantitative Bedeutung, da sie für kleinere und mittlere Gesellschaften eine ideale Rechtsform darstellen kann. Die Firma der GmbH muss mindestens einen **Gesellschafternamen** und den **Zusatz GmbH** enthalten. Die Gesellschaft wird durch einen oder mehrere Personen errichtet, indem eine Stammeinlage übernommen wird und in der Summe das **Stammkapital mindestens 25.000,– €** betragen muss. Da auch nur eine Person eine GmbH gründen kann, spricht man hier von einer Einmann-GmbH. Die Gesellschafter sind in einer **Gesellschafterversammlung** zusammengefasst, die einen oder mehrere Geschäftsführer wählt. Für eine GmbH mit mehr als 500 Beschäftigten muss nach dem

Gesellschaft mit beschränkter Haftung = Kapitalgesellschaft

Gründungsvoraussetzungen bei der GmbH

Betriebsverfassungsgesetz (BetrVG) ein Aufsichtsrat mit Belegschaftsvertretern gebildet werden.

An die **Gründung der GmbH** werden nach §§ 1 ff. GmbHG (noch) strenge Auflagen geknüpft. Die GmbH ist eine sehr verbreitete Rechtsform, da die Haftung auf das Stammkapital beschränkt ist (mbH) und die Gesellschafter nur mit ihrem Geschäftsanteil haften, wobei eine Nachschusspflicht vertraglich regelbar ist.

Gewinn- und Verlustbeteiligung

Rechnungslegung

Die **Gewinn- und Verlustbeteiligung** erfolgt nach dem Verhältnis der Geschäftsanteile, sofern im Gesellschaftsvertrag keine andere Regelung vorgesehen ist. Die Rechnungslegungspflicht ist seit dem so genannten Bilanzrichtliniengesetz an die Vorschriften für Aktiengesellschaften angepasst (vgl. dazu §§ 264 ff. HBG).

GmbH u. Co. KG als Einpersonengesellschaft denkbar

Keine Prüfungs- und Publizitätspflicht bei der KG

- Die **Gesellschaft mit beschränkter Haftung u. Co. KG (GmbH u. Co. KG)** ist eine Mischform verschiedener Rechtsformen, nämlich der KG und der GmbH. Rechtsgrundlagen sind die Bestimmungen über die KG im HGB und das GmbH-Gesetz. Bei der GmbH u. Co. KG handelt es sich um eine KG, bei der der Komplementär eine GmbH ist, da an einer Personengesellschaft auch juristische Personen als Gesellschafter beteiligt sein können. Die Komplementäre sind i.d.R. die Gesellschafter der GmbH. Da die GmbH nur in Höhe ihres Stammkapitals (mind. 25.000,– €) haftet, wird die Zielsetzung einer Personengesellschaft, d.h. der persönlichen unbeschränkten Haftung hier außer Kraft gesetzt. Im Extremfall ist wie bei der GmbH eine **Einpersonen-Gesellschaft** denkbar, bei der der Kommanditist zugleich der einzige Gesellschafter der GmbH (= Komplementär) ist. Die Leitung obliegt dem Komplementär, d.h. der GmbH, also dem Geschäftsführer der GmbH. Da die KG nicht **prüfungs- und publizitätspflichtig** ist und die wenig strengen Rechnungslegungsvorschriften von Personengesellschaften Anwendung finden, kann diese Rechtsform eine einfache Form einer Haftungsbeschränkung mit nach außen auftretenden Merkmalen einer Personengesellschaft sein. Hauptargument für die Entscheidung für eine GmbH u. Co. KG dürfte allerdings die günstigere Besteuerung gegenüber der GmbH sein.

Unternehmergesellschaft (haftungsbeschränkt)

Auf die aus England stammende Rechtsform der „Limited (Ltd)" wird wegen zunehmender Bedeutungslosigkeit nicht eingegangen. In 6/2008 wurde die „Mini GmbH" im Bundestag beschlossen. Sie ist eine neue Form der GmbH und trägt den Rechtszusatz **„Unternehmergesellschaft (haftungsbeschränkt)"**, im § 5a 1-5 GmbH-Gesetz geregelt und eine Durchgangsstation zur herkömmlichen GmbH. Es ist ein Stammkapital von 1 € erforderlich und erspart den Gesellschaftern eine persönliche Haftung. Die „Mini GmbH" sieht nur einen Geschäftsführer vor und wird dann zur echten GmbH, wenn das Stammkapital von 25000 € erreicht ist. Bis dahin muss der Gründer jedes Jahr ein Viertel des Jahresüberschusses zurücklegen.

Suche nach voll- und teilhaftenden Kapitalgebern

Abschließend ist festzustellen, dass je technisierter und damit anlageintensiver das Unternehmen werden soll, desto größer wird auch der Gründungskapitalbedarf. Wenn der Gründer nicht in der Lage sein wird, die notwendige Kapitalsumme allein in der Form eigener oder fremder Mittel aufzubringen, wird er nach weiteren **voll- oder teilhaftenden Kapitalgebern** suchen.

Nachteile können sich bei der Willensbildung und bei der späteren Gewinnverteilung ergeben. **Vorteilhaft** ist auf jeden Fall die breitere Kapital- und Haftungsbasis, die das einzelne Risiko vermindern kann. Aus diesen **Vorteilen** heraus ist meist auch eine positive Auswirkung auf die Kreditwürdigkeit und damit Kapitalbeschaffungsmöglichkeit festzustellen.

Auf jeden Fall empfiehlt es sich, einen Gesellschaftsvertrag abzuschließen, der für alle Eventualitäten eine Regelung vorsieht.

Umwandlungsgründe in eine andere Rechtsform

Eine weitere Notwendigkeit der Rechtsformentscheidung ergibt sich durch die **Umwandlung**. Der Wunsch entsteht in der Regel immer dann, wenn sich ein oder mehrere für die Wahl der bestehenden Rechtsform wesentliche(s) Kriterium(en) verändert(n).

Als typische Fälle können genannt werden:

Betriebserweiterungen: Sich verändernde Kriterien sind: Kapitalbeschaffung, Haftung und Risiko.

Nachfolgeprobleme durch Tod oder Ausscheiden von Gesellschaftern: Sich verändernde Kriterien sind: Haftung und Kapitalbasis.

Steuergesetzänderungen: Sich verändernde Kriterien sind: Änderung der Gesetze vor allem bei ertragsabhängigen und anderen Steuern.

15.2.2 Rechtsform und Beteiligungskapital

Kein organisierter Markt für Eigenkapital bei Personengesellschaften

Im Gegensatz zum hoch organisierten Kapitalmarkt der großen Publikumsaktiengesellschaft fehlt für personenbezogene Unternehmen eine in diesem Sinne organisierte Institution. Die sich über den nicht organisierten Kapitalmarkt – eine begrenzte Anzahl von Finanzinstituten und Maklern bemüht sich, Angebot und Nachfrage zum Ausgleich zu bringen – und über Inserate in Fachzeitschriften sowie großen Tageszeitungen vollziehende Beteiligungsfinanzierung ist eng begrenzt. Dieser Finanzierungsnachteil macht sich auch in der noch an anderer Stelle zu behandelnden Eigenkapitalausstattung bemerkbar. Auf die unterschiedlichen Möglichkeiten der Kapitalerhöhung bei Aktiengesellschaften wird hier nicht eingegangen. Auf die entsprechende Literatur (z. B. Perridon/Steiner, Finanzwirtschaft der Unternehmung, neueste Auflage, München) und das Aktiengesetz (§§ 182 AktG. ff.) wird verwiesen.

Einlagen der seitherigen Gesellschafter

Grundsätzlich kann bei nichtemissionsfähigen Unternehmen die Eigenfinanzierung in Form von Einlagen der bisherigen Teilhaber erfolgen, die nicht in der Unternehmung eingesetztes, aber noch vorhandenes Kapital (z.B. auf Sparkonten, in Wertpapieren, in Edelmetall, in Haus- und Grundbesitz usw.) dem Unternehmen zuführen. Eine Eigenfinanzierung dieser Art scheitert jedoch in der Praxis meist an der Tatsache, dass die Teilhaber neben ihrem **Geschäftsvermögen** in der Regel kein nennenswertes **Privatvermögen** mehr besitzen oder dieses nicht einsetzen wollen.

Aufnahme neuer Gesellschafter

Daneben ist eine Ausweitung der Eigenmittel durch **Aufnahme neuer Anteilseigner** denkbar. Aber auch hier zeigen sich sehr schnell die Grenzen der Finanzierung:

Die Aufnahme neuer Gesellschafter scheitert einmal meist daran, dass besonders bei Personengesellschaften die Zahl der Gesellschafter in Anbetracht der oft geringen Größe der Unternehmen nicht unnötig erhöht werden sollte.

Vorbehalte gegen neue Gesellschafter

Außerdem macht man von dieser Finanzierungsart in mittelständischen Klein- und Mittelbetrieben nur ungern Gebrauch, da man die Familienfirmen als solche erhalten möchte und meist nicht bereit ist, den neuen, vielfach nicht der Familie angehörenden Kapitalgebern wichtige Informations- und Mitspracherechte einzuräumen.

Der Grundsatz der unternehmerischen Selbständigkeit in Verbindung mit einem gewissen Maß an Unabhängigkeit und Dispositionsfreiheit personenbezogener Unternehmen ist mit das größte Hindernis für die Erweiterung der Eigenkapitalbasis durch die Aufnahme neuer Anteilseigner.

Auf der anderen Seite trägt das **Kapitalrisiko der Anleger** dazu bei, dass sich nicht allzu viel Kapitalgeber finden, um die Kapitalbasis einer personenbezogenen Unternehmung zu erweitern. Der Hauptgrund ist wohl darin zu sehen, dass sich an nichtemissionsfähigen Unternehmen vorzunehmende Beteiligungen meist nicht in gleichem Maße durch die Stellung von Sicherheiten absichern lassen, wie es etwa bei der Überlassung von Bankkrediten üblich ist. Diese damit verbundenen relativ hohen Kapitalanlagerisiken können eigentlich nur durch eine entsprechend hohe Gewinnerwartung kompensiert werden.

Aufnahme von unbeschränkt und beschränkt haftenden Gesellschaftern

Betrachtet man die grundsätzlich in Frage kommenden Rechtsformen im Überblick, so hat die **OHG** gegenüber der Einzelunternehmung zweifelsohne dadurch Vorteile, dass sie **beliebig viele Gesellschafter** aufnehmen kann, sieht man einmal von der bereits erwähnten natürlichen Begrenzung ab. Allerdings ist besonders bei der OHG das Risiko durch die persönliche und unbeschränkte Haftung aller Gesellschafter relativ groß.

Günstiger erscheint dagegen die Eigenfinanzierung durch Aufnahme neuer Gesellschafter bei der **KG**, denn einmal unterliegt die Anzahl der Gesellschafter durch die Möglichkeit der nicht an der Geschäftsführung beteiligten Kommanditisten keinerlei Begrenzungen, zum anderen ist ihre Haftung durch die Beschränkung auf die Einlage vergleichsweise geringer.

Unter den nichtemissionsfähigen Gesellschaften bietet deshalb die KG hinsichtlich der Eigenfinanzierung verhältnismäßig mehr Möglichkeiten.

Aufnahme von neuen GmbH-Gesellschaftern

Ähnlich ist die Situation bei der **GmbH**. Hier haben wir es zwar mit einer Kapitalgesellschaft zu tun, aber auch bei der GmbH soll nach den Vorstellungen des Gesetzgebers das Eigenkapital von einer oder mehreren Personen aufgebracht werden, die sich ohne Vermittlung der Börse kennen lernen und eine Unternehmung gemeinsam finanzieren. Der Gesetzgeber hat deshalb die Anteile an einer GmbH dem Börsenhandel entzogen und gleichzeitig die Marktgängigkeit dadurch erschwert, dass eine Abtretung von Gesellschaftsanteilen an bestimmte formschwere Bedingungen geknüpft ist. Ein organisierter Markt für Gesellschaftsanteile an einer GmbH existiert jedenfalls (noch) nicht.

Obwohl bei der GmbH die Bedingungen für eine Eigenfinanzierung insofern besser sind, als die Gesellschafter nicht gleichzeitig Geschäftsführer sein müssen, zeigt doch die Praxis, dass auch bei der GmbH der **Kreis der Gesellschafter meist klein** ist.

Gesellschafterdarlehen

Für eine GmbH, wie übrigens auch für kleine, nichtbörsenfähige Aktiengesellschaften gilt deshalb das Problem der Beschaffung von Eigenkapital ebenso wie für Einzelunternehmungen und Personengesellschaften. Meist verbleiben nur noch **private Darlehen (z.B. Gesellschafterdarlehen) und stille Beteiligungen** durch Verwandte und Freunde, die den Charakter von „mitgliedseigenem" Fremdkapital haben und als eine besondere Form der Ausstattung des Unternehmens mit „Eigenkapital" oder „eigenkapitalähnlich" bezeichnet werden können.

Mezzanine-Finanzierungen gewinnen vor allem durch die immer vorsichtigere Kreditvergabe der Banken durch Basel II insbesondere bei mittelständischen Unternehmen zunehmend an Bedeutung.

Das Mezzanine-Kapital steht zwischen echtem Eigenkapital und klassischem Fremdkapital. Es ist eine Mischform zwischen den traditionellen Finanzierungsarten. Klassische Fremdkapitalgeber rechnen Mezzanine i. d. R. dem wirtschaftlichen Eigenkapital zu, da es die potenziell verfügbaren Sicherheiten nicht schmälert. Das hat zur Folge, dass nach Einbringung von Mezzanine die Kreditlinie erhöht werden kann, was wiederum eine günstigere Mischfinanzierung erlaubt.

Charakteristische Merkmale des Eigenkapitals (wie z. B. Stimmrecht, Gewinn, Haftung) und des Fremdkapitals (wie z. B. Verzinsung, Laufzeit, Rückzahlung) werden miteinander vermischt. Dadurch wird diese Art der Finanzierung für Kapitalgeber und Kapitalnehmer interessant, weil durch das Mezzanine-Kapital typische Eigenkapitalmerkmale mit typischen Merkmalen des Fremdkapitals verbunden werden.

Mezzanine-Geber sind häufig Private Equity-Gesellschaften, Banken sowie spezielle Mezzanine-Fonds. Die Mezzanine-Geber refinanzieren sich ihrerseits größtenteils über Fremdkapital bzw. reichen die gewährten Darlehen an Investoren weiter.

Kleine Aktiengesellschaft

Mit der Anfang 1995 in Kraft getretenen Erleichterung der Umwandlung mittelständischer Unternehmen in **„Kleine Aktiengesellschaften"** ergaben sich allerdings eine Reihe von Vorteilen. Insbesondere sind dies bessere Möglichkeiten der Eigenkapitalbeschaffung, die Chancen für eine Sicherung der Unternehmenskontinuität sowie mehr Flexibilität bei Gewinnausschüttungen und Vereinfachungen bei der Hauptversammlung. Die Mindestzahl der Gründer wurde von 5 auf 1 Person reduziert. Die kleine AG eignet sich als Rechtsform für kleinere und mittlere Unternehmen. Den Sinn der kleinen AG sieht der Gesetzgeber darin, mittelständische Unternehmen eine auf ihre Verhältnisse angepasste Rechtsform anzubieten. Diese kann sich über den Kapitalmarkt individuelles Eigenkapital holen und/oder es entsprechend erhöhen. Die Aktionäre haben bei dieser Rechtsform eine wesentlich höhere Sachkompetenz und können konsequenter eingreifen, was Gewinnverwendung oder Rückstellung betrifft. Die Gründung und Verwaltung der kleinen AG ist vom Handling her genauso einfach wie die Gründung einer einfachen GmbH. Die Gründer, das kann auch eine bisherige GmbH sein, beschließen eine Satzung. In der sind, wie bei der GmbH die Gründer, der Betrag des Grundkapitals, der Sitz der Gesellschaft, Gegenstand des Unternehmens, Nennbeträge der Aktien und der Art der Rechnungslegung zu regeln. Bei der Umwandlung von einer GmbH in eine AG sollte vorher die Gesellschaft bewertet werden, da sich dann der Firmenwert auf den Aufgabewert der Aktien verteilt. Die Satzung muss von einem Notar in der üblichen Form notariell beurkundet werden.

Zu den typischen Beschaffungsproblemen der Eigenfinanzierung kommt bei personenbezogenen Unternehmen meist noch hinzu, dass das Eigenkapital nicht immer den langfristigen Charakter hat, den man ihm in der Literatur zuschreibt.

Nach § 132 HGB steht jedem Gesellschafter jeweils zum Ende eines Geschäftsjahres mit einer Kündigungsfrist von 6 Monaten ein Kündigungsrecht zu.

Kündbares Eigenkapital

Man spricht deshalb auch von **„kündbarem Eigenkapital"**. Für den Kapitalnehmer erscheint es deshalb zweckmäßig, sich durch eine Vereinbarung vor **kürzeren Kündigungsfristen** vorbeugend zu schützen. Wegen möglicherweise zu erwartender Liquiditätsschwierigkeiten wird sich im Vertrag gleichzeitig eine Klausel für eine **ratenweise Auszahlung des Kapitalanteils** als zweckmäßig erweisen.

Stille Reserven beim Ausscheiden eines Gesellschafters

Weitere Schwierigkeiten entstehen beim Ausscheiden von Gesellschaftern im Hinblick auf die Zurechnung **„stiller Reserven"** zu ihrem (nominalen) Anteil.

Um den wirklichen Wert der einzelnen Beteiligung zu ermitteln, muss meist der sog. Gesamtwert des Unternehmens festgestellt werden. Die zur Errechnung des Gesamtwertes von Unternehmen in Literatur und Praxis entwickelten Methoden (z.B. Ertragswert- und Substanzwertverfahren) sind allerdings problematisch und speziell im Handwerk nur mit Vorsicht anwendbar (vgl. die Ausführungen in Teil I: Jahresabschluss und Jahresabschlussanalyse).

Betriebsaufspaltung

Die **Betriebsaufspaltung** erfreut sich immer noch großer Beliebtheit bei kleineren und mittleren Unternehmen. Durch Aufspaltung eines bisher einheitlichen Unternehmens in ein Besitzunternehmen (i.d.R. in der Rechtsform einer Personengesellschaft oder eines Einzelunternehmens) und eine Betriebsgesellschaft (i.d.R. eine neu gegründete GmbH) entsteht die typische und häufigste Form der Betriebsaufspaltung. Die Besitzgesellschaft behält das Anlagevermögen, das an die Betriebsgesellschaft verpachtet wird, die auch das Umlaufvermögen erhält. Pachtgegenstand ist meist auch der Kundenstamm. Anzumerken ist, dass die Betriebsaufspaltung allerdings mehr steuerliche wie finanzielle Auswirkungen hat.

15.3 Außenfinanzierung durch Fremdkapital

Fremdfinanzierung

Fremdfinanzierung heißt Zufuhr von Fremdkapital, das mit Zinskosten belastet ist und nach einer bestimmten Frist wieder zurückbezahlt werden muss (Kredit). Fremdfinanzierung bietet für Kapitalgeber und -nehmer Vor- und Nachteile, die sich im Zeitablauf verändern können. Üblicherweise wird die Fremdkapitalaufnahme in eine kurz- und eine langfristige Form aufgeteilt. Dabei ist zu bemerken, dass verschiedene Arten Mischformcharakter aufweisen.

Grundsätzlich gilt: Fremdkapital verursacht ausgabewirksame Zinskosten und muss kurz- bzw. mittel- bis langfristig getilgt werden.

Um dies für den Kreditgeber sicherzustellen, geht jeder Fremdkapitalaufnahme eine mehr oder weniger intensive Kreditwürdigkeitsprüfung voraus (vgl. dazu auch die Ausführungen zu „Rating").

15.3.1 Die Kreditwürdigkeitsprüfung

„Kredit" bedeutet die Überlassung von Geld, Gütern und Dienstleistungen im **Vertrauen** auf eine Gegenleistung (Zins und Tilgung = Kapitaldienst). Die beim Kreditgeschäft Beteiligten sind

Definition „Kredit"

Kreditgeber = Kreditor = Gläubiger,
Kreditnehmer = Debitor = Schuldner.

Kreditgeschäfte werden in der Regel durch einen **Kreditvertrag** fixiert. Er kommt zustande durch die Kreditbewilligung des Kreditgesuches und durch die Einverständniserklärung des Kreditnehmers.

Kreditvertrag

Der Inhalt des Kreditvertrages wird sich im Allgemeinen auf folgende Aspekte erstrecken:

- Höhe des Kredits oder der Beleihungsgrenze,
- Zinsen, evtl. Provisionen, Höhe der Auszahlung,
- Fristen der Bereitstellung, Rückzahlung und Kündigung des Kredits,
- Kreditsicherung.

Um von einem potentiellen Kreditgeber einen Kredit in der benötigten Höhe zu erhalten, muss der Kreditnachfrager nach entsprechenden Vorverhandlungen eine Anfrage formulieren **(Kreditantrag)**, die in vielen Fällen einem „Businessplan" entsprechen muss.

Kreditantrag

Diese Anfrage sollte in schriftlicher Form abgegeben werden und folgende Punkte beinhalten (die Reihenfolge ist austauschbar), wobei zu berücksichtigen ist, ob bereits Kreditbeziehungen bestanden haben oder nicht.

Inhalt des Kreditantrags

- Angaben zur Person des **Antragstellers**,
- die **Rechtsform** der von ihm vertretenen Unternehmung,
- die **Höhe** des beantragten Kredits (Höchst- und Mindestbetrag),
- den vorgesehenen **Verwendungszweck**,
- die Dauer und voraussichtliche **Laufzeit**,
- die zur Verfügung stehenden **Kreditsicherheiten**,
- die Rückzahlungs- bzw. **Tilgungsvorschläge**,
- die **Vermögensverhältnisse** des Antragstellers,
- die bisherigen **Kontoverbindungen** des Antragstellers.

Der in der vorher beschriebenen Form abgefasste Kreditantrag bildet die Grundlage

- für die Prüfung der **Kreditfähigkeit** und **Kreditwürdigkeit** des Kreditnachfragers,

Kreditfähigkeit und Kreditwürdigkeit

- für den beabsichtigten Kreditvertrag und
- für den Kreditsicherungsvertrag.

Kreditprüfung

Damit steht die vom Kreditnachfrager durch seinen Antrag eingeleitete **Kreditprüfung** und ihre Komponenten zur Feststellung der Bonität im Mittelpunkt des Kreditvergabeprozesses.

Die banküblich Kreditprüfung beinhaltet die Feststellung der Kreditfähigkeit und Kreditwürdigkeit eines potentiellen Kreditnehmers. **Kreditfähigkeit** bedeutet die rechtliche Fähigkeit sich zu verschulden, und **Kreditwürdigkeit** die erwartete Bonität des Kreditnehmers, den Kredit vertragsgemäß durch Zins und Tilgung bedienen zu können. Auf die Bedeutung des **Businessplans** (= Geschäftsplan) ist hinzuweisen.

Vermögens- und Ertragskraft

Zusammenfassend kann festgestellt werden, dass die Kreditwürdigkeitsprüfung sich im Allgemeinen auf Analysen der Vermögens- und Kapitalstruktur sowie der Liquiditätssituation einschließlich der Finanzplanung und der zukünftigen Erfolgslage des Kreditnehmers erstreckt. Der Kreditgeber wird zu seiner Absicherung sowohl eine Prüfung der Vermögens- als auch der gegenwärtigen und zukünftigen Ertragskraft des kreditsuchenden Unternehmens vornehmen.

Ein wesentlicher Punkt des Kreditgeschäfts sind die Kosten des Kreditengagements. Hier ist ein Vergleich der angebotenen Konditionen dringend zu empfehlen. Darüber hinaus ist zu prüfen, inwieweit ein eventuelles Zinsänderungsrisiko durch die kreditgebende Bank oder durch den Kapitalmarkt – beeinflusst durch die europäische Notenbank – besteht. Es gibt in der Praxis Absicherungsmöglichkeiten, die mit den Begriffen „cap", „floor" und „collar" beschrieben werden.

cap

Der **„cap"** ist eine vertragliche Vereinbarung, durch die sich der Verkäufer (eine Bank) verpflichtet, an den Käufer während der Laufzeit des caps immer dann eine Ausgleichszahlung zu leisten, wenn zu Beginn der jeweiligen Periode der Referenzzinssatz (z.B. Euribor) über der vertraglich vereinbarten Zinsobergrenze liegt. Der Käufer zahlt hierfür im Voraus eine Prämie an den Verkäufer (Bank). Der Vorteil des Käufers liegt in der Begrenzung der Höhe des Zinssatzes über den vereinbarten Satz hinaus. Gleichzeitig kann er aber die Chance sinkender Zinsen nutzen.

floor

Beim **„floor"** handelt es sich um die Vereinbarung einer Zinsuntergrenze. Der Käufer eines „floor" kauft gegen eine Prämie die Garantie, dass seine Zinserträge eine vertraglich vereinbarte Untergrenze nicht unterschreiten. Fallen die Zinsen (Zinsänderungsrisiko), gleicht der Vertragspartner die ausgefallenen Zinserträge aus.

collar

Werden Zinsober- und -untergrenzen vereinbart, handelt es sich um einen **„collar"**.

Baseler Beschlüsse

Eine Änderung bzw. Intensivierung der Kreditvergabepolitik der Banken gegenüber kleineren und mittleren Unternehmen wird durch die sog. **Baseler Beschlüsse** (Basel II) vorgenommen. Es wurde beschlossen, den Banken ein nachvollziehbares Risikomanagement vorzuschreiben. Nach dem Willen der Baseler Aufsicht sollen die Banken künftig nicht mehr für jeden Kredit den gleichen Anteil an Eigenkapital zur Absicherung vorhalten. Je besser die Bonität des Kunden, desto geringer der als Sicherheit zu hinterlegende Eigenkapitalanteil der Bank, desto zinsgünstiger der Kredit.

„rating"

Dieser Sachverhalt hat dazu geführt, dass auch kleinere und mittlere Unternehmen sich in verstärktem Maße quantitativ und aber auch qualitativ (z.B. Managementqualitäten und Marktaussichten) analysieren lassen, d.h. sich einem internen oder externen **„rating"** unterziehen und z. B. in acht Klassifikationsmerkmale (von AAA bis D) eingeteilt werden können. Für diese Aufgabe bieten mehrere Agenturen ihre Dienste für den Mittelstand an. Nachstehend zwei externe Ratingsysteme:

Ratingsysteme		
Moddy´s	**Standard & Poor´s**	**Bonitätsbeurteilung**
Aaa	AAA	Beste Qualität, geringstes Ausfallrisiko, außergewöhnlich gute Bonität.
Aa2	AA	Hohe Qualität, sehr gute Bonität, aber etwas größeres Risiko als die Spitzengruppe.
A2	A	Gute Bonität, aber etwas anfälliger für negative Auswirkungen aufgrund von Veränderungen im Umfeld.
Baa2	BBB	Mittlere Qualität, aber mangelnder Schutz gegen die Einflüsse sich verändernder Wirtschaftsentwicklung.
Ba2	BB	Spekulative Anlage, nur mäßige Deckung für Zins- und Tilgungsleistung.
B2	B	Sehr spekulative, geringe Bonität, hohes Risiko eines Zahlungsausfalls.
Caa	CCC	Niedrigste Qualität, geringster Anlegerschutz, in Zahlungsverzug oder in direkter Gefahr des Verzugs.
Ca	CC	
C	C	

Basel III

Basel III ist ein Reformpaket des Basler Ausschusses der Bank für internationalen Zahlungsausgleich (BIZ) für die bereits bestehende Bankenregulierung Basel II. Es stellt die Antwort auf die von der weltweiten Finanz- bzw. Wirtschaftskrise ab 2007 offen gelegten Schwächen der bisherigen Bankenregelung dar.

15.3.2 Die kurz- und mittelfristige Fremdfinanzierung

Lieferanten-, Kunden- und Bankkredit

Die kurzfristige Fremdfinanzierung umfasst einen **Zeitraum von 0–6 Monaten**. Nach diesem Zeitpunkt sind durchaus Prolongationen möglich, der kurzfristige Charakter des Kredits ändert sich dadurch nicht. Da als Kreditgeber leistungswirtschaftliche Partner (Lieferanten und Kunden) oder Banken auftreten können, wird im Folgenden zwischen **Lieferanten-, Kunden- und Bankkredit** unterschieden.

Der Lieferantenkredit

Der Lieferantenkredit tritt in zwei unterschiedlichen Varianten auf:
- als Ausstattungs- bzw. Einrichtungskredit oder
- als Lieferantenkredit im eigentlichen Sinne.

Ausstattungs- oder Einrichtungskredit

Beim **Ausstattungs- oder Einrichtungskredit** gewährt der Lieferant Unternehmen der nachfolgenden Stufe einen Kredit zur Beschaffung der erforderlichen Einrichtungsgegenstände.

Entsprechend der Verwendung der Kreditmittel beim Kreditnehmer wird der Ausstattungskredit in der Regel allerdings als **langfristiger Kredit** gewährt. Der Kauf der Einrichtungsgegenstände erfolgt nicht beim Kreditgeber, sondern bei anderen Unternehmen. Das Interesse des Kreditgebers ist in diesem Fall darauf gerichtet, den Kreditnehmer über die Kreditgewährung als Abnehmer für seine Leistungen zu gewinnen. Die Kreditgewährung kann mit einer Abnahmeverpflichtung für diese Leistungen verbunden sein. Typische Beispiele dafür finden wir in der Finanzierung von Gaststätten durch Brauereien und von Tankstellen durch Ölgesellschaften.

Eigentlicher Lieferantenkredit

Der **Lieferantenkredit** im eigentlichen Sinne ist ein Kredit, den der Lieferant einem Abnehmer aus einem Kaufvertrag heraus gewährt. Diese Kreditart ist im Allgemeinen zu den kurzfristigen Krediten zu zählen und kommt in Buch- und Wechselform vor.

Auch bei Klein- und Mittelbetrieben nimmt der Anteil der Bargeschäfte immer mehr ab. Die Gründe sind vielfältig und liegen hauptsächlich im zunehmenden Serviceangebot der Banken bezüglich des bargeldlosen Zahlungsverkehrs sowie in der Verflechtung der Betriebe mit ihren Vorlieferanten.

Wareneinkauf auf Ziel

Im Allgemeinen sehen die Vertragsvereinbarungen die Vorleistung des Lieferanten und die spätere Gegenleistung des Abnehmers durch Zahlung vor **(„Wareneinkauf auf Ziel")**. Der Zeitraum zwischen Liefervorleistung und Zahlung bewirkt ein Gläubiger-Schuldner-Verhältnis, und es entsteht damit ein Fremdfinanzierungsvorgang.

Lieferantenkredit in Buchform

Ist zwischen Lieferant und Abnehmer nichts besonderes vereinbart, liegt ein **Lieferantenkredit in Buchform** vor. Entsprechend den Zahlungs- und Lieferungsbedingungen hat der Abnehmer vielfach die Wahl

- innerhalb einer kurzen Frist nach Rechnungs- bzw. Lieferungsdatum (z.B. 10 Tage) den Rechnungsbetrag unter Abzug von Skonto (z.B. 2 %) oder
- innerhalb einer längeren Frist (z.B. 30 bis 60 Tage) den vollen Rechnungsbetrag ohne jeglichen Abzug zu zahlen.

Dabei wird davon ausgegangen, dass der Abnehmer die Leistung des Lieferanten als einwandfrei ansieht und zumindest im jetzigen Augenblick die Zahlungsschuld anerkennt. Nicht zuletzt wegen immer wieder geäußerter Leistungsmängel seitens des Abnehmers – zu Recht oder zu Unrecht – haben sich die Zahlungsfristen enorm verlängert und viele Lieferanten in Zahlungsschwierigkeiten und damit in die Insolvenznähe gebracht (vgl. dazu die Kennzahl „durchschnittliche Debitorendauer").

Zahlungen innerhalb der kurzen, meist 10-tägigen Frist, werden als barzahlungsähnlich angesehen. Diese Frist benötigt der Abnehmer aus Gründen der technischen Abwicklung der Prüfung der Leistung sowie der Zahlungsanweisung und die Bank zur Durchführung der Zahlung. Im Rahmen der **Skontofrist** steht dem Abnehmer zinslos Kapital des Lieferanten zur Verfügung.

Die Ausnutzung des Zahlungsziels (z.B. 30 Tage) bringt dem Abnehmer den scheinbaren Vorteil der späteren Zahlung. Die Frage ist aber, wie teuer diese zusätzliche Kreditinanspruchnahme ist. Es müssen verglichen werden einerseits die zusätzlich eingeräumte Kreditfrist von 30 Tagen Zahlungsziel minus 10 Tage Skontofrist und andererseits der Skontosatz von z.B. 2 % bezogen auf den skontierten Rechnungsbetrag.

Jahreszinssatz bei Skontoablehnung

Der Jahreszinssatz kann durch nachstehende **einfache Formel** ermittelt werden:

$$\frac{\text{Skontosatz x 360}}{\text{(Zahlungsziel ./. Skontofrist)}} = \textbf{Jahreszinssatz}$$

Lieferantenkredit = teuerster Kredit

Durch das Ergebnis – im vorstehenden Fall 36 % p.a. – lässt sich ableiten, dass der Lieferantenkredit der weitaus teuerste Kredit ist. Trotzdem macht die Geschäfts- und auch Handwerkspraxis immer noch von dieser Kreditart Gebrauch, obwohl die hohen Kreditkosten die Abnehmer veranlassen sollten, so weit wie möglich Skontogewährung in Anspruch zu nehmen und den Lagervorrat in anderer Weise – z.B. durch die Inanspruchnahme von Bankkrediten – zu finanzieren.

Vielfach besteht von Seiten des einkaufenden Unternehmens der Wunsch nach längeren Kreditfristen gegenüber den Lieferanten, mit denen man in laufenden Geschäftsbeziehungen steht.

Wechselgeschäft

In diesen Fällen bietet sich der Lieferantenkredit in Wechselform an. Der Lieferant zieht einen Wechsel in Höhe des Rechnungsbetrages auf das einkaufende Unternehmen, das diesen Wechsel akzeptiert.

Daraus ist eine Wechselverpflichtung entstanden. Unter bestimmten Bedingungen kann der Lieferant (Wechselinhaber) diesen Wechsel diskontieren lassen und dadurch sofort in den Besitz von liquiden Mitteln kommen.

Anzahlungs- oder Kundenkredit

Anlass der Anzahlung

Anzahlungen eines Kunden werden vielfach geleistet

- bei Langfristfertigung und hochwertigen Spezialanfertigungen,
- bei neuen Kundenbeziehungen oder Zweifeln an der Bonität eines Kunden,

– zur Sicherung des Warenbezugs bei Verkäufermarkt (lange Lieferzeiten oder Marktmacht des Lieferanten).

Der Kunde sichert seine Anzahlung häufig durch eine Bankbürgschaft (Aval) ab.

Kurz- und mittelfristige Bankkredite

Bankkreditarten

Die kurz- und mittelfristigen Bankkredite lassen sich in drei Gruppen einteilen:

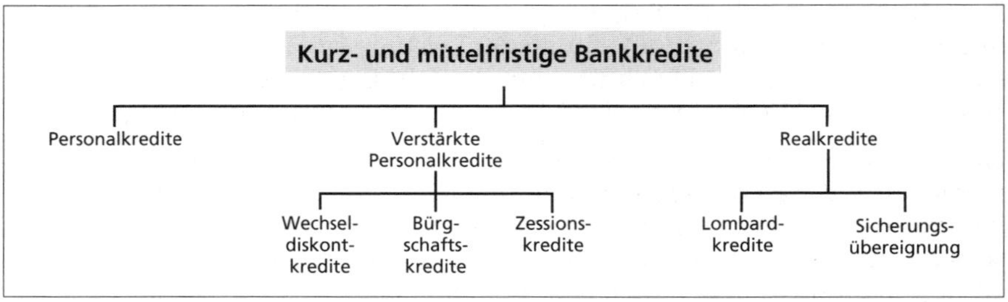

Abb. 13: Einteilung der Bankkredite im kurz- und mittelfristigen Bereich

Personalkredit

– **Personalkredit**
Wird ein Kredit lediglich aufgrund der Kreditwürdigkeit des Kreditnehmers, aber ohne Stellung einer dinglichen Sicherheit gegeben, liegt ein Personalkredit vor. Er wird meist als Kontokorrentkredit, weniger als Darlehen gewährt. Liegt ein Darlehensvertrag vor, so ist dieser formfrei.

Kontokorrentkredit

Der **Kontokorrentkredit** ist ein kurzfristiger Kredit in laufender Rechnung, der dem Kreditbedarf des Kunden angepasst ist, wobei eine bestimmte Kreditlinie (Höchstgrenze) nicht überschritten werden soll.

Er wird prolongiert, wenn sich die wirtschaftlichen Verhältnisse nicht ändern (verschlechtern) und dient hauptsächlich zur Finanzierung der Leistungserstellung, weshalb auf dem Kontokorrentkonto meist eine hohe Umschlagshäufigkeit zu verzeichnen ist. Die Zinsbelastung erfolgt nach der Inanspruchnahme.

Zusätzliche Kreditsicherheiten

– **Verstärkte Personalkredite**
Bei diesen Kreditarten **haften** neben dem Kreditnehmer noch **zusätzliche Personen** für die Rückzahlung und die Verzinsung des Kredits.

Folgende Personen kommen in Frage: Wechselgaranten beim Wechseldiskontkredit, Bürgen beim Bürgschaftskredit und Drittschuldner bei der Forderungsabtretung (Zession).

Wechseldiskontkredit

• **Wechseldiskontkredit**
Beim Wechseldiskontkredit wird dem Kreditnehmer der Barwert eines später fälligen Wechsels zur Verfügung gestellt im Vertrauen darauf, dass am Verfalltag der Wechsel vom Bezogenen eingelöst wird. Mindestens zwei Wechselbeteiligte haften dem Kreditinstitut: der Bezogene und der Einreicher.

Die Vorteile des Wechseldiskontkredits können wie folgt zusammengefasst werden: Kreditinstitute legen vorübergehend freie Gelder in Wechseln ertragbringend an, die sie bei Bedarf unter bestimmten Voraussetzungen durch die Bundesbank resp. Europäische Zentralbank zum Diskontsatz (Leitzinssatz) rediskontieren lassen können. Infolge der eventuellen Rediskontmöglichkeit, der Wechselstrenge, der Kurzfristigkeit, der Bestimmtheit des Zahlungstages und der Vorprüfung der Zahlungsfähigkeit des Bezogenen durch den Aussteller ist der Diskontkredit für Kreditinstitute ein sicherer und für den Bankkunden in der Regel ein billiger Kredit.

Vorteile

Bei der sog. **„Scheck-Wechsel-Zahlung"** lässt in der Regel der Bezogene den Wechsel bei seiner Bank diskontieren. Der Aussteller erhält einen Scheck vom Bezogenen in Höhe des Wechselbetrages abzüglich Skonto.

Scheck-Wechsel-Zahlung

- **Bürgschaftskredit**
  Er ist ein Personalkredit, der zusätzlich durch eine Bürgschaft gesichert ist. Es liegen zwei Rechtsgeschäfte vor:

Zwei Rechtsgeschäfte beim Bürgschaftskredit

ein Kreditvertrag und ein Bürgschaftsvertrag.

> Neben dem Kreditnehmer haftet der Bürge für Zinsen und Rückzahlung. Nach dem Gesetz ist die Bürgschaft ein Vertrag zwischen dem Gläubiger und dem Bürgen, wonach der Bürge für den Schuldner haftet. Der Kreditgeber hat also für seine Forderungen zwei Schuldner.

Haftung des Bürgen

Danach ergeben sich die in Abbildung 14 dargestellten Beziehungen.

Der Bürgschaftsvertrag kommt durch die schriftliche Bürgschaftserklärung des Bürgen und die formlose Entgegennahme durch das Kreditinstitut zustande. Vollkaufleute im Sinne des HGB können sich im Rahmen ihres Geschäftsbetriebes auch mündlich verbürgen.

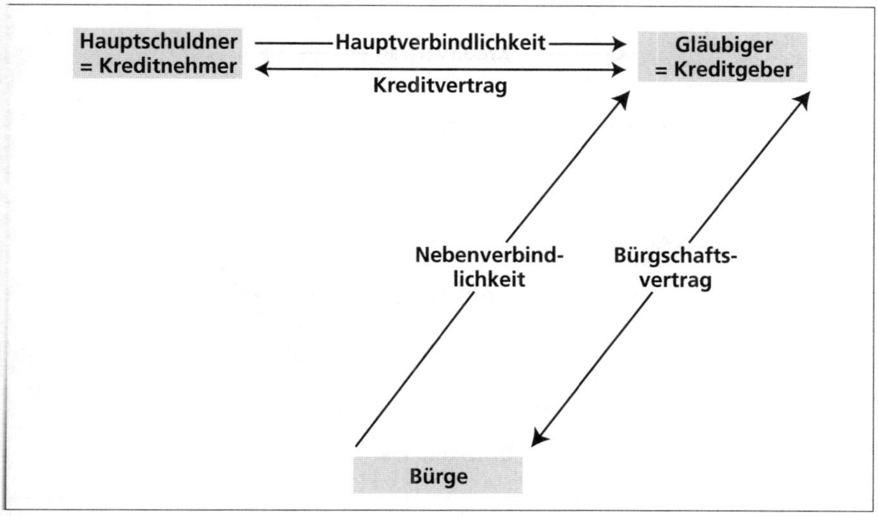

Abb. 14: Die Rechtsbeziehungen beim Bürgschaftskredit

Man unterscheidet zwei Arten der Bürgschaft:

Die selbstschuldnerische Bürgschaft und die Ausfallbürgschaft.

Selbstschuldnerische Bürgschaft

Eine **selbstschuldnerische Bürgschaft** liegt vor, wenn der Bürge auf die „Einrede der Vorausklage" verzichtet hat. Verweigert der Schuldner die Zahlung, so muss der Bürge auf Verlangen des Gläubigers sofort bezahlen. Kreditinstitute verlangen fast immer eine derartige Bürgschaft. Die Bürgschaft von Vollkaufleuten ist stets selbstschuldnerisch.

Ausfallbürgschaft

Bei der **Ausfallbürgschaft** hat der Bürge das Recht zur „Einrede der Vorausklage", d.h. er kann verlangen, dass der Gläubiger zunächst alle außergerichtlichen und gerichtlichen Maßnahmen ergreift, um vom Hauptschuldner sein Geld zu erhalten, ehe der Bürge zur Zahlung aufgefordert wird.

Erlöschen der Bürgschaft

Die Bürgschaft erlischt, wenn die Schuld durch den Hauptschuldner oder den Bürgen getilgt ist, wenn der Gläubiger auf die Forderung oder die Bürgschaft verzichtet oder wenn die vereinbarte Zeit abgelaufen ist.

Zession = Abtretung von Forderungen

- **Zessionskredit**
  Dieser Kredit ist durch die Abtretung (Zession) einer oder mehrerer Forderungen des Kreditnehmers gegen Dritte (Kunden) gesichert. Auch hier liegen zwei Rechtsgeschäfte vor:

ein Kreditvertrag und ein Zessionsvertrag.

> Durch den formfreien Zessionsvertrag zwischen dem alten und dem neuen Gläubiger geht die Forderung des alten Gläubigers auf den neuen Gläubiger über.

Danach ergeben sich die in Abbildung 15 dargestellten Beziehungen.

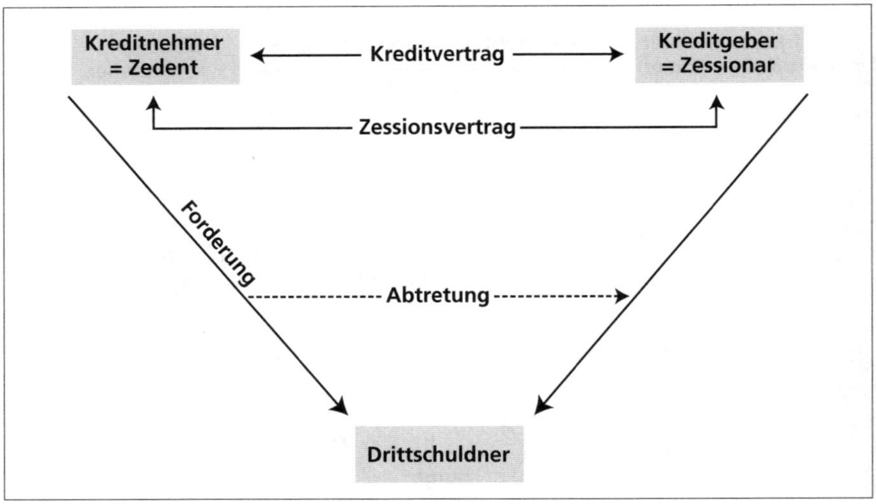

Abb. 15: Die Rechtsgeschäfte beim Zessionskredit

Je nachdem, ob der Drittschuldner von der Abtretung informiert wird oder nicht, spricht man von einer stillen oder offenen Zession.

Stille Zession

Bei der **stillen Zession** wird der Drittschuldner von der Abtretung nicht informiert. Er wird also an den bisherigen Gläubiger mit befreiender Wirkung zahlen.

Offene Zession

Bei der **offenen Zession** wird der Drittschuldner von dem Forderungsübergang informiert. Er kann dann mit „befreiender Wirkung" nur an den Zessionar zahlen. Oft wird im Zessionsvertrag vereinbart, dass die stille Zession jederzeit in eine offene umgewandelt werden kann, sobald dem Kreditinstitut etwas Ungünstiges über seinen Kreditnehmer bekannt wird.

Bei der **Globalzession** tritt ein Kreditnehmer alle gegenwärtigen und zukünftigen Ansprüche aus gewissen Geschäften ab. Bei einer **Mantelzession** überreicht der Sicherungsgeber z.B. vierzehntägig eine Liste aller abgetretenen Forderungen.

Weiter unterscheidet die Praxis in Mantel- und Globalzession.

– **Realkredite**
  Realkredite sind Kredite, bei denen die Forderung des Kreditgebers zusätzlich durch Verpfändung oder Sicherungsübereignung realer Vermögenswerte gesichert ist. Realkredite sind mittel-, teilweise aber auch langfristige Kredite.

Pfandrecht an einer beweglichen Sache

  • Der **Lombardkredit** ist ein Realkredit, der durch Pfandrecht an einer beweglichen Sache oder an einem verbrieften Recht (Faustpfand) gesichert ist. Der Kreditnehmer erhält als Kredit nicht den vollen Wert seines Pfandes, sondern nur einen bestimmten Prozentsatz davon (Beleihungssatz), z.B. bei Aktien 50 % vom Kurswert. Der Zinssatz beim Lombardkredit wird als **Lombardsatz** bezeichnet.

  Beliehen werden vor allem Effekten, Wechsel, Edelmetalle, Warenwertpapiere, Lebensversicherungen und Bausparverträge.

Einigung und Übergabe

  Die Verpfändung erfolgt durch Einigung der beiden Parteien, dass ein Pfandrecht bestehen soll und durch Übergabe des verpfändeten Gegenstands (Faustpfand). Durch die Übergabe wird der Pfandgläubiger Besitzer, aber nicht Eigentümer der verpfändeten Sache.

  Es ergeben sich die in Abbildung 16 dargestellten Beziehungen.

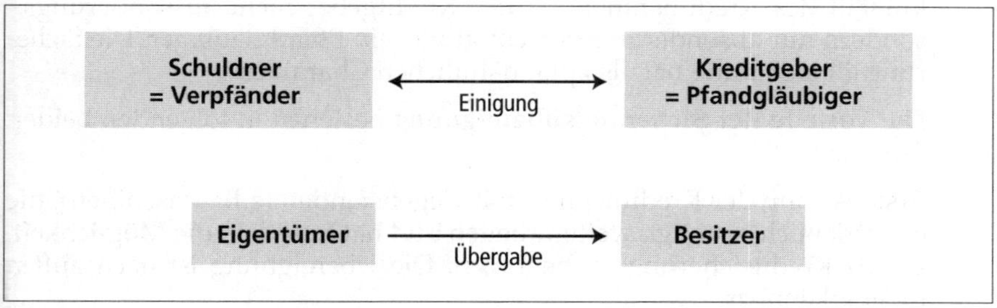

Abb. 16: Die Rechtsgeschäfte beim Lombardkredit

Verwahrung und Verwertung des Pfandes

Der Pfandgläubiger hat die Pflicht, das Pfand mit der Sorgfalt eines Lagerhalters zu verwahren und zu verwalten. Der Pfandgläubiger ist berechtigt, das Pfand zu verwerten, wenn der Schuldner die fällige Leistung nicht erbringt. Man spricht von **Pfandreife**.

Das Pfandrecht erlischt durch
Rückgabe des Pfandes (der Vorbehalt, dass das Pfandrecht fortbestehen soll, ist unwirksam);
Erlöschen der Forderung, für die es bestellt ist sowie durch
ausdrücklichen Verzicht des Pfandgläubigers gegenüber dem Verpfänder.

Der Lombardkredit ermöglicht die Beschaffung kurzfristiger Betriebsmittel durch Beleihung von Gegenständen, die der Kreditnehmer nicht veräußern will oder nur zu einem ungünstigen Preis veräußern könnte. Ferner ermöglicht er bei Beschaffung großer Warenmengen die kurzfristige Bezahlung des Kaufpreises und lässt dem Käufer Zeit, die Ware nach und nach abzusetzen.

Absicherung durch bedingtes Eigentum an einer beweglichen Sache

- Die **Sicherungsübereignung** dient als Absicherung für einen Realkredit, bei dem der Kreditgeber das **bedingte Eigentum** an einer beweglichen Sache zur Sicherung erwirbt, der Schuldner aber Besitzer bleibt.
Dem Gläubiger soll nicht das unbedingte Eigentumsrecht übertragen werden wie bei Kauf oder Schenkung, sondern es geschieht nur sicherheitshalber. Daher kann der Kreditgeber nicht frei über den übereigneten Gegenstand verfügen, da das Eigentum daran mit der Rückzahlung des Kredits von selbst wieder auf den Kreditnehmer übergehen soll.

Der Sicherungsübereignungsvertrag

Kreditgeber und Kreditnehmer schließen daher neben dem Kreditvertrag einen **Sicherungsübereignungsvertrag**.

> Der Sicherungsübereignungsvertrag enthält die Einigung, dass der Kreditgeber (bedingter) Eigentümer der Sache werden soll und die Vereinbarung, dass der Kreditnehmer Besitzer bleibt. Diese Vereinbarung ersetzt die Übergabe.

Pfandähnlicher Charakter der Sicherungsübereignung

Die Sicherungsübereignung ist nicht gesetzlich geregelt, aber durch die Rechtsprechung anerkannt worden. Der neue Eigentümer kann Dritten gegenüber seine Rechte uneingeschränkt geltend machen, insbesondere einer Pfändung der übereigneten Sache durch andere Gläubiger des Kreditnehmers erfolgreich widersprechen. Gegenüber dem Kreditnehmer sind jedoch seine Rechte aus dem Eigentum beschränkt. Im Konkursfall des Kreditnehmers ist der Kreditgeber nicht aussonderungs-, sondern nur absonderungsberechtigt wie ein Pfandgläubiger. Die Sicherungsübereignung hat also pfandähnlichen Charakter.

Die **Vorteile der Sicherungsübereignung** bestehen in folgenden beiden Punkten:

Erstens kann der Kreditnehmer mit Gegenständen (z.B. Maschinen), die er betrieblich benötigt, weiterarbeiten und hat trotzdem die Möglichkeit, sie als Kreditsicherung zu benutzen. Die Übereignung ist nach außen nicht erkennbar.

Zweitens kann der Kreditgeber als Eigentümer bei Zahlungsverzug des Kreditnehmers die Gegenstände schnell verwerten. Er braucht keinen vollstreckbaren Titel dazu.

Die **Nachteile der Sicherungsübereignung** sind:

Erstens kann der Kreditnehmer über die Gegenstände nicht mehr frei verfügen. Er muss sie außerdem gegen alle Gefahren versichern und die Kosten dafür tragen.

Zweitens läuft der Kreditgeber Gefahr, dass die übereigneten Maschinen bereits übereignet sind oder dass ein Eigentumsvorbehalt des Lieferers besteht. Die Gegenstände können verkauft, verpfändet, beschädigt oder vernichtet werden. Fest eingebaute Maschinen können „wesentliche Bestandteile" des Grundstücks sein und deshalb unter ein Grundpfandrecht fallen. Befinden sich die Sachen in gemieteten Räumen, so kann ein Vermieterpfandrecht vorgehen.

15.3.3 Die langfristige Fremdfinanzierung (Darlehensfinanzierung)

Langfristige Fremdfinanzierung

Kredite, die eine **Mindestlaufzeit von mehr als einem Jahr** haben, fallen in den Bereich der mittel- und langfristigen Fremdfinanzierung. Eine genaue zeitliche Trennung ist weder üblich noch sinnvoll und kann daher im Folgenden vernachlässigt werden. Allenfalls kann festgestellt werden, dass Kreditlaufzeiten über 5–6 Jahre hinaus im Mittelstand auf jeden Fall als langfristig anzusehen sind.

Bei der mittel- und langfristigen Fremdfinanzierung sind die unterschiedlichen **Darlehensarten** anzuführen. Sie müssen wegen der Fristendeckungsgleichheit (Fristenkongruenz) durch mittel- bis langfristige Sicherheiten abgesichert sein.

Fristenkongruenz

Darlehensbegriff

Unter einem **Darlehen** versteht man nach § 607 Abs. 1 BGB die Hingabe von Geld oder anderen vertretbaren Sachen mit der Vereinbarung, dass der Empfänger Sachen gleicher Art, Güte und Menge zurückzugeben hat.

In der Regel werden genaue vertragliche Abmachungen über Darlehenshöhe, Auszahlung, Zins, Laufzeit, Rückzahlungsweise usw. getroffen.

Darlehensarten

Nach der Rückzahlungsart unterscheidet man:
- **Kündigungsdarlehen**: Sie werden nach Kündigung zurückbezahlt.
- **Rückzahlungsdarlehen**: Sie werden zu einer bestimmten Zeit in einer Summe zurückbezahlt.
- **Annuitätendarlehen**: Sie werden durch Zahlung gleicher Zins- und Tilgungsraten (Annuitäten) zurückbezahlt.
- **Tilgungsdarlehen**: Sie werden durch gleiche Tilgungen zurückbezahlt.

Absicherung durch Grundpfandrechte

Wegen der langen Laufzeit werden nicht nur umfangreiche und sorgfältige Kreditwürdigkeitsprüfungen als Voraussetzung für die Kreditvergabe vorgenommen, sondern auch Absicherungen der Forderungen durch Einräumung von Grundpfandrechten in Form von Hypothek bzw. Grundschuld verlangt. In diesen Fällen spricht man von sog. Grundkrediten.

Der **Grundkredit** ist ein durch ein Pfandrecht an einer unbeweglichen Sache gesicherter Kredit.

Da es sich um einen langfristigen Kredit handelt, ist eine Sicherung notwendig, die möglichst unabhängig von den persönlichen Verhältnissen des Kreditnehmers ist.

Durch die fehlende Übergabe des Pfandes beim Grundkredit wird diese durch die Eintragung des Grundstücks in das **Grundbuch** ersetzt. Das Grundbuch ist ein öffentliches Register und genießt öffentlichen Glauben. Rechtsgrundlage ist die Grundbuchordnung (GBO).

Man unterscheidet zwei wichtige Grundpfandrechte: Hypothek und Grundschuld.

Die Hypothek

Der Hypothekenbegriff

Die Hypothek ist ein Pfandrecht an einem Grundstück, wodurch der Gläubiger berechtigt ist, sich wegen einer bestimmten Forderung (Kreditforderung) aus dem Grundstück zu befriedigen. Daher müssen zwei Voraussetzungen für das Bestehen einer Hypothek erfüllt sein:
- das Bestehen einer Forderung und
- die Eintragung in das Grundbuch einschließlich der Zinssätze und etwaiger Nebenleistungen.

Dingliche Sicherung und persönliche Sicherheit

Dem Kreditgeber haftet sowohl das Grundstück als Pfand (dingliche Sicherung) als auch der Kreditnehmer persönlich mit seinem ganzen Vermögen (persönliche Sicherheit).

Folgende Hypothekenarten können unterschieden werden (vgl. auch Abbildung 17):

- nach dem **Nachweis der Forderung**:

Verkehrshypothek ist üblich

Zwangsvollstreckungsklausel

  - Die **Verkehrshypothek**. Sie ist die im Verkehr übliche Hypothekenart. Erhält der Gläubiger bei Fälligkeit keine Zahlung, kann er gegen den Grundstückseigentümer auf Duldung der Zwangsvollstreckung in das verpfändete Grundstück klagen, um sich einen vollstreckbaren Titel zu verschaffen. Zum Nachweis seines Forderungsrechts kann sich der Gläubiger auf das Grundbuch oder den Hypothekenbrief (s.u.) berufen. Die Klage auf Duldung der Zwangsvollstreckung wird durch eine in das Grundbuch eingetragene Zwangsvollstreckungsklausel vereinfacht.

Sicherungshypothek

  - Die **Sicherungshypothek** muss als solche im Grundbuch bezeichnet werden. Bei ihr genießt das Grundbuch hinsichtlich der Höhe der Forderung nicht den Schutz des öffentlichen Glaubens. Der Gläubiger trägt also selbst die Beweislast bezüglich der Höhe der Forderung.

- nach der **Form der Bestellung:**

Buchhypothek

  - Die **Buchhypothek**. Sie entsteht durch Einigung zwischen Grundstückseigentümer und Gläubiger, dass eine Hypothek bestehen soll, und ihre Eintragung im Grundbuch.

Briefhypothek

  - Die **Briefhypothek** wird durch Einigung, Eintragung und Erteilung eines vom Grundbuchamt ausgestellten Hypothekenbriefes bestellt. Der Brief macht die Hypothekenforderung beweglich, d.h. man braucht ihn zum Erwerb, zur Übertragung und zur Geltendmachung eines Grundstückes.

Unterscheidung der Hypothekenarten	
nach dem Nachweis der Forderung	**nach der Form der Bestellung**
– **Verkehrshypothek** • Sie ist die im Gesetz als Regelfall angesehene (gewöhnliche) Form der Hypothek. • Erhält der Gläubiger bei Fälligkeit keine Zahlung, kann er gegen den Grundstückseigentümer auf Duldung der Zwangsvollstreckung in das verpfändete Grundstück klagen, um sich einen vollstreckbaren Titel zu verschaffen. • Zum Nachweis seines Forderungsrechts kann sich der Gläubiger auf das Grundbuch oder den Hypothekenbrief berufen. – **Sicherungshypothek** • Sie ist eine Hypothek, bei der sich das Recht des Gläubigers nur nach der Forderung bestimmt (streng akzessorisch). • Der Gläubiger muss den Beweis des Bestehens einer Forderung erbringen und kann sich nicht auf die Eintragung berufen. • Diese Form der Hypothek muss im Grundbuch als Sicherungshypothek bezeichnet sein.	– **Buchhypothek** • Sie entsteht durch Einigung zwischen dem Grundstückseigentümer und dem Gläubiger, dass eine Hypothek bestellt werden soll, und durch ihre Eintragung im Grundbuch. • Bei ihr ist das Grundbuch die alleinige Grundlage. – **Briefhypothek** • Sie wird durch Einigung, Eintragung und Erteilung eines Hypothekenbriefes bestellt. • Der Brief macht die Hypothekenforderung beweglich, d.h. er vermittelt den Erwerb und die Übertragung der Hypothek.

Abb. 17: Unterscheidung der Hypothekenarten

Übertragung der Hypothek

Eine **Übertragung der Hypothek** erfolgt in folgenden Fällen:

- Abtretung der Hypothekenforderung. Die Forderung geht auf den neuen Gläubiger über.
- Übertragung der Hypothekenschuld nach Tilgung der Forderung auf einen neuen Hypothekengläubiger zur Aufnahme eines neuen Kredits.

Erlöschen der Hypothek

Beim **Erlöschen der Hypothek**, d.h. nach Rückzahlung der Kreditverbindlichkeit, gibt es folgende Möglichkeiten:

- Löschen der Hypothek. Notwendig ist eine Löschungsbewilligung aufgrund eines Löschungsantrages.
- Stehenlassen der Hypothek als unrechte **Eigentümergrundschuld**.

Die Grundschuld

Unterschied Hypothek und Grundschuld

Die Grundschuld ist ein Pfandrecht an einem bebauten oder unbebauten Grundstück, wodurch der Berechtigte ermächtigt wird, sich aus dem Grundstück in Höhe einer Geldsumme zu befriedigen. Der Unterschied zur Hypothek besteht darin, dass für ihre Bestellung ein **Schuldverhältnis nicht** vorhanden sein muss.

Wenn ein Schuldverhältnis besteht, braucht die Forderung nicht nachgewiesen zu werden. Daher besteht nur eine dingliche Sicherung durch das Grundstück.

Für die Bestellung, Abtretung, Verpfändung und Löschung gelten in der Regel die gleichen Bestimmungen wie bei der Hypothek.

Grundschuldarten

Folgende Grundschuldarten können unterschieden werden:

- nach der **Form der Bestellung**:
  - die **Buchgrundschuld** und
  - die **Briefgrundschuld**. Der Grundschuldbrief kann auch auf den Inhaber ausgestellt werden. Dadurch genügt dann bei der Übertragung die formlose Übergabe ohne schriftliche Abtretungserklärung.
- nach der **Person des Grundschuldberechtigten**:
  - Die **Fremdgrundschuld**. Berechtigter ist nicht der Eigentümer des Grundstückes, sondern eine andere Person, z.B. der Kreditgeber.
  - Die **Eigentümergrundschuld**. Bei ihr stehen die Rechte aus der Grundschuld dem Grundstückseigentümer selbst zu. Durch sie kann der Grundstückseigentümer sich eine bevorzugte Rangstelle im Grundbuch freihalten, um sich später durch Abtretung oder Verpfändung der Grundschuld Geld zu beschaffen.

Fremdgrundschuld

Eigentümergrundschuld

Hypothek oder Grundschuld

Die Grundschuld wird der Hypothek oft aus folgenden Gründen vorgezogen:

- Eine vorsorgliche auf den Eigentümer eingetragene Grundschuld stellt ein selbstständiges, übertragbares Grundpfandrecht dar, das bei Bedarf als Sicherheit für eine Kreditaufnahme zur Verfügung steht. Wurde eine Briefgrundschuld bestellt, braucht die **Übertragung** nicht im Grundbuch eingetragen zu werden; lautet die Grundschuld auf den Inhaber, erspart man sich sogar die schriftliche **Abtretungserklärung**. Dieses Verfahren ermöglicht eine rasche Kreditaufnahme und ist besonders bei wiederholter Kreditaufnahme kostensparend.
- Bei der Grundschuld lassen Grundbuch und Grundschuldbrief einen Schuldgrund nicht erkennen.
- Bei Übertragung einer Inhaber-Briefgrundschuld bleibt der Kreditgeber anonym. Der Gläubiger tritt weder im Grundbuch noch im Grundschuldbrief namentlich in Erscheinung.
- Der Grundstückseigentümer kann gegen eine Hypothek die Einreden, die dem persönlichen Schuldner gegen die Forderung zustehen, und die Einrede der Vorausklage geltend machen. Die Grundschuld schützt den Grundschuldberechtigten vor derartigen Einreden.
- Da die Grundschuld eine von der Forderung losgelöste dingliche Sicherheit darstellt, wird sie, im Gegensatz zur Hypothek, durch einen Schuldnerwechsel (bei Veräußerung oder Vererbung des Grundstücks) nicht berührt.
- An Stelle einer Sicherungshypothek bevorzugen die Gläubiger in der Regel eine Grundschuld wegen der Umkehrung der Beweislast im Falle der **Zwangsvollstreckung** und wegen der Eintragungspflicht der **Zwangsvollstreckungsklausel**. Da die hypothekarische Sicherung eines Kontokorrentkredits als Sicherungshypothek gilt, zieht der Kreditgeber eine Sicherung durch Grundschuld vor.

Abtretungserklärung

15.3.4 Die Kreditleihe

Im Gegensatz zu den bisher behandelten Kreditarten werden bei der Kreditleihe nicht Waren oder Geld zur Verfügung gestellt, sondern es wird die Kreditwürdigkeit einer Unternehmung „verliehen“. Hauptformen sind der Aval- und der Akzeptkredit.

Kreditwürdigkeit wird verliehen

Der Avalkredit

Der Avalkredit ist ein Bürgschaftskredit, bei dem ein Kreditinstitut eine selbstschuldnerische Bürgschaft übernimmt.

Aval = Bankbürgschaft

Derartige Bankbürgschaften werden meistens von Behörden und von privaten Unternehmungen im In- und Ausland (z.B. zur Absicherung von Anzahlungen, Angeboten und Vertragsstrafen) gefordert. Für die Avalgewährung muss eine Avalprovision bezahlt werden. Die Beziehungen werden in Abbildung 18 dargestellt.

Der Akzeptkredit

Der Akzeptkredit ist ein Kredit, bei dem sich ein Kreditinstitut für einen Kunden durch Wechselakzept verpflichtet, aber davon ausgeht, dass am Verfalltag dieser Kunde in der Lage ist, den Wechsel einzulösen.

Bankakzept als Zahlungs- und Kreditmittel

Die Kunden erhalten durch den Akzeptkredit ein sehr gutes Kredit- und Zahlungsmittel.

Zum einen diskontiert meist die akzeptierende Bank diesen Wechsel, damit sie die Diskontspesen neben der Akzeptprovision für den Akzeptkredit verdient. Zum anderen kann das Bankakzept als Zahlungsmittel einem Lieferer zur Begleichung der Verbindlichkeiten gegeben werden.

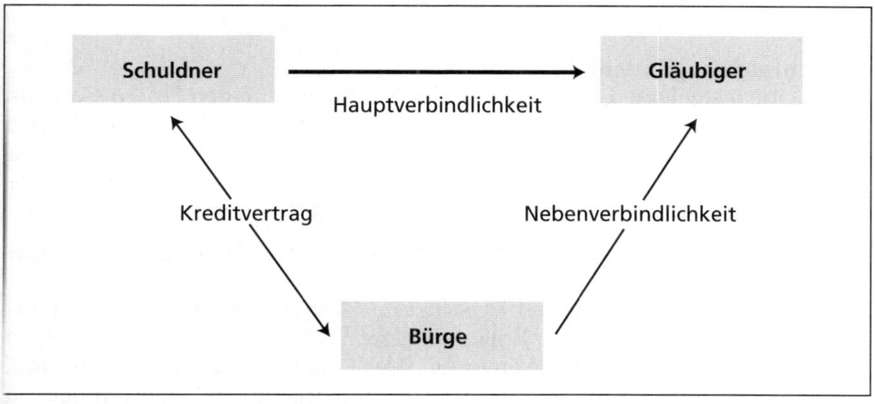

Abb. 18: Die Rechtsbeziehungen beim Avalkredit

Dies wird besonders im internationalen Liefergeschäft seitens der Lieferer verlangt. Häufig wird vereinbart, dass der Lieferer direkt auf das Kreditinstitut einen Wechsel ziehen soll, wobei das Kreditinstitut seinem Kunden vorher

Bankakzept bei In- und Exportgeschäften

seine Akzeptbereitschaft in Form eines Akzeptkredits kundtut. Diese Form des Akzeptkredits in Verbindung mit einem Wechseldiskontkredit wird auch als Rembourskredit bezeichnet.

Es ist darauf hinzuweisen, dass auch in Klein- und Mittelbetrieben Exportfragen eine immer größere Rolle spielen werden, dies vor allem auch wegen der sich öffnenden Ost- und vor allem Fernostmärkte. Dabei kann eine Reihe von Risiken auftreten, die allerdings nicht in allen Ländern in gleichem Maße auftreten. Generell kennt man Zahlungs- und Währungsrisiken sowie eventuelle politische Unsicherheiten. Zur Absicherung bietet die Praxis vielfältige Alternativen an, die zwangsläufig entsprechende Kosten verursachen und damit auf die Gewinnspanne drücken. Zu nennen sind als Beispiel das Dokumentenakkreditiv, Devisentermingeschäfte, Hermes-Absicherungen und die sog. Forfaitierung (= regressloser Verkauf einer Auslandsforderung). Vergleiche dazu die Ausführungen S. 125.

Generell ist eine enge Zusammenarbeit mit den Banken sowie den Exportberatungsstellen der Handwerkskammern sowie den Industrie- und Handelskammern zu empfehlen. Auch Banken bieten umfangreiches Material an.

15.3.5 Exkurs: Mezzanine-Finanzierung (Mezzanine-Kapital)

Das Mezzanine-Kapital steht zwischen echtem Eigenkapital und klassischem Fremdkapital. Es ist eine Mischform zwischen den traditionellen Finanzierungsarten. Charakteristische Merkmale des Eigenkapitals (wie z. B. Stimmrecht, Gewinn, Haftung) sowie des Fremdkapitals (wie z. B. Verzinsung, Laufzeit, Rückzahlung) werden miteinander vermischt. Dadurch wird diese Art der Finanzierung für Kapitalgeber und Kapitalnehmer interessant, weil das Mezzanine-Kapital typische Eigenkapitalmerkmale mit typischen Merkmalen des Fremdkapitals verbindet.

Beispielhaft sollen nachstehende Möglichkeiten dargestellt werden:

- **Nachfolgerangdarlehen**
  Für eine festgelegte Laufzeit erhält der Kapitalgeber einen Festzinssatz. Im Insolvenzfall wird der Kapitalgeber nachrangig nach den gewöhnlichen Gläubigern befriedigt, aber noch vor dem Eigentümer. Das hat zur Folge, dass der Kapitalgeber einen Zinssatz zahlt, der zwar über dem Fremdkapitalzinssatz liegt aber noch unter der Verzinsung des Eigenkapitals.
- **Wandel-** und **Optionsanleihen**, **Gewinnschuldverschreibungen** und **Genussscheine**
  Bei diesen Papieren handelt es sich um Alternativen, die meist nur bei Aktiengesellschaften eine Rolle spielen. Wandelschuldverschreibungen sind Schuldverschreibungen einer AG, die dem Inhaber das Recht einräumt, nach einer bestimmten Zeit in Aktien „umzuwandeln" oder Aktien zu beziehen.
  Gewinnschuldverschreibungen sind Urkunden, die neben Gläubigerrechten das Recht auf Beteiligung am Gewinn beinhalten.
  Genussscheine sind Urkunden, die einen Anspruch auf Gewinnbeteiligung oder einen Anteil am Liquidationserlös einer AG verbriefen. Ein Stimmrecht oder ein sonstiges Teilhaberrecht ist nicht gegeben.

- **Stille Beteiligung**
  Bei der stillen Beteiligung wird zwischen der typischen und der atypischen stillen Beteiligung unterschieden.
  Die typische stille Beteiligung sieht vor, dass der Kapitalgeber sich für einen festen Zeitraum an einem Unternehmen beteiligt, aber nach außen nicht in Erscheinung tritt. Er erhält eine Mindestverzinsung und ein Recht auf Gewinnbeteiligung, aber keine Verpflichtung zur Verlustbeteiligung. Im Insolvenzfall ist der Kapitalgeber nachrangiger Gläubiger.
  Bei der atypischen stillen Beteiligung ist ein Haftungsausschluss im Falle eines Verlustes nicht möglich. Das hat zur Folge, dass das zur Verfügung gestellte Kapital Eigenkapitalcharakter hat. Daher erhält der Kapitalgeber eine höhere Mindestverzinsung und bzw. oder eine höhere Gewinnbeteiligung. Die Kapitalhergabe ist befristet.

Gründe für Mezzanine Kapital

Als Gründe für die Inanspruchnahme mezzaniner Finanzierungen werden genannt:

- Schwankende Kreditvergabepolitik der Banken
- Mittlere und kleine Unternehmen haben keinen Zugang zum organisierten Kapitalmarkt
- Die Aufnahme weiterer Gesellschafter wird von den vorhandenen Mitgesellschaftern nicht akzeptiert.
- Die Selbstfinanzierung ist bei Familienunternehmen vielfach für die Finanzierung des Lebensunterhaltes vorgesehen.

Mezzanine Finanzierungen können interessant sein, weil Kapital durch Zinsgarantien, Gewinnbeteiligungen und Haftungsausschluss beschaffbar ist, ohne dass die Eigentümer- und Machtverhältnisse im Unternehmen beeinträchtigt werden. Der Unternehmer beschafft sich einen wirkungsvollen „Eigenkapitalersatz" und kann damit sein Unternehmen stärken.

15.4 Die Innenfinanzierung

Arten der Innenfinanzierung

Unter Innenfinanzierung versteht man die Beschaffung von Finanzmitteln aus dem Unternehmen selbst entweder

- durch Einbehalten von Gewinnen im Unternehmen (Selbstfinanzierung) oder
- durch Freisetzung von Abschreibungsgegenwerten (Finanzierung aus Abschreibung) oder
- durch Bildung von Rückstellungen oder
- durch Umfinanzierung.

15.4.1 Selbstfinanzierung

Diese Form ist die wichtigste Innenfinanzierungsart. Sie kann in offener und stiller Form erfolgen.

Offene Selbstfinanzierung

- Die **offene Form** liegt vor, wenn Gewinne nicht entnommen bzw. ausgeschüttet werden, sondern bei Einzelfirmen und Personengesellschaften auf den Kapitalkonten stehen bleiben und bei Kapitalgesellschaften (z.B. GmbH) den Rücklagen (Gewinnrücklagen) zugeführt werden. Die Gegenwerte dieses zusätzlichen Eigenkapitals stecken in Vermögenswerten, z.B. in Zahlungsmitteln, in Forderungen oder in anderen Vermögensgegenständen.

Stille Selbstfinanzierung

- Die **stille Form** vollzieht sich über die Bildung stiller Rücklagen, die durch Unterbewertung von Vermögensteilen (z.B. durch überhöhte Abschreibungen, durch zu niedrigen Ansatz der Herstellkosten selbst erstellter Anlagen oder durch Nichtaktivierung des originären Firmenwertes usw.) oder durch Überbewertung von Schulden (z.B. überhöhte Rückstellungen) entstehen.

Vorteile

Vorteile der Selbstfinanzierung für das Unternehmen bestehen in folgenden Punkten:

- Selbstfinanzierung führt zu keinen Zinsausgaben, die die Liquidität belasten.
- Bewegliche Preispolitik, da auf eine Erwirtschaftung des Eigenkapitalzinses kurzfristig verzichtet werden kann.
- Das Unternehmen ist u.U. auf weniger Fremdkapital angewiesen, das möglicherweise, z.B. bei Bankkrediten, zu einer Einflussnahme auf die Unternehmensführung führen kann.
- Vorteile in Zeiten einer Hochzinspolitik.
- Stärkung der Bonität bei Banken.

Nachteile

Nachteile der Selbstfinanzierung entstehen vor allem dann,

- wenn die Selbstfinanzierung durch steuerliche Maßnahmen nicht gefördert wird und
- eine verstärkte Selbstfinanzierung zu Kapitalfehlleitungen führt, d.h. die zurückbehaltenen Gewinne nicht immer wirtschaftlich investiert werden.

Bedeutung der „Selbstfinanzierung"

Die Bedeutung der Selbstfinanzierung wird besonders erkennbar durch die verschiedenen Sonderabschreibungsmöglichkeiten, die der Steuergesetzgeber nach dem Zweiten Weltkrieg erlaubt hat und durch die nicht zuletzt auch das enorme Wirtschaftswachstum möglich war. Steuerliche Anreize zur verstärkten Selbstfinanzierung müssen stark gefördert werden, um dem gravierenden Eigenkapitalmangel vor allem im Mittelstand entgegenzuwirken. Bei vielen Personengesellschaften ist die Selbstfinanzierung die einzige Möglichkeit der Eigenkapitalerhöhung.

15.4.2 Finanzierung durch Abschreibungen

Rückfluss der Abschreibungen über die Umsatzerlöse

Die im Verkaufspreis einkalkulierten Abschreibungen erscheinen in den Verkaufserlösen auf der Ertragsseite der Erfolgsrechnung; der Aufwands- aber nicht Ausgabenposten auf der Aufwandseite sorgt dafür, dass die verdienten Abschreibungsgegenwerte im Betrieb verbleiben und nicht als Gewinn erscheinen und damit nicht der Ausschüttungs- bzw. Entnahmeentscheidung unterliegen.

Die verbrauchsbedingten Abschreibungen, die zunächst grundsätzlich zur Ersatzbeschaffung (**Re-Investition**) des Abschreibungsgegenstandes dienen, können auch als eine Quelle der **Neu- bzw. Erweiterungsinvestition** wirken. Dieser Effekt beruht auf der Tatsache, dass in den Verkaufspreisen der hergestellten Erzeugnisse der Abschreibungsgegenwert für die Anlagenabnutzung in der Regel früher vergütet wird, als für die Erneuerung der Anlagegüter benötigt, von denen die Abschreibungsbeträge stammen.

Wenn diese Abschreibungswerte laufend reinvestiert werden, dann kann das zu einer Anlagenexpansion führen, ohne dass eine Zuführung neuer finanzieller Mittel notwendig ist (sog. Lohmann-Ruchti-Effekt oder Kapazitätserweiterungseffekt).

Kapazitätserweiterungseffekt (Lohmann-Ruchti-Effekt)

Dieser **Kapazitätserweiterungseffekt** tritt in der Praxis nicht in dieser einseitigen Form auf, ist aber auch keine reine Theorie. Allerdings richten sich die vorgenommenen Investitionen im Betrieb nicht nach diesem „Effekt", sondern die Investitionspolitik orientiert sich hauptsächlich an den Erfordernissen der Absatz- und Produktionsplanung. Außerdem muss die Erstinvestition mit Eigenkapital finanziert sein, damit die Abschreibungsrückflüsse nicht in die Tilgung fließen.

15.4.3 Finanzierung durch Rückstellungen

Rückstellungen sind Verbindlichkeiten

Rückstellungen sind Verbindlichkeiten, die ihrem Grunde, nicht aber ihrer genauen Höhe und dem Zeitpunkt der Fälligkeit nach bekannt sind.

Die Anlässe für Rückstellungen liegen im kurzfristigen (z.B. Prozesskosten, Garantien, Steuern, geplante Instandsetzung) und langfristigen (z.B. Pensionsrückstellungen) Bereich der Unternehmung.

Bis zur Fälligkeit der Zahlungsverpflichtungen können die dafür vorhandenen liquiden Mittel zur **Finanzierung von Investitionen** verwendet werden. Je längerfristiger die Rückstellungen sind, desto längerfristiger können auch die Investitionen sein. Wenn die Unternehmung ihre Rückstellungsbildung überhöht, indem sie den Aufwand zu hoch einschätzt, überführt sie Gewinn in die folgende Rechnungsperiode und behält ihn damit als Selbstfinanzierungsquelle.

Finanzierung durch die Bildung von Pensionsrückstellungen

Da mit langfristigen Pensionsrückstellungen in früheren Jahren Missbrauch getrieben wurde, verlangt die Finanzverwaltung, dass versicherungsmathematische Grundsätze (z.B. Gutachten) beachtet werden. Diese Form der Altersversorgung und damit der Finanzierung ist vor allem bei Großunternehmen sehr verbreitet.

Ein starker Trend ist allerdings auch im Mittelstand im Hinblick auf den Abschluss von Gruppenversicherungsverträgen mit privaten Versicherungsgesellschaften festzustellen. Der Finanzierungseffekt entfällt hierbei.

15.4.4 Umfinanzierung

Änderung der Vermögens- und Kapitalstruktur

Unter Umfinanzierung versteht man die Bereitstellung von Finanzierungsmitteln durch Änderung der Zusammensetzung des Vermögens oder Kapitals ohne Zuführung zusätzlicher Mittel.

Man muss dabei folgende Unterscheidung vornehmen:

Umfinanzierung

- Umfinanzierung im engeren Sinne auf der Kapitalseite
- Uminvestierung auf der Vermögensseite

Änderung der Kapitalstruktur

– **Umfinanzierung im engeren Sinne** ist die bewusst herbeigeführte Veränderung der Kapitalstruktur. Das kann geschehen
  - durch eine sog. Konsolidierung von Schulden, d.h. Umwandlung von kurzfristigem in langfristiges Fremdkapital und
  - durch Umwandlung eines Darlehens in Eigenkapital, indem z.B. ein Darlehensgeber oder ein Lieferant Gesellschafter werden, möglicherweise sogar mit der Absicht einer Vorwärtsintegration im Sinne einer Übernahme.
  - **Umfinanzierung im Sinne von Uminvestierung** bedeutet eine Umschichtung des Vermögens. Dies erfolgt durch die Freisetzung bisher gebundener Vermögenswerte, damit notwendige Finanzmittel beschafft werden können.

Folgende Möglichkeiten können als Beispiele genannt werden:

- Veräußerung nicht oder nicht mehr betriebsnotwendiger Teile des Sach- und Finanzanlagevermögens;
- Minderung der Bestände an unfertigen und fertigen Erzeugnissen durch Verkürzung der Fertigungs- bzw. Lagerdauer;
- Minderung der Bestände an Roh-, Hilfs- und Betriebsstoffen bzw. Waren (Verringerung der Kapitalbindung);
- Minderung des Bestandes an Forderungen durch Kürzung des Zahlungszieles sowie durch straffere Überwachung der Außenstände (Erhöhung des Debitorenumschlags bzw. Verkürzung der Debitorendauer). (Vgl. dazu auch Kapitel 11.1);
- Factoring, d.h. Verkauf von Forderungen aus Lieferungen und Leistungen (vgl. dazu Kap. 16.2);
- „Sale and lease back“ (vgl. dazu Kapitel 16.1);

15.5 Exkurs: Außenhandelsfinanzierung

Bedeutung

Die Außenhandelsfinanzierung spielt im Rahmen des Im- und Exports eine wichtige Rolle. Dabei handelt es sich beim Export um die in der Handelsbilanz der volkswirtschaftlichen Rechnung (Zahlungsbilanz) erfasste Warenausfuhr im Gegensatz zum Import. Das Ausfuhrvolumen betrug 2010 weit über 1000 Mrd. €. Die steigende Bedeutung des Exports für die deutsche Wirtschaft ist ebenfalls an der zunehmenden Zahl an Finanzprodukten der Außenhandelsfinanzierung zu erkennen. Auch kleine und mittelständische Betriebe führen in zunehmendem Maße Außenhandelsgeschäfte durch, wobei sie direkt oder indirekt als Im- oder Exporteur auftreten.

Definition

Die Außenhandelsfinanzierung ist eine Sonderform der Absatzfinanzierung bezogen auf die verschiedenen Formen des Außenhandels.

Außenhandelsfinanzierung im engeren Sinn ist die Deckung des Kapitalbedarfs für den Zeitraum des Land-, Luft- oder Seetransports vom Exporteur zum Importeur einschließlich der Übernahme der Risiken im Zusammenhang von Lieferung und Zahlung.

Umfang der Außenhandelsfinanzierung

Außenhandelsfinanzierung im weiteren Sinn umfasst darüber hinaus neben der Abwicklung des Zahlungsverkehrs auch die Finanzierung der Produktionsdauer bzw. des Wareneinkaufs beim Exporteur und die Aufnahme bzw. Gewährung von Lieferanten- oder Bankkredit für einen kurz-, mittel- oder langfristigen Zeitraum nach Lieferung durch den bzw. an den Importeur.

Die Außenhandelsfinanzierung befasst sich also mit der Kapitalbeschaffung für einen Zeitraum, der frühestens mit der Leistungserstellung im Exportland beginnt und spätestens beim Zahlungseingang vom Abnehmer des Importeurs endet. Sie schließt die Dispositionen der Abwicklung des Zahlungsverkehrs und die Abwälzung der finanziellen Außenhandelsrisiken mit ein.

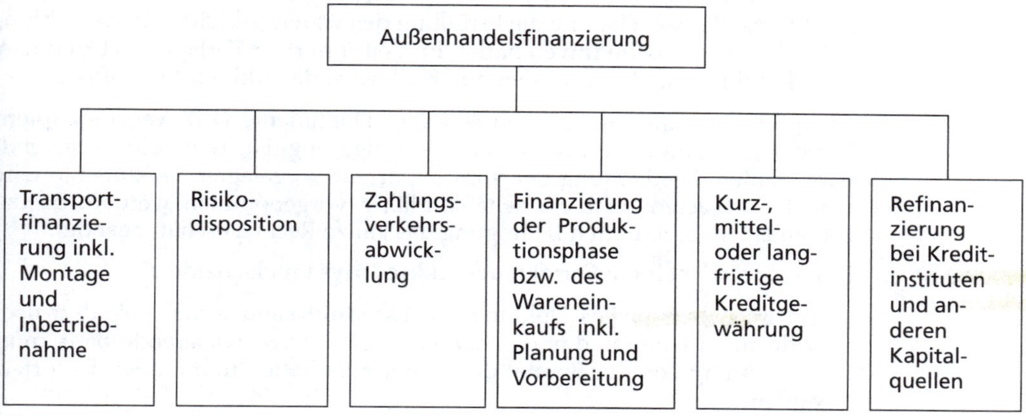

Je nachdem wie die Zahlungs- und Finanzierungsrisiken zwischen Importeur und Exporteur verteilt sind, werden mehrere Arten der Zahlungsabwicklung unterschieden. Sie reichen von der Voraus- oder Anzahlung über das Dokumentenakkreditiv und Dokumenteninkasso bis zur offenen Rechnung. Als Beispiel wird im Folgenden das Dokumentenakkreditiv näher dargestellt.

Das Dokumentenakkreditiv

Das Dokumentenakkreditiv

Das Dokumentenakkreditiv (letter of credit) ist die wichtigste Absicherungsalternative im Rahmen der Außenhandelsfinanzierung, wenn man von der sehr kostspieligen Möglichkeit der „Forfaitierung" (vgl. Seite 130) absieht.

Eröffnetes Akkreditiv

Akkreditivbank, eröffnende Bank

Ziel ist es, das Zahlungsrisiko des Exporteurs und das Lieferrisiko des Importeurs zu minimieren. Es handelt sich um die Zahlungsverpflichtung eines Importeurs (Käufer) mit seiner Bank, in seinem Auftrag und nach seinen Weisungen gegen Übergabe vorgeschriebener Dokumente eine Zahlung an einen Begünstigten, zumeist einen Exporteur (Verkäufer) zu leisten. Ein **eröffnetes Akkreditiv** stellt ein Zahlungsversprechen einer Bank **(Akkreditivbank, eröffnende Bank)** dar. Die Bank haftet zusätzlich gegenüber dem Begünstigten. Neben den Vorschriften des BGB existieren von der Internationalen Handelskammer in Paris aufgestellte, einheitliche Richtlinien und

Gebräuche für Dokumentenakkreditive (ERA), die inzwischen weltweit üblich und akzeptiert sind.

Incoterms

Ausgangspunkt ist ein Kaufvertrag, in dem neben vielen anderen Bereichen, wie Preis, Menge, Lieferzeitpunkt usw. auch die **„Incoterms"** (International commercial terms) geregelt sind. In diesen werden Rechte und Pflichten von Käufer und Verkäufer geregelt. Grundsätzlich muss in diesem Kaufvertrag eine Akkreditivklausel existieren, um diese Zahlungsart in Gang zu setzen.

Das Zahlungsversprechen der Bank gegenüber dem Exporteur ist bedingt und abstrakt. Bedingt deshalb, da sie nur gegen die Aushändigung eindeutig bestimmter Dokumente zu einem eindeutig bestimmten Zeitpunkt der Vorlage geleistet wird. Abstrakt, da es vom zugrunde liegenden Kaufvertrag losgelöst ist, d.h. die Bank auch ohne die Erfüllung des Warengeschäfts für die Zahlung bei Dokumentenakkreditiven haftet. Im Zeitpunkt der Vorlage des Dokumentenakkreditivs durch die avisierende Bank wird das Akkreditiv eröffnet.

Übergibt der Exporteur die vereinbarten Dokumente (z.B. Versandpapiere, Handelsrechnung, Prüfzeugnisse, Ursprungszeugnis), wird die avisierende Bank zahlen. Die Prüfung der vom Exporteur vorgelegten Dokumente wird von der avisierenden Bank sehr sorgfältig vorgenommen werden, da das Fehlen einer vereinbarten Bedingung das ganze Rechtsgeschäft beendet.

Formen des Akkreditivs

Es lassen sich mehrere **Formen des Akkreditivs** unterscheiden:

- Ein **unwiderrufliches** Dokumentenakkreditiv kann weder geändert noch widerrufen werden, d.h. die Akkreditivbank bzw. avisierende Bank muss unabhängig von der Bonität des Importeurs haften und an den Exporteur zahlen.

Widerrufliches Akkreditiv

- Beim **widerruflichen Akkreditiv** kann die eröffnende Bank jederzeit bis zur Eröffnung das Zahlungsversprechen zurücknehmen, wenn sich z.B. die wirtschaftlichen Verhältnisse des Importeurs (Käufer) verschlechtert haben.

Bestätigtes Akkreditiv

- Ein **bestätigtes Akkreditiv** liegt vor, wenn die avisierende Bank zusätzlich für die Zahlung an den Exporteur haftet, während beim unbestätigten Akkreditiv nur die Akkreditivbank, also in der Regel die Bank des Käufers, haftet.
- Ferner wird zwischen einer befristeten und unbefristeten Akkreditivzusage unterschieden.

Bei einem Sichtakkreditiv (payable after sight) hat die avisierende Bank ohne verzögernde Dokumentenprüfung eine Zahlung unter Vorbehalt zu leisten. Die Dokumentenprüfung erfolgt dann erst später.

Bei einer hinausgeschobenen Zahlung (deferred payment) wird eine Zahlung in Raten oder spätere Zahlung vereinbart. Bei einem Remboursakkreditiv erfolgt die Zahlung durch Akzeptierung eines Wechsels.

Bei einem übertragbaren Akkreditiv handelt es sich um die vertraglich vereinbarte Möglichkeit der Zahlung von der avisierenden Bank an einen Dritten statt den Exporteur.

Je nachdem, ob zwischen den Akkreditivbeteiligten eine zeitlich beschränkte Gültigkeit der Akkreditivzusage erfolgte oder nicht, wird von einem befristeten bzw. unbefristeten Akkreditiv gesprochen. Eine Befristung kann die Einhaltung der vereinbarten Lieferzeit positiv beeinflussen.

Den Ablauf eines Dokumentenakkreditivs zeigt das Schaubild auf Seite 129.

Das Dokumenteninkasso

Dokumenteninkasso

Beim Dokumenteninkasso handelt es sich um den Auftrag eines Zahlungsberechtigten, zumeist eines Exporteurs, an seine Bank, vom Zahlungsverpflichteten (Importeur) die Zahlung einzuziehen. Man spricht vom Inkasso. Für die Legitimation des Einzugs übergibt der Exporteur seiner Bank Exportdokumente (z.B. ein Konnossement), die dann gegen Zahlung von der Bank oder deren Korrespondenzbank an den Importeur ausgehändigt werden. Mit Hilfe der Dokumente kommt dann der Importeur an die Waren.

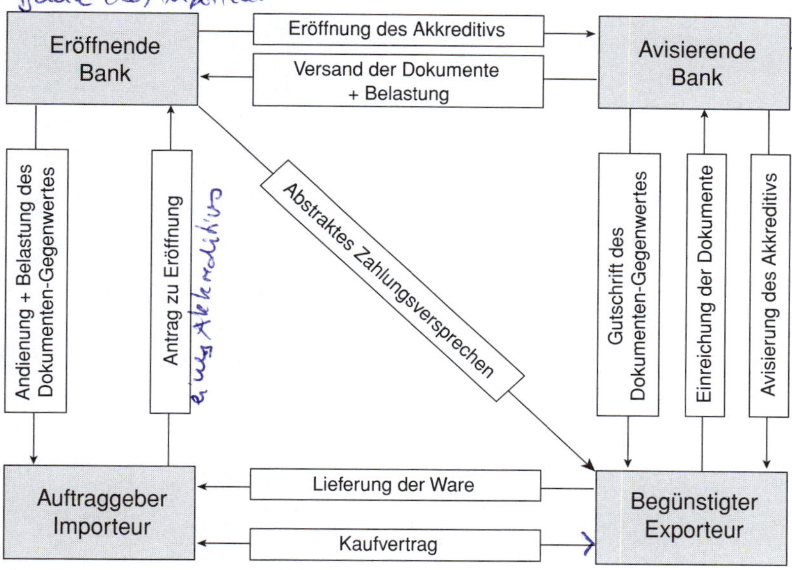

Das Dokumenteninkasso stellt damit aus der Sicht des Exporteurs eine gewisse Sicherheit dar, da die Ware so lange in seinem Besitz bleibt, bis die Zahlung gegen Dokumente erfolgt ist. Aus der Sicht des Importeurs besteht die Sicherheit, dass die Ware hergestellt, und auf dem Weg oder am Zielort angekommen ist, sobald er die Versanddokumente vorliegen hat.

Auch für diese Zahlungsform wurden von der französischen Handelskammer so genannte einheitliche Richtlinien für Inkassi (ERI) aufgestellt.

Abschließend wird kleinen und mittelständischen Unternehmen empfohlen, zumindest bei den ersten Import- und Exportgeschäften die Hilfe von Banken in Anspruch zu nehmen. Dies gilt insbesondere bei Aktivitäten außerhalb der

Europäischen Union, wo Dokumentenakkreditiv oder Dokumenteninkasso immer noch eine wichtige Rolle spielen.

Neben den wirtschaftlichen Risiken (vor allem Zahlungsrisiken) können im Auslandsgeschäft vor allem auch Währungsrisiken und politische Risiken auftreten. Mögliche Absicherungen wie z.B. Devisentermingeschäfte, Hermesabsicherungen usw. werden nicht behandelt. Es wird auf die jeweilige Spezialliteratur verwiesen.

Die Forfaitierung

Forfaitierung bedeutet regresslosen Verkauf einer Auslandsforderung an eine Forfaitierungsgesellschaft (Forfaiteur). Diese Form kommt meist nur bei Großunternehmen und größeren Auftragssummen vor.

Neben der Forfaitierung gibt es auch **Auslandsfactoring**, bei dem es um den Verkauf von Auslandsforderungen an eine Factoringgesellschaft geht (vgl. auch Kap. 16.2).

Wiederholungsfragen zum 15. Kapitel:

1. Wie kann die „Finanzierung" eingeteilt werden? (Seite 97)
2. Welche möglichen Finanzierungsquellen kennen Sie? (Seite 97–98)
3. Beschreiben Sie vier Kriterien für die Wahl der Rechtsform. (Seite 99)
4. Wie können sich ein Einzelunternehmen, eine OHG, eine KG und eine GmbH im Rahmen der Außenfinanzierung Eigenkapital beschaffen? (Seite 103–105)
5. Welche wichtigen Punkte stehen im Mittelpunkt einer Kreditwürdigkeitsprüfung? (Seite 106–107)
6. Beweisen Sie anhand eines Beispiels, dass die Ausnutzung von Skonto in den meisten Fällen für den Skontonehmer vorteilhaft ist. (Seite 110)
7. Welche Möglichkeiten hat der Inhaber eines Wechsels? Beschreiben Sie in diesem Zusammenhang den Wechseldiskontkredit. (Seite 111–112)
8. Unterscheiden Sie Lombardkredit und Sicherungsübereignung. (Seite 115–117)
9. Welche Unterschiede sehen Sie zwischen Hypothek und Grundschuld und warum wird in der Wirtschaftspraxis vielfach die Grundschuld der Hypothek vorgezogen? (Seite 118–120)
10. Unter welchen Voraussetzungen ist die Finanzierung aus Abschreibungen eine Finanzierungsalternative? (Seite 124–126)
11. Beschreiben Sie drei Beispiele einer Umfinanzierung auf der Vermögenseite der Bilanz. (Seite 125–126)
12. Was versteht man unter „Forfaitierung"? (Seite 130)

16. Leasing und Factoring als Finanzierungshilfen

16.1 Leasing

Leasing

Leasing ist die Gebrauchsüberlassung einer beweglichen (mobilen) oder unbeweglichen (immobilen) Sache (langlebig oder kurzlebig) an einen „Mieter" (Leasingnehmer) gegen Entgelt.

Leasing hat in den letzten Jahren enorme Zuwachsraten erfahren. Ständig werden neue Varianten von den Leasinggesellschaften angeboten.

Leasingverträge treten in vielfältiger Form auf. Hier einige Beispiele:

Leasinggeber können sein

Leasingarten

- Hersteller der Anlagen selbst (sog. Service-Equipment-Leasing oder Hersteller-Leasing), wie es bei EDV- und Telefonanlagen seit langem üblich ist.
- Finanzierungsunternehmen, die Anlagen kaufen und diese dann vermieten (sog. Finance-Equipment-Leasing).

Folgende Gesichtspunkte sind zu beachten:

Grundmietzeit ohne Kündigungsmöglichkeit

- **Grundmietzeit**: Es gibt Leasingverträge mit und ohne feste Grundmietzeit. Während der festen Grundmietzeit besteht für die Leasing-Beteiligten keine Kündigungsmöglichkeit.

Vertragsdauer

- **Vertragsdauer**: Die durchschnittliche Laufzeit der Verträge richtet sich nach der für das Unternehmen voraussichtlichen Nutzungsdauer des Leasingobjektes. Sie beträgt im Allgemeinen für Maschinen vier bis fünf Jahre, mindestens jedoch drei Jahre. Die Dauer für Gebäude beträgt in der Regel 30 Jahre. Falls die Benutzung der Anlagen nach dem Ablauf der Mietdauer immer noch wirtschaftlich ist oder gewünscht wird, kann der Mietvertrag mit einer wesentlich niedrigeren Miete verlängert oder von einer vorher vereinbarten sog. Kaufoption Gebrauch gemacht werden.

Kosten

- **Kosten**: Der Mietsatz (Leasinggebühr) richtet sich nach der Vertragsdauer (z.B. Grundmietzeit); je kürzer die Vertragsdauer, desto höher der Mietzins. Die Miete ist so bemessen, dass in dem jeweiligen Zeitraum (z.B. Grundmietzeit) das von der Leasinggesellschaft eingesetzte Kapital getilgt und verzinst wird. Weitere Kosten können durch Transport, Montage, Unterhaltung, Demontage und Versicherung entstehen.

Aktivierung beim Leasinggeber

- **Einfluss auf die Bilanz**: Der Leasingnehmer erwirbt an den Anlagen nur ein Nutzungsrecht und kann dieses nicht aktivieren. Die Bilanz verliert damit an Aussagewert im Rahmen der Analyse. Ausnahmen ergeben sich, wenn im Rahmen einer Kaufoption der Kauf des Leasinggutes nach Ablauf des Leasingvertrages bei Vertragsbeginn fest vereinbart wurde.

Vorteile des Leasing

Die **Vorteile des Leasing** lassen sich in folgenden Punkten zusammenfassen (vgl. dazu Abb. 20):

- Kreditwürdige Unternehmungen können ohne Inanspruchnahme von Barmitteln einen Betrieb aufbauen, erweitern oder rationalisieren.
- Die Liquidität kann günstig beeinflusst werden, da die durch Leasing überlassenen Anlagen nicht gekauft werden müssen.
- Die Anlagen können schnell dem neuesten Stand der Technik und der sich rasch wandelnden Wirtschaftslage angepasst werden, weil die Vertragsdauer der Leasingverträge (Miet- und Pachtverträge) kurz gehalten werden kann. Wegen der Verschiedenartigkeit der Leasingverträge in der Praxis ist aber eine genaue Vergleichsrechnung der Leasing- und Kreditangebote unbedingt notwendig.
- Die Leasinggebühren sind Betriebsausgaben und daher steuerwirksam.

Nachteile des Leasing

Die **Nachteile des Leasing** ergeben sich aus folgenden Punkten:

- Die Miet- und Pachtkosten für die Anlagen sind hoch, weil das eingesetzte Kapital amortisiert werden muss, der Vermieter eine Risikoprämie einkalkuliert und einen angemessenen Gewinn erzielen will. Steuervorteile können Entlastung bringen.
- Das Unternehmen kann durch die monatlich wiederkehrenden Miet- und Pachtzahlungen in Liquiditätsschwierigkeiten kommen, wenn die Mietausgaben in den Umsatzerlösen nicht rechtzeitig oder gar nicht (z.B. Forderungsausfall) zurückfließen.

Vor- und Nachteile des Leasing	
Vorteile	**Nachteile**
– Kreditwürdige Unternehmen können ohne Inanspruchnahme von Barmitteln einen Betrieb aufbauen, erweitern und rationalisieren. – Die Liquidität kann günstig beeinflusst werden, da die durch Leasing überlassenen Anlagen nicht gekauft werden müssen. – Die Anlagen können schnell dem neuesten Stand der Technik und der sich rasch wandelnden Wirtschaftslage angepasst werden, weil die Vertragsdauer der Leasingverträge verhältnismäßig kurz ist.	– Die Leasinggebühren für das Leasinggut sind hoch, weil das eingesetzte Kapital amortisiert werden muss, der Vermieter eine Risikoprämie einkalkuliert und einen angemessenen Gewinn erzielen will. – Das Unternehmen kann durch die monatlich wiederkehrenden Leasingraten in Liquiditätsschwierigkeiten kommen, wenn die Leasingraten durch die Umsatzerlöse nicht rechtzeitig oder gar nicht (z.B. Forderungsausbau) zurückfließen.

Abb. 20: Vor- und Nachteile des Leasing

sale and lease back

Eine Besonderheit stellt das „sale and lease back" dar. Ein Unternehmen verkauft Anlagevermögen an eine Leasinggesellschaft, um es sofort wieder „zurückzuleasen". Die Bilanzoptik kann verbessert werden, da stille Reserven aufgedeckt werden. Häufig werden solche Maßnahmen auf Druck einer Bank bei Unternehmen vorgenommen, die ihre Liquiditätssituation verbessern wollen bzw. müssen.

16.2 Factoring

Definition des Factoring

Aus den USA wurde eine Form der Absatzfinanzierung übernommen, die als **„Factoring-System"** bezeichnet wird. Der Verkäufer **(Klient)** verkauft einer Factoring-Bank (**Factor**) offene Buchforderungen aus Liefergeschäften. Die Factoring-Bank vergütet dafür den Gegenwert der Forderungen abzüglich Zinsen (für die Zeit vom Ankauf der Forderungen bis zu deren Fälligkeit) und einer Factor-Provision (für die gesamten Dienstleistungen der Factoring-Gesellschaft). Sie wird auch als Manipulationsgebühr bezeichnet.

Dienstleistungen des Factors

Die Factoring-Gesellschaft kann dabei folgende **Dienstleistungen** übernehmen (vgl. dazu Abbildung 21):

- die Finanzierungsfunktion durch die „wechsellose Diskontierung" der Buchforderungen,
- die Versicherungsfunktion durch die Übernahme des Risikos von Forderungsausfällen **(Delkrederehaftung)**; es handelt sich um das sog. echte Factoring,
- die Dienstleistungsfunktion z.B. durch Bereitstellung moderner Buchführungseinrichtungen, durch Übernahme der Buchführungsarbeiten und durch Eintreibung der Außenstände.

Durch diese Dienstleistungsangebote hat das Factoring System in den letzten Jahren hohe Zuwachsraten verzeichnen können.

Vorteile des Factoring

Vorteile des Factoring für die Klienten sind:

- Einsparung der Kosten für Buchführung und Mahnwesen,
- kein bzw. eingeschränktes Kreditrisiko,
- Verbesserung der Liquidität,
- mögliche vorzeitige Bezahlung der Eigenverbindlichkeiten (Skontoabzug).
- Factoring bringt Steuervorteile (Zinsen auf Vorschuss als Betriebsausgabe; ebenso die Factoringgebühr).

Der **Nachteil des Factoring** liegt darin, dass die schematische Eintreibung der Forderungen durch die Factoring-Bank hin und wieder zu einer Verärgerung der Kunden führen kann. **Nachteil**

Funktionen des Factors		
Finanzierungsfunktion	**Delkrederefunktion**	**Dienstleistungsfunktion**
Finanzierungsfunktion durch „wechsellose Diskontierung" der Buchforderungen	Übernahme des Risikos von Forderungsausfällen (Versicherungsfunktion)	– Führung der Debitorenbuchhaltung – Mahn- und Inkassowesen (Eintreibung der Außenstände) – Informationsbeschaffung (z. B. Bonitätsüberwachung der Abnehmer)

Abb. 21: Funktionen des Factors

Bis vor ein paar Jahren konnten vor allem Handwerksbetriebe das Factoring ignorieren, denn alle Factoringgesellschaften bedienten im Schwerpunkt nur größere Unternehmen. Zwischenzeitlich finden sich immer mehr Anbieter auf dem Markt für kleine und mittelständische Betriebe (Ausnahme: Bau- und Ausbaubranchen).

Der Geschäftsablauf bei Einschaltung eines Factors kann nachstehendes Aussehen haben:

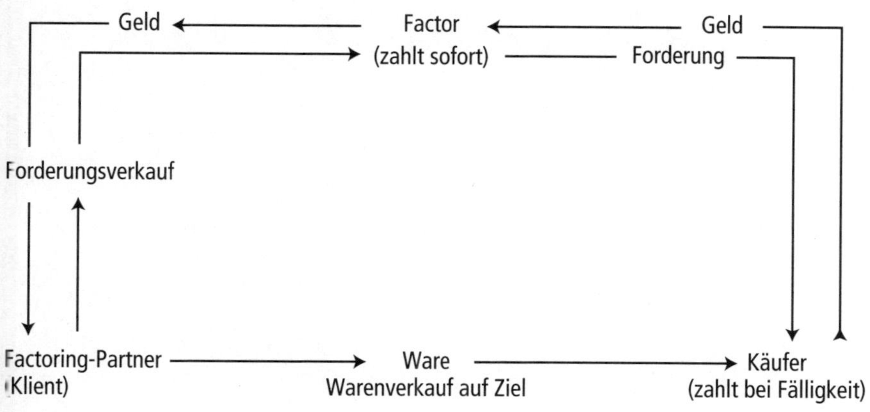

Wiederholungsfragen zum 16. Kapitel:

1. Was versteht man unter Leasing und wer sind Leasing-Beteiligte? (Seite 132)
2. Wie ist beim Leasing die Aktivierungsfrage geregelt? (Seite 132)
3. Was versteht man unter Grundmietzeit? (Seite 132)
4. Beschreiben Sie die Vorteile des Leasing. (Seite 132–133)
5. Sind die höheren Kosten die einzigen möglichen Nachteile des Leasing? (Seite 133)
6. Was versteht man unter Factoring und was unter einem Klienten? (Seite 134)
7. Wie unterscheidet sich das Factoring von einer Zession? (Seite 112–113, 134)
8. Welche Dienstleistungen kann der Factor übernehmen? (Seite 134)
9. Warum hat das Factoring in den letzten Jahren starke Zuwächse gehabt? (Seite 134)
10. Sehen Sie auch Nachteile des Factoring? (Seite 135)

17. Finanzierungsregeln und -empfehlungen (Finanzierungsgrundsätze)

Finanzierungsgrundsätze

Durch die Kenntnis der Kapitalbeschaffungsalternativen taucht die Frage auf, nach welchen Gesichtspunkten und mit welchen eventuellen Konsequenzen finanzwirtschaftliche Entscheidungen getroffen werden und welche Empfehlungen daraus abgeleitet werden können. Prinzipiell wird zwischen horizontalen und vertikalen Regeln unterschieden.

Kapitalstruktur

Die Zusammensetzung des Kapitals **(Kapitalstruktur)** wird durch die Kennzahlen Eigenkapitalquote und Verschuldungsgrad dargestellt (vgl. dazu auch Kap. 9.3 und 9.4):

Eigenkapitalquote

$$\frac{\text{Eigenkapital x 100}}{\text{Gesamtkapital}} = \textbf{Eigenkapitalquote}$$

Verschuldungsgrad

$$\frac{\text{Fremdkapital}}{\text{Eigenkapital}} = \textbf{Verschuldungsgrad}$$

Folgendes Modellbeispiel kann die vertikalen Zusammenhänge und Konsequenzen verdeutlichen:

Beispiel:

Eine geplante Unternehmensgründung erfordert 400.000,– € Gesamtkapital. Es stehen zwischen 150.000,– € und 250.000,– € Eigenkapital zur Verfügung. Aufgrund einer sorgfältigen Ergebnisvorschaurechnung kann jährlich mit einem Bruttogewinn von 35.000,– € gerechnet werden, von dem noch die Verzinsung des jeweils hinzugenommenen Fremdkapitals abzusetzen ist.

Nachstehende Finanzierungsalternation stehen zur Verfügung:

1. 150.000,– € Eigenkapital und
   250.000,– € Fremdkapital,
2. 200.000,– € Eigenkapital und
   200.000,– € Fremdkapital,
3. 250.000,– € Eigenkapital und
   150.000,– € Fremdkapital.

Die Fremdkapitalzinsen betragen pro Jahr entweder

1. 6 % oder
2. 8 % oder
3. 10 %.

Daraus ergeben sich folgende Auswirkungen auf die Rentabilität des Eigenkapitals unter Berücksichtigung unterschiedlicher Zinssätze und Finanzierungsalternativen (vgl. letzte Spalte der nachstehenden Aufstellung):

Eigen-kapital (EK) in €	Fremd-kapital (FK) in €	Fremd-kapital-zinsfuß in %	Fremd-kapital-zins in €	Reingewinn (Bruttogewinn minus FK-Zinsen) in €	Rentabilität des Eigen-kapitals in %
150.000,–	250.000,–	6	15.000,–	20.000,–	13,33
		8	20.000,–	15.000,–	10
		10	25.000,–	10.000,–	6,67
200.000,–	200.000,–	6	12.000,–	23.000,–	11,5
		8	16.000,–	19.000,–	9,5
		10	20.000,–	15.000,–	7,5
250.000,–	150.000,–	6	9.000,–	26.000,–	10,4
		8	12.000,–	23.000,–	9,2
		10	15.000,–	20.000,–	8

Vertikale Finanzierungsempfehlungen

Um vertikale Finanzierungsempfehlungen formulieren zu können, muss die Rentabilität des Gesamtkapitals (return on investment) als Vergleichsgröße errechnet werden.

Die Rentabilität des Gesamtkapitals beträgt:

$$\frac{\text{Bruttogewinn x 100}}{\text{Gesamtkapital}} = \frac{35.000 \text{ x } 100}{400.000} = 8{,}75\ \%,$$

wobei der Bruttogewinn als Gewinn inklusive Fremdkapitalzinsen definiert werden soll.

Leverage-Effekt

Folgende **Finanzierungsgrundsätze**, die auch als **Leverage-Effekt** (Hebeleffekt) bekannt wurden, lassen sich aus der obigen Aufstellung ableiten:
- Fremdkapital erhöht die Eigenkapital-Rentabilität, solange der Fremdkapitalzinsfuß die Gesamtkapital-Rentabilität unterschreitet.
- Fremdkapital verringert die Eigenkapital-Rentabilität, sobald der Fremdkapitalzinsfuß die Gesamtkapital-Rentabilität überschreitet.

Problematik des Leverage-Effektes

Auf die Problematik dieser Aussagen als Verhaltensempfehlung vor allem bei steigenden Zinsen und möglicherweise rückläufigen Gewinnen ist hinzuweisen. Dies gilt auch für die Eigenkapitalquote, die einen starken Einfluss auf die Kreditwürdigkeit hat. Außerdem ist Fremdkapital immer nur in beschränktem Maße beschaffbar. Darüber hinaus spielt für die Eigenkapitalgeber auch die absolute Gewinnhöhe eine wichtige Rolle.

Fristenkongruenz

Bei den horizontalen Finanzierungsempfehlungen (≈ Grundsätzen) ist zunächst die sog. **Fristenkongruenz** zu beachten: Es muss eine Fristendeckungsgleichheit von Mittelherkunft und Mittelverwendung herrschen.

Horizontale Finanzierungsempfehlungen

Die in Kapitel 13.3.4 angeführten **Liquiditätsgrade** stellen Finanzierungsempfehlungen im kurzfristigen horizontalen Bereich dar, wobei auf die Problematik wegen der Zeitpunktbetrachtung noch einmal hinzuweisen ist.

Deckungsgrad

Ein weiterer wichtiger Finanzierungsgrundsatz (-empfehlung) im horizontalen Bereich ist der sog. **Deckungsgrad**. Er ergibt sich ebenfalls aus der Forderung der Fristengleichheit von Kapitalbeschaffung und -verwendung (sog. Fristenkongruenz).

Deckungsgrad im weiteren Sinn

Der Deckungsgrad fordert, dass das langfristig gebundene Vermögen – in der Regel das Anlagevermögen und der eiserne Bestand (Sicherheitsbestand) – auch durch langfristiges Kapital (Eigenkapital und langfristiges Fremdkapital) zu finanzieren sind.

Nähere Einzelheiten und eine kritische Würdigung vor allem auch bei durch Leasing finanziertem Anlagevermögen siehe Kapitel 9.4 über die „Bilanzanalyse“.

Deckungsgrad im engeren Sinn

Eine Besonderheit der Fristenkongruenz ergibt sich bei besonders risikoreichen Investitionen. Hier lautet die Finanzierungsempfehlung: Besonders risikoreiche Investitionen sind mit risikoarmem Kapital (i.d.R. Eigenkapital) zu finanzieren. Die Begründung liegt vor allem in der zwangsläufigen Ausgabewirksamkeit des Kapitaldienstes (Zins und Tilgung) beim Fremdkapital, auch wenn die Investition nicht zum gewünschten Erfolg führt. Wenn keine zusätzlichen Sicherheiten vorhanden sind, kann dies zur Insolvenz führen.

Wiederholungsfragen zum 17. Kapitel:

1. Warum sind die sogenannten Finanzierungsgrundsätze als Empfehlungen zu verstehen? (Seite 137)
2. Beschreiben Sie Zusammensetzung und Bedeutung des „Langfristkapitals“. (Seite 54)
3. Was versteht man in der Finanzwirtschaft unter Fristenkongruenz? (Seite 138)
4. Welche Einflussgrößen spielen bei der Entscheidung Eigen- oder Fremdfinanzierung eine Rolle? (Seite 137–138)
5. Welche Aussage macht der Leverage-Effekt? (Seite 138)
6. Ist der Leverage-Effekt ohne Problem in der Wirtschaftspraxis anwendbar? (Seite 138)
7. Welche Bedeutung hat die Eigenkapitalquote bei finanzwirtschaftlichen Entscheidungen? (Seite 137–138)
8. Warum sollen risikoreiche Investitionen mit risikolosem Kapital finanziert werden? (Seite 138)
9. Ist die Bilanz geeignet, die Einhaltung der Finanzierungsgrundsätze nachzuweisen? (Seite 137)
10. Wie wirkt sich Leasing auf den Deckungsgrad aus? (Seite 137 und 56–57)

18. Investitionsplanung und Investitionsentscheidung

18.1 Definition und Einteilungskriterien

Investition und Investitionsarten

Investition im engeren Sinne bedeutet: Umwandlung liquider Mittel in Gegenstände des Anlagevermögens. Im weiteren Sinne ist jede Umwandlung finanzieller Mittel in andere Vermögensteile als Investition anzusehen, auch wenn diese nicht aktiviert werden, z.B. Bildungsinvestitionen. (vgl. Abbildung 22).

Einteilungskriterien der Investitionsarten		
nach Art der Nutzleistungen	**nach Zwecksetzung**	**nach zeitlicher Bindung**
– Sachinvestitionen (z. B. in Grundstücke, Anlagen, Vorräte) – Finanzinvestitionen (z. B. in Beteiligungen, Forderungen) – Immaterielle Investitionen (z. B. in Forschung und Entwicklung, Werbung, Ausbildung, Sozialleistung)	– Gründungs- bzw. Errichtungsinvestitionen – Ersatz- bzw. Erhaltungsinvestitionen – Erweiterungs- bzw. Ergänzungsinvestitionen Die Unterscheidung in Gründungs- und laufende Investitionen hat eine besondere Auswirkung auf die Art der Finanzierung	– Kurzfristige Investitionen (Bindung nur innerhalb einer Umsatzperiode, d.h. keine periodisch abgegrenzten Verteilungsabschreibungen notwendig) – Langfristige Investitionen (Erstreckung über mehrere Perioden)

Abb. 22: Einteilungskriterien der Investitionsarten

18.2 Investition und Risiko

Investitionen und Leistungspotential

Investitionen bestimmen das Leistungspotential des Unternehmens in entscheidender Weise. Die rasche technische Entwicklung und die ständige Veränderung der Marktverhältnisse machen eine Anpassung der Leistungsfähigkeit erforderlich. Diese Anpassung geschieht über die Investition. Der wachsende Grad der Mechanisierung und Automatisierung vor allem im Fertigungsbereich bedingt einen steigenden Einsatz der meist knappen finanziellen Mittel und ihre Bindung für einen mehr oder weniger langen Zeitraum.

Investitionen sind risikobehaftet

Der Investor geht dabei das Risiko ein, dass eine Investition sich als nicht so vorteilhaft erweist, wie er ursprünglich angenommen hat. Damit kann die Existenz des Betriebes gefährdet werden.

Investitionsplanung und Investitionsentscheidung

Die **Investitionsentscheidung** gehört damit zu den folgenschwersten Entscheidungen der betrieblichen Praxis. Deshalb wird der Investor die Investitionsrisiken durch die Investitionsplanung weitgehend offen zu legen suchen. Ihr Ziel ist eine möglichst treffsichere Investitionsentscheidung zur Verwirklichung des jeweiligen Investitionsmotivs, wie z.B. Ertragssteigerung und/oder Kostensenkung oder Technologieänderung. Eine Investitionsrechnung kann bei der Entscheidung ein Hilfsmittel darstellen, aber das eigentliche Risiko der Entscheidung nicht vermeiden.

18.3 Aufgaben der Investitionsrechnung

Investitionsrechnung:

Vorteilhaftigkeit einer Investition beurteilen

Im Rahmen der Investitionsplanung soll eine Investitionsrechnung auf folgende Fragen Antwort geben:

- Ist eine einzelne Investition vorteilhaft im Hinblick auf die Ziele der Unternehmung?
- Welche von mehreren möglichen Investitionen soll durchgeführt werden, und zwar bezüglich
  - finanzieller Gesichtspunkte und/oder
  - technischer Möglichkeiten?
- Soll eine bereits vorhandene Anlage durch eine neue ersetzt werden?

Die Investitionsrechnung ist damit ein **Hilfsmittel** zur Ermittlung der Vorteilhaftigkeit einer Investition.

18.4 Verfahren der Investitionsrechnung

Risiko bei der Entscheidung

Verfahren der Praxis und der Theorie

Theorie und Praxis bieten eine Reihe von Verfahren an, um die Vorteilhaftigkeit und damit aber auch das mögliche **Risiko** einer Investition aufzuzeigen. Das Risiko selbst ist damit nicht beseitigt. Folgende Verfahren (vgl. Abbildung 23) werden unterschieden, wobei unterstellt werden muss, dass in der Praxis meist unvollkommene und unsichere Informationen vorliegen. In solchen Fällen müssen mehrere Rechnungen durchgeführt werden, die von pessimistischen bzw. optimistischen Erwartungen ausgehen. Durch den Einsatz der EDV kann der Rechenaufwand bei Mehrfachrechnungen stark reduziert werden. Bei den Verfahren der Investitionsrechnung wird vereinfacht zwischen **statischen** und **dynamischen** Verfahren unterschieden, die im Folgenden erläutert werden.

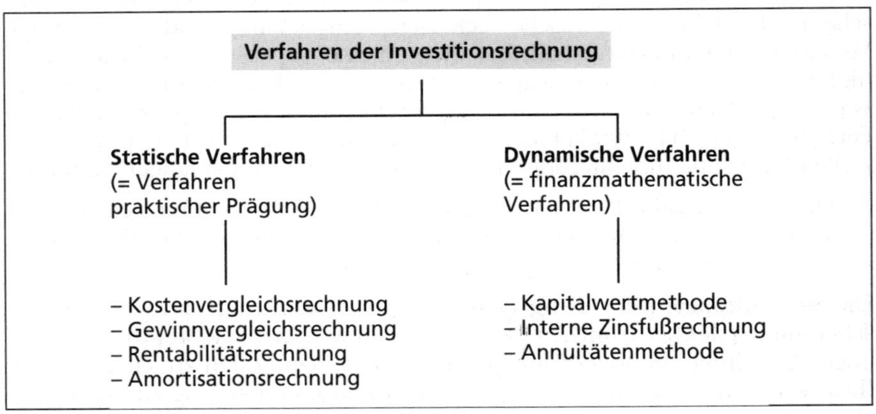

Abb. 23: Verfahren der Investitionsrechnung (übliche Darstellung)

18.4.1 Die statischen Verfahren

Kennzeichnend für die statischen Verfahren ist, dass sie mit den in der Praxis gebräuchlichen Größen **Kosten und Erlöse** arbeiten und diese Werte aus dem 1. Jahr der vollen Inbetriebnahme des Investitionsgutes als erwartete Durchschnittswerte heranziehen.

Kosten und Erlöse

- Bei der **Kostenvergleichsrechnung** wird diejenige Investitionsalternative als ökonomisch sinnvoll angesehen, die die niedrigsten Gesamtkosten bzw. bei unterschiedlichen Kapazitäten und Auslastungsgraden die niedrigsten Stückkosten aufweist.

Vergleichsweise niedrigste Kosten

- Mit der **Gewinnvergleichsrechnung** können grundsätzlich Investitionen jeder Art untersucht werden, sofern jeweils Erlöse zugerechnet werden können. Der Gewinn wird dadurch errechnet, dass von zugerechneten Erlösen die zuzurechnenden Kosten abgezogen werden. Die Alternative mit dem vergleichsweise höheren Gewinn ist zu wählen.
- Die statische **Rentabilitätsrechnung** setzt den durchschnittlichen Jahresgewinn einer Investition zum Kapitaleinsatz ins Verhältnis. Diejenige Alternative ist vorzuziehen, die die größte durchschnittliche jährliche Verzinsung des eingesetzten Kapitals erbringt. Diese Verzinsung muss zudem den Rentabilitätsvorstellungen des Investors entsprechen, die sich möglicherweise am Marktzins und den Investitionsrisiken orientieren werden.

Vergleichsweise höchste Rentabilität

Die Rechenformel lautet:

$$\frac{\text{Zusätzlicher Gewinn aus der Investition (pro Jahr in €)} \times 100}{\text{Zusätzlicher (durchschnittlicher) Kapitaleinsatz für die Investition (€)}} = \textbf{Rentabilität in \%}$$

- Bei der **Amortisationsrechnung** wird der Zeitraum berechnet, in dem der Kapitaleinsatz einer Investition im Rahmen des Betriebsprozesses über die Umsatzerlöse wieder zurückgeflossen ist. Den auf diese Weise ermittelten Zeitraum bezeichnet man als Amortisationszeit. Diejenige Alternative ist vorzuziehen, die die kürzeste Amortisationszeit aufweist. Diese Methode trägt dem **Sicherheitsaspekt** Rechnung und sollte zusätzlich zu den anderen Methoden angewendet werden.

Vergleichsweise kürzeste Amortisationsdauer

Die Rechenformel lautet:

$$\frac{\text{Kapitaleinsatz der Investition}}{\text{durchschnittlicher Gewinn + Abschreibungen aus der Investition (sog. Cash-flow) pro Jahr}} = \textbf{Amortisationszeit z.B. in Jahren}$$

In kleinen und mittleren Unternehmen haben sich wegen der einfachen Handhabung die Kostenvergleichsrechnung, die Rentabilitätsrechnung und die Amortisationsrechnung durchgesetzt.

Als Ergebnis ist festzustellen:

Einschränkungen der statischen Verfahren

- Die statischen Methoden der Investitionsrechnung berücksichtigen nicht die gesamte Investitionsperiode und damit keine Zinsen, sondern nur eine angenommene Teilperiode, die ein Jahr (in der Regel das 1. Jahr der Investition) umfasst.
- Diese Teilperiode wird als repräsentativ für die gesamte Investitionsperiode angenommen.
- Als Rechengrößen werden durchschnittliche Kosten und Erlöse verwendet.
- Die einfachen Methoden der Investitionsrechnung sind nur brauchbar, wenn die zu vergleichenden Investitionsobjekte gleichartig und die ihre Wirtschaftlichkeit bestimmenden Einflussgrößen annähernd konstant sind. Eine weitergehende Methode ist dann die Kosten-Nutzen-Analyse.
- Voneinander abhängende Einflussgrößen bleiben weitgehend unberücksichtigt.
- Kosten und vor allem Erlöse bzw. Erträge müssen dem Investitionsobjekt zurechenbar sein.
- Der Hauptanwendungsbereich der einfachen Rechenmethoden sind die Ersatz- und Rationalisierungsinvestitionen.

18.4.2 Die dynamischen Verfahren

Kennzeichen der dynamischen Methoden

Kennzeichen der dynamischen Verfahren ist die Zeitraumbetrachtung und das Einbeziehen von Zinsen.

Es werden bei den dynamischen Verfahren die während der Nutzungsdauer anfallenden Einnahmenüberschüsse (= Differenz aus voraussichtlichen Einnahmen abzüglich voraussichtlichen Ausgaben der geplanten Investition) ermittelt und mit einem vom Investor gewünschten Zinssatz, der sich am Kapitalmarkt-Zins orientieren kann, **(= Kalkulationszinssatz)** abgezinst. Der jeweilige Risikoaspekt ist bei der Festlegung des Kalkulationszinssatzes zu berücksichtigen.

Daraus lässt sich – je nach gewählter Methode – der Kapitalwert, der interne Zinsfuß oder die Annuität einer Investition errechnen und beurteilen.

Anwendung der Kapitalwertmethode

- Die **Kapitalwertmethode** geht von der Kenntnis der laufenden Ausgaben und Einnahmen während der Investitionsdauer aus.
  Der Saldo wird als Rückfluss bezeichnet und kann in etwa mit dem Cashflow, also Gewinn plus Abschreibungen, gleichgesetzt werden.
  Diese Rückflüsse werden mit dem Kalkulationszinssatz, d.h. dem Verzinsungsanspruch des Investors, auf den Barwert abgezinst. Ein eventueller Liquidationserlös am Ende der Nutzungsdauer wird ebenfalls auf den Barwert abgezinst.
  Von der Summe dieser Barwerte zuzüglich dem Barwert des Liquidationserlöses (= Einnahmen aus der Veräußerung des Investitionsgegenstandes) wird der Barwert der Investitionsausgabe (meist Anschaffungskosten der Investition) abgezogen (vgl. Abb. 24).

  Das Ergebnis ist der **Kapitalwert**.

Beurteilung der Ergebnisse

- Ist der **Kapitalwert positiv**, dann verzinst sich das zu jedem Zahlungszeitpunkt noch gebundene Kapital zum Kalkulationszinssatz und darüber hinaus wird ein Vermögenszuwachs erwirtschaftet, der die tatsächliche Verzinsung erhöht.
- Bei einem **negativen Kapitalwert** ist das Gegenteil der Fall und die Investition verzinst sich nicht mit dem gewünschten Kalkulationszinssatz.
- Ist der **Kapitalwert = 0**, dann verzinst sich die Investition gerade zu diesem Zinssatz, wenn sich die Rückflüsse weder zeitlich noch von der Höhe her ändern.

Anwendung der Internen-Zinssatz-Methode

- Die **Interne-Zinssatz-Methode** hilft die tatsächliche Verzinsung (= interner Zinssatz) einer Investition zu ermitteln. Der Kapitalwert ist dann null. Voraussetzung ist, dass man die Rückflüsse aus der Investition zeitlich und der Höhe nach kennt. Der ermittelte interne Zinssatz ist mit dem vom Investor gewünschten Zinssatz zu vergleichen.

Beide Methoden werden anhand eines einfachen Beispiels kurz vorgestellt:

Beispiel:

Rechenbeispiel Kapitalwertmethode

1. Ermittlung des Kapitalwertes:

- Investitionsausgabe 100.000,– €
- Erwartete Rückflüsse (Gewinne und Abschreibungen) siehe Abb. 24
- Nutzungsdauer der Investition 5 Jahre
- gewünschter Zinssatz (Kalkulationszinssatz) 10 %.

Zusammenstellung der Ergebnisse in nachstehender Abbildung:

Zahlungszeitpunkt *t* (Ende des jeweiligen Jahres) (1)	Investitionsausgabe zum Zeitpunkt t_0 (Zeitwert) (2) in €	Rückfluss *R*, (Zeitwert) in € (3)	Abzinsungsfaktoren für 10 % (4)	Barwerte (5) = (3) x (4) – (2) x (4) in €
0	100.000,–	–	1,0	–100.000,–
1	–	30.000,–	0,9091	27.273,–
2	–	40.000,–	0,8264	33.056,–
3	–	30.000,–	0,7513	22.539,–
4	–	20.000,–	0,6830	13.660,–
5	–	20.000,–	0,6209	12.418,–
Kapitalwert = Summe der Barwerte der jährlichen Nettozahlungen				+ 8.946,–

Abb. 24: Ermittlung des Kapitalwerts

Da der Kapitalwert positiv ist, verzinst sich die Investition mit mehr als 10 %, wenn die Rückflüsse in der angegebenen Höhe und zum jeweiligen Zeitpunkt anfallen.

Rechenbeispiel Interne Zinssatz-Methode

2. Ermittlung des Internen Zinssatzes

Der interne Zinssatz ist die tatsächliche Verzinsung des Investitionsvorhabens, wenn die Annahmen (z.B. Rückflüsse) so eintreffen. Er ergibt sich, wenn der Kapitalwert = 0 ist. Das unter 1. verwendete Beispiel wird fortgesetzt, indem man einen positiven und einen negativen Kapitalwert (ermittelt durch 2 Versuchszinssätze) ermittelt und daraus den Internen Zinssatz durch Interpolation ermittelt (vgl. Abb. 25).

Zahlungszeitpunkt t	Investitionsausgabe I_0 (Zeitwert) in €	Rückfluss R_1 (Zeitwert) in €	Abzinsungsfaktoren für p_1 = 10 %	Barwerte für p_1 in €	Abzinsungsfaktoren für p_2 = 20 %	Barwerte für p_2 in €
0	100.000,–	–	1,0	–100.000,–	1,0000	–100.000,–
1	–	30.000,–	0,9091	27.273,–	0,8333	24.999,–
2	–	40.000,–	0,8264	33.056,–	0,6944	27.776,–
3	–	30.000,–	0,7513	22.539,–	0,5787	17.361,–
4	–	20.000,–	0,6830	13.660,–	0,4823	9.646,–
5	–	20.000,–	0,6209	12.418,–	0,4019	8.038,–
Kapitalwert					+ 8.946,	– 12.180,–

Abb. 25: Ermittlung des Internen Zinssatzes

Der gesuchte Interne Zinssatz muss also zwischen 10 % und 20 % liegen. Mit Hilfe nachstehender Formel und unter Verwendung der Symbole der Abbildung 25 lässt sich der Interne Zinssatz wie folgt berechnen:

$$r = p_1 - \text{Kapitalwert für } p_1 \; \frac{p_2 - p_1}{\text{Kapitalwert für } p_2 - \text{Kapitalwert für } p_1} \%$$

Werden die Werte der Abbildung 25 in die obige Formel eingesetzt, erhält man folgendes Ergebnis:

$$r = 10 - 8946 \; \frac{20 - 10}{-12180 - 8946} \; \% \; = \; 14{,}2 \; \%$$

Dieser Zinssatz entspricht der tatsächlichen Verzinsung der Investition, wenn die Rückflüsse in der angenommenen Höhe und zu den angenommenen Zeitpunkten anfallen. Hier steckt das Risiko der Investitionsentscheidung. Der Investor wird die ermittelte Verzinsung (Interner Zinsfuß) mit seinem eigenen Verzinsungswunsch, der sich am Marktzins und der Risikoeinschätzung orientieren kann, vergleichen und möglicherweise unter Berücksichtigung anderer Kriterien über die Investitionsvornahme positiv oder negativ entscheiden. Auch hier sind Alternativrechnungen mit optimistischen und pessimistischen Erwartungen empfehlenswert.

Annuitätenmethode

– Die **Annuitätenmethode** ist wie die Interne-Zinssatz-Methode eine Variante der Kapitalwertmethode. Wesentliches Kennzeichen der Annuitätenmethode ist die Umrechnung der Investitionssumme und der Rückflüsse in gleiche Jahresbeträge (Annuitäten). Die Umrechnung erfolgt mit Hilfe von so genannten Wiedergewinnungsfaktoren, die für eine gegebene Nutzungsdauer und einen angenommenen Kalkulationszinssatz wie die Abzinsungsfaktoren aus Tabellen entnommen werden können.

Es werden verglichen die

- **Annuität der Investitionssumme**
  mit der
- **Annuität der Rückflüsse**.

Beispiel:

Rechenbeispiel Annuitätenmethode

Es wird untersucht, ob eine Anlage mit folgenden Werten eine Verzinsung von mindestens 10 % bringt:

Kapitaleinsatz im Zeitpunkt der Investitionsvornahme: 100.000,– €
Rückfluss über die gesamte Lebensdauer: 30.000,– € pro Jahr
Nutzungsdauer: 5 Jahre
Kalkulationszinssatz: 10 %

Da die Annuität der Rückflüsse über die gesamte Nutzungsdauer als konstant angenommen wird, erübrigt sich in diesem Fall eine Umrechnung. Es muss lediglich eine Umrechnung der Investitionssumme erfolgen:

100.000,– € x 0,2638	(so genannter Wiedergewinnungsfaktor.
= 26.380,– € pro Jahr	Er ist aus Tabellen ablesbar.)

Da die Annuität der Rückflüsse jährlich um 3.620,– € größer als die Annuität der Investitionssumme ist, liegt die tatsächliche Verzinsung (Effektivverzinsung) über dem angenommenen Kalkulationszinssatz von 10 %. Die Investition ist unter diesen Voraussetzungen als vorteilhaft anzusehen.

18.4.3 Beurteilung der Verfahren

Problematik der Investitionsrechenverfahren

Die **Problematik** der statischen und vor allem dynamischen Verfahren liegt in folgenden Hauptpunkten:

- Die Beschaffung der Informationen für die Investitionsrechnung ist wegen des Zukunftscharakters der Investition schwierig. Insbesondere bezieht sich dies auf die zukünftigen Einnahmen und Ausgaben sowie auf die Nutzungsdauer.
- Die genaue Zurechnung der Einnahmen (Erlöse) auf das einzelne Investitionsgut ist oftmals kaum möglich.
- Die Ermittlung des Kalkulationszinssatzes ist bei den dynamischen Verfahren in der Praxis nicht unumstritten.
- Man geht davon aus, dass die Investition voll finanzierbar ist.
- Das mit jeder Investition verbundene Risiko ist nur sehr schwer und mit hohem Rechenaufwand in die Rechnung einzubeziehen.
- Beim Vergleich von Investitionsalternativen geht man davon aus, dass Nutzungsdauer und Investitionssumme in etwa gleich sind, d.h. eine sog. **Differenzinvestition** nicht in den Vergleich einbezogen werden muss. Wäre

dies der Fall, kommt es darauf an, ob die Differenzinvestition als eigenständige Investition berücksichtigt werden kann.

- Da nicht alle Einflussgrößen für die Entscheidung direkt quantifizierbar sind, ist vielfach der rechnerische Teil durch eine **Kosten-Nutzenanalyse** zu ergänzen.

Faustregeln für das Investitionsverhalten

Wegen dieser Problematik schlägt die Praxis bei der Investitionsentscheidung **Faustregeln** vor:

Beispiele:

„Eine Ersatzinvestition ist vorzunehmen, wenn die alte Anlage voll abgeschrieben ist."

oder

„Anlagen werden jeweils ersetzt, sobald sie eine bestimmte Nutzungsdauer (gemessen meist an der Zahl der Maschinenlaufstunden) erreicht haben."

oder

„Eine Anlage wird ersetzt, sobald ihre Instandhaltungskosten höher geworden sind als die Abschreibungen der Ersatzanlage."

oder

„Risikoreiche Investitionen sind mit risikolosem Kapital zu finanzieren."

Die ausschließliche Verwendung derartiger **Faustregeln ist gefährlich**, weil sie von zu stark vereinfachenden Annahmen ausgehen, die der Realität des Investitionsprozesses, den sie nur in Teilabschnitten erfassen, nicht gerecht werden. Dementsprechend ist die Gefahr von **Fehlentscheidungen** und damit Fehlinvestitionen bei der ausschließlichen Anwendung dieser Faustregeln groß. Andererseits ist die Investitionsrechnung nur eine **Entscheidungshilfe**.

Wiederholungsfragen zum 18. Kapitel:

1. Definieren Sie den Investitionsbegriff im engeren und weiteren Sinne. (Seite 141)
2. Warum sind Investitionsentscheidungen in der Wirtschaftspraxis in der Regel mit Risiko behaftet? (Seite 141)
3. Welche Ziele kann ein Investor mit einer Investition verfolgen? (Seite 141)
4. Welche Aufgaben hat eine Investitionsrechnung? (Seite 142)
5. Welche Verfahren (Methoden) zählen zu den statischen und welche zu den dynamischen Verfahren? (Seite 142)
6. Wodurch unterscheiden sich die statischen von den dynamischen Verfahren? (Seite 143–144)
7. Was versteht man in der Investitionsrechnung unter dem Kalkulationszinssatz? (Seite 144)
8. Was sagt der Interne Zinssatz aus und mit welcher Größe (Zinssatz) kann er verglichen werden? (Seite 145–146)
9. Welche Problematik ergibt sich in der Praxis bei der Anwendung der Investitionsrechenverfahren? (Seite 147–148)
10. Warum gibt es trotz der Anwendung von Investitionsrechnungen „Fehlinvestitionen"? (Seite 148)

Teil III: Kosten- und Leistungsrechnung

19. Grundlagen der Kosten- und Leistungsrechnung

19.1 Die Kosten- und Leistungsrechnung als Teil des betrieblichen Rechnungswesens

Unternehmen sind soziale Systeme

Ziele und Zweck der Unternehmen

Unternehmen sind soziale Systeme, deren Aufgabe es ist, durch die Produktion von Sachgütern und/oder Dienstleistungen bestimmte Probleme ihrer Umwelt zu lösen. Damit verfolgen sie gleichzeitig das Ziel, Einkommen für ihre Mitglieder (z.B. Anteilseigner, Gesellschafter oder auch Mitarbeiter) zu erwirtschaften. Um eine Zweck- und Zielerreichung zu gewährleisten, sind die Unternehmen gezwungen, menschliche Arbeit, Werkstoffe, Energie und Anlagen einzusetzen und in gezielter Form Informationen zu sammeln, zu verarbeiten und in zweck- und zielgerichteter Art und Weise innerhalb und außerhalb des Unternehmens zu verbreiten.

Aufgaben des betrieblichen Rechnungswesens

Ein Teil des dafür notwendigen Informationssystems ist das **betriebliche Rechnungswesen**: Seine Aufgabe besteht allgemein darin, die in einem Unternehmen ablaufenden Prozesse und die damit verbundenen Geld- und Güterströme, Wertverzehre und -zuwächse sowie Bestandsbildungen (z.B. Anlagen, Werkstoffe, Geldmittel, Forderungen und Verbindlichkeiten) nach Wert und Menge zu erfassen und zu dokumentieren.

Aufgabe der Kosten- und Leistungsrechnung

> Der Kosten- und Leistungsrechnung als Teil des betrieblichen Rechnungswesens kommt dabei als Gegenstück zur Finanzbuchhaltung die Aufgabe zu, die betrieblichen Wertverzehre **(Kosten)** und Wertzuwächse **(Leistungen)** zu erfassen und auszuwerten.

19.2 Begriffe der Kosten- und Leistungsrechnung

19.2.1 Übersicht

Produktionsprozess zur Erstellung neuer Leistungen

In jeder Art von Unternehmen findet ein als Produktion bezeichneter Prozess statt, durch den die wirtschaftliche Identität von Gütern so verändert wird, dass **neue Wirtschaftsgüter** entstehen. Dabei geht es nicht nur um eine Veränderung der physischen Existenz und Gestalt von Gütern, sondern es genügt bereits eine Veränderung der wirtschaftlichen Identität. Eine solche Veränderung der Identität von Gütern findet z.B. nicht nur bei der Herstellung von Wurstwaren statt, sondern auch dann, wenn sie von einem Händler übernommen und an Endverbraucher veräußert werden.

Wird der Wert der eingesetzten Güter mit dem der neugeschaffenen Güter verglichen, kann festgestellt werden, ob ein wirtschaftlicher Erfolg oder Misserfolg erreicht wurde.

Grundbegriffe der Kosten- und Leistungsrechnung

Aufgrund dieser Zusammenhänge wurden in der Betriebswirtschaftslehre Grundbegriffe entwickelt, die in den Kapiteln 19.2.2 und 19.2.3 erklärt werden.

- Die Begriffe **Auszahlung, Ausgabe, Aufwand und Kosten**.
  Sie ermöglichen es, dass die Einsatzseite (Input) zu erfassen und zu beschreiben ist.
- Die Begriffe **Einzahlungen, Einnahmen, Ertrag und Leistung**.
  Sie dienen der Erfassung des Produktionsergebnisses (Output).
- Die Begriffe **Ergebnis, Gewinn** und **Verlust**.
  Durch sie wird der wirtschaftliche Erfolg/Misserfolg des Produktionsprozesses dargestellt. Diese Begriffe wurden in Kapitel 10 definiert.

19.2.2 Abgrenzung der Begriffe Auszahlung, Ausgabe, Aufwand und Kosten

Auszahlung

Der Begriff **Auszahlung** lässt sich folgendermaßen erklären: Verlässt Bargeld den Betrieb, d.h. vermindern sich die liquiden Mittel in Form von Kasse oder Bank, so bezeichnet man diese Vorgänge als Auszahlungen.

Ausgabe

Wenn zu den Auszahlungen noch der Bereich der Forderungs- und Schuldenentstehung und Schuldenabwicklung erfasst wird, dann spricht man von **Ausgaben**. Ausgabe ist also Auszahlung plus Forderungsabgang plus Schuldenzugang.

Aufwand

Wichtiger für die Belange der Kostenrechnung ist die Abgrenzung zum Aufwand: Als **Aufwand** bezeichnet man den Werteverzehr in einer Abrechnungsperiode, z.B. in einem Jahr.

Der Verbrauch von Werten kann einerseits in einer Umformung von Werten bestehen.

Beispiel:

Verbrauch von Roh-, Hilfs- und Betriebsstoffen zur Leistungserstellung.

Leistung

In diesen Fällen steht dem Verbrauch ein Gegenwert in Form von **Leistungen** gegenüber.

Andererseits kann der Verbrauch ohne direkten Gegenwert erfolgen, dann liegt neutraler Aufwand vor.

Beispiele:

Spenden oder außerordentliche Aufwendungen.

Kosten

Der Teil des in einer Periode eingetretenen Wertverzehrs, der bei der Erstellung der Betriebsleistungen angefallen ist, stellt (die) **Kosten** dar.

> Kosten sind der in Geld bewertete normale Einsatz von Mitteln jeder Art zur Erstellung von Leistungen, Gütern (und/oder Dienstleistungen).

Kosten werden entweder für eine Zeiteinheit bzw. Periode oder für eine Leistungseinheit (Kostenträger) ermittelt.

Der Kostenbegriff

Kosten sind charakterisiert durch:
- Güter- und/oder Dienstleistungsverzehr,
- Leistungsbezogenheit und
- geldmäßige Bewertung.

Das Gegenstück zu den Kosten als dem betrieblichen Werteinsatz sind die daraus entstehenden **betrieblichen „Leistungen"**. Es handelt sich um die gesamte betriebliche Erzeugung von Gütern und/oder Dienstleistungen, für die Kosten entstanden sind.

Betriebliche Leistungen

Zu den betrieblichen Leistungen gehören:
- alle absatzfähigen Güter und Dienstleistungen (also Aufträge),
- alle für den innerbetrieblichen Ver- oder Gebrauch erstellten Güter und Dienstleistungen (also selbst erstellte Anlagen, Vorrichtungen, Werkzeuge, Privatverbrauch usw.).

Neutraler Aufwand

Aufwand und Kosten stimmen also nicht in vollem Umfange überein, da es Aufwand gibt, der nichts mit der Erstellung von Betriebsleistungen zu tun hat oder ihnen nicht oder nicht in voller Höhe zugerechnet wird. Man bezeichnet diesen Aufwand als **neutralen Aufwand**.

Zusatzkosten und Anderskosten

Weiterhin werden aber auch Kosten verrechnet, denen entweder kein Aufwand oder nicht in voller Höhe der Kosten Aufwand entspricht. Man bezeichnet diese Kosten als **Zusatzkosten** und **Anderskosten** oder zusammengefasst auch als **kalkulatorische Kosten** (vgl. auch S. 168).

Grundkosten

Soweit sich Aufwand und Kosten decken, spricht man von **Zweckaufwand bzw. Grundkosten**.

Der neutrale Aufwand, d.h. der Aufwand, der keine Kosten darstellt, lässt sich in drei Kategorien unterteilen: betriebsfremder Aufwand, außerordentlicher Aufwand und bewertungsbedingter neutraler Aufwand.

Betriebsfremder Aufwand

- **Betriebsfremder Aufwand** liegt vor, wenn ein Wertverzehr überhaupt keine Beziehung zur betrieblichen Leistungserstellung hat.

  Beispiele:

  Eine Spende an das Rote Kreuz oder an eine Partei.

  Dieser Aufwand hat mit der Leistungserstellung nichts zu tun und gehört deshalb nicht in die Kostenrechnung.

Außerordentlicher Aufwand

- **Außerordentlich** ist ein **Aufwand**, wenn er zwar durch die Erstellung von Betriebsleistungen verursacht wird, aber so außergewöhnlich ist, dass er nicht direkt bzw. sofort in die Kalkulation der Selbstkosten eingerechnet werden kann. Denn sonst würden die Selbstkosten einer Periode durch zufallsbedingten Wertverzehr erhöht werden und könnten folglich weder sinnvolle Grundlage für die Preiskalkulation noch Grundlage für die Ermittlung einer konkurrenzfähigen Preisuntergrenze sein.

  Beispiele:

  Feuerschäden oder eine zu Bruch gegangene Maschine.

Bewertungsbedingter Aufwand

- **Bewertungsbedingter** neutraler Aufwand liegt vor, wenn einem Aufwand, der seinem Wesen nach kostengleich sein könnte, durch die Art der Verrechnung keine Kosten entsprechen. Dieser Sachverhalt ergibt sich, wenn z.B. in der Bilanz für ein Wirtschaftsgut ein höherer Abschreibungsbetrag als in der Kostenrechnung errechnet wird. Dies kann gemacht werden, weil entweder die Verteilung der Anschaffungskosten auf die Jahre der Nutzung aufgrund unterschiedlicher Zielsetzungen in der Bilanz nach einem anderen Abschreibungsverfahren als in der Kostenrechnung erfolgt oder/und die Abschreibung in der Bilanz auf der Basis der Anschaffungskosten, in der Kostenrechnung aber auf der Basis der Wiederbeschaffungskosten vorgenommen wird.

Beispiel:

Beispiel für bewertungsbedingter Aufwand

Würde für ein Wirtschaftsgut in einer Periode in der Bilanz eine Abschreibung von 2.400,– € und in der Kostenrechnung von 2.000,– € verrechnet, so sind aufgrund der gewählten Verrechnungsmethoden 2.000,– € Zweckaufwand und somit Grundkosten. 400,– € stellen neutralen Aufwand dar.

Die erläuterten Begriffe sind in Abb. 26 dargestellt.

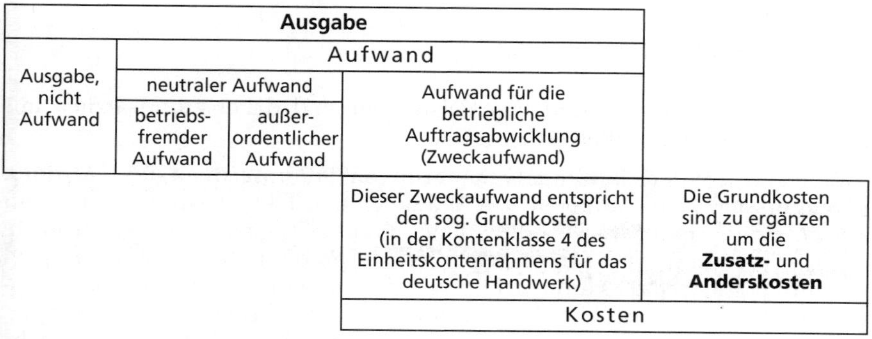

Abb. 26: Abgrenzung von Ausgabe, Aufwand und Kosten (in Anlehnung an Schmalenbach)

19.2.3 Abgrenzung der Begriffe Einzahlung, Einnahme, Ertrag und Leistung

Einzahlung

Als **Einzahlung** bezeichnet man alle Geldeingänge im Unternehmen, d.h. also Zugang von Kassenbeständen und jederzeit verfügbarem Bankguthaben.

Einnahme

Entsprechend zur Ausgabe wird unter einer **Einnahme** jeder Zugang an flüssigen Mitteln verstanden, unter Einbeziehung von Kreditvorgängen, und zwar unabhängig vom Zahlungsgrund.

Einnahmen = Einzahlungen + Forderungszugang + Schuldenabgang

Einnahmen können z.B. entstehen aus:

- Geldeingängen bei Verkäufen,
- Kapitalerhöhungen, z.B. bei einer GmbH,
- der Aufnahme von Darlehen sowie
- Nebengeschäften, z.B. Mieteinnahmen.

Ertrag

Unter **Ertrag** wird in der Kosten- und Leistungsrechnung der in einer Periode erwirtschaftete Bruttowertzuwachs verstanden. Dabei bleiben die gleichzeitig entstandenen Wertverzehre unberücksichtigt.

Ertragsarten

Bei Erträgen unterscheidet man zwischen
- Zweckerträgen,
- neutralen Erträgen und
- Erträgen, die das Gesamtergebnis betreffen.

Zweckerträge

= Grundleistung

- **Zweckerträge** sind Erträge, die aus Wertzuwächsen stammen, die dem Betriebszweck entsprechen.

Für ihre Ermittlung gilt:

Umsatzerlöse, die dem Betriebszweck entsprechen (Zweckumsätze)
+ / ./. Bestandsveränderungen an unfertigen und fertigen Erzeugnissen
+ andere aktivierte Eigenleistungen des Betriebes, die dem Betriebszweck entsprechen

= Zweckertrag (= Gesamtleistung)

Bestandsveränderungen und Eigenleistungen sind dabei grundsätzlich mit Herstellungskosten zu bewerten.

Bestandsveränderungen

Gibt es neben den **Bestandsveränderungen** an **unfertigen** und **fertigen Erzeugnissen** keine anderen zu aktivierenden Eigenleistungen, so sind Zweckerträge und Zweckumsätze einer Periode immer dann gleich hoch, wenn genau die in der betreffenden Periode produzierten Leistungen auch verkauft worden sind. Wurde mehr produziert als verkauft (positive Bestandsveränderung), so sind die Zweckerträge um die Bestandsveränderungen höher als die Zweckumsätze. Bei negativer Bestandsveränderung wurde mehr verkauft als produziert. Die Zweckerträge sind um die Bestandsveränderungen kleiner als die Zweckumsätze.

Aktivierte Eigenleistung

Bei den **anderen aktivierten Eigenleistungen** handelt es sich um Leistungen, die ein Unternehmen für den eigenen Bedarf hergestellt hat. Sie sind in der Regel darauf gerichtet, dem Betriebszweck zu dienen und gehören damit zum Zweckertrag (Gesamtleistung). Im Wesentlichen sind das selbst erstellte Anlagen sowie Großreparaturen.

Neutrale Erträge

Die **neutralen Erträge** können wie die neutralen Aufwendungen betriebsfremd, periodenfremd, außerordentlich oder rechentechnisch bedingt sein.

Betriebsfremde Erträge

- **Betriebsfremde Erträge** stammen aus Tätigkeiten, die nicht zur Erfüllung des Betriebszwecks notwendig sind, ihm also nicht entsprechen.

  Beispiel:

  Für eine Maschinenfabrik gilt das für Erträge aus der Beteiligung an einem anderen Unternehmen, Erträge aus Wertpapiergeschäften oder aus der Vermietung von Wohnungen oder Fahrzeugen.

Periodenfremde Erträge

- **Periodenfremde Erträge** sind Erträge betrieblicher Art, die nicht derjenigen Periode zugeordnet werden konnten, zu der sie wirtschaftlich gehören.

  Beispiel:

  Vom Finanzamt zurückgezahlte Kostensteuern aufgrund einer Betriebsprüfung.

- **Als außerordentliche Erträge** gelten z.B. Gewinne aus dem Verkauf von nicht mehr betriebsnotwendigen Anlagegegenständen sowie den Schaden übersteigende Zahlungen von Versicherungen. **Außerordentliche Erträge**
- **Rechentechnisch bedingte neutrale Erträge** haben denselben sachlichen Hintergrund wie die entsprechenden Aufwendungen. Es handelt sich dabei um abrechnungstechnisch bedingte, fiktive Erträge, die dazu dienen, kalkulatorische Kosten in der Ertragsrechnung (Finanzbuchführung) zu neutralisieren. Einen realen Wertzuwachs gibt es dabei nicht. **Rechentechnisch bedingte neutrale Erträge**
- Das **Gesamtergebnis betreffende Erträge** stammen insbesondere aus der Erstattung nicht kalkulierbarer Steuern, also Rückzahlung zuviel bezahlter Körperschaftsteuer. Sie führen zu einer Erhöhung des Gesamtergebnisses in derjenigen Periode, in der sie dem Unternehmen zufließen.

Der Begriff **Leistung** wird in der Kosten- und Leistungsrechnung unterschiedlich gebraucht. Als Leistungen werden zunächst die von einem Unternehmen hervorgebrachten, in Geldeinheiten gemessenen und dem Betriebszweck entsprechenden Erzeugnisse und Dienstleistungen bezeichnet. Sofern diese Leistungen verkauft oder aktiviert werden, führen sie zu einem Wertzuwachs. **Leistung**

- Diejenigen Leistungen, die zu einem Wertzuwachs führen, werden unter der Bezeichnung **Grundleistung** zusammengefasst. Zweckertrag und Grundleistung sind also gleichzusetzen. **Grundleistung**
- Von **Zusatzleistungen** bzw. kalkulatorischen Leistungen wird dann gesprochen, wenn Leistungen und damit auch der durch sie repräsentierte Wert verschenkt werden, sodass weder ein Ertrag noch ein Wertzuwachs bleibt. Ein anschauliches Beispiel dafür sind Arzneimuster für Ärzte.

Für die Kosten- und Leistungsrechnung reicht diese Gliederung aber nicht aus.

> Es muss zwischen
> - Hauptleistungen,
> - innerbetrieblichen Leistungen und
> - Nebenleistungen
>
> unterschieden werden.

- **Hauptleistungen** sind die bewerteten, zum Verkauf bestimmten bzw. bereits verkauften Leistungen eines Unternehmens. Sie repräsentieren den Hauptteil des insgesamt erzielten Wertzuwachses. **Hauptleistungen**
- **Innerbetriebliche Leistungen** sind Leistungen, die zur Erfüllung des Betriebszwecks für den Einsatz im eigenen Unternehmen produziert werden. Es wird deshalb auch von **Eigenleistungen** oder Wiedereinsatzleistungen gesprochen. Zu den zu **aktivierenden Eigenleistungen** gehören z.B. selbst erstellte Maschinen und Anlagen sowie Großreparaturen und Großwerkzeuge (z.B. Formen). Aufgrund des durch sie repräsentierten Wertzuwachses sind zu aktivierende Eigenleistungen von der Sache her den Hauptleistungen gleichzusetzen. **Innerbetriebliche Leistungen**

Nicht aktivierbare Eigenleistungen sind z.B. interne Transportleistungen, die Erzeugung von Energie sowie kleinere, selbst durchgeführte Reparaturen. Auch Leistungen im Bereich der EDV, der Planung u.a. können hier erfasst werden. Die nicht aktivierbaren Eigenleistungen stellen keinen selbständigen **Nicht aktivierbare Eigenleistungen**

Wertzuwachs dar. Der Wert dieser Leistungen macht vielmehr einen Teil des Wertes der Hauptleistungen aus.

Neben-leistungen

– Unter dem Begriff **Nebenleistungen** werden zwei unterschiedliche Sachverhalte zusammengefasst:
  - Zum einen handelt es sich dabei um Leistungen, die ein Unternehmen für seine Kunden gewissermaßen als Ergänzung der Hauptleistungen zu erbringen hat, z.B. Verpackungs- und Transportleistungen.
  - Zum anderen werden Produkte als Nebenleistungen bezeichnet, deren Entstehung in einem technischen oder wirtschaftlichen Zusammenhang mit der Erstellung der Hauptleistung steht. Diese Nebenleistungen werden neben den Hauptleistungen am Markt angeboten. Typische Beispiele dafür sind Nebenprodukte wie sie bei der Produktion anfallen, z.B. zu verkaufendes Brennholz als Abfall.

Nebenleistungen, die einen Erlös erbringen, gehören zu den Grundleistungen. Werden Nebenleistungen umsonst erbracht (z.B. kostenlose Verpackung oder Zufuhr), so müssen sie als Zusatzleistungen eingeordnet werden.

Arbeitsleistung eines Mitarbeiters

Schließlich werden mit dem Begriff Leistung auch noch Arbeitsergebnisse bezeichnet. In diesem Sinne wird z.B. von der **Arbeitsleistung** eines Mitarbeiters gesprochen.

Die Zusammenhänge zwischen Einnahmen, Erträgen und Leistungen werden in Abbildung 27 dargestellt.

Abb. 27: Die Abgrenzung von Einnahme, Ertrag und Leistung (in Anlehnung an Schmalenbach)

Wiederholungsfragen zum 19. Kapitel:

1. Erklären Sie die Unterschiede zwischen Auszahlung, Ausgabe, Aufwand und Kosten. (Seite 151)
2. Warum wird in der Kostenrechnung zwischen „Grundkosten" und „kalkulatorischen Kosten" unterschieden? (Seite 152)
3. Führen Sie Beispiele an für betriebsfremden Aufwand und außerordentlichen Aufwand. (Seite 152)
4. Begründen Sie, warum eine Kredittilgung eine Ausgabe, aber keine Kosten darstellt. (Seite 151–152)
5. Erklären Sie den Begriff „betriebliche Leistungen"! (Seite 152)
6. Was versteht man im Rechnungswesen unter „innerbetrieblicher Leistung"? (Seite 155)
7. Warum trennt das Rechnungswesen zwischen „Zweckertrag" und „neutralem Ertrag"? Führen Sie Beispiele an. (Seite 154)
8. Nennen Sie ein Beispiel für „Einnahme, nicht Ertrag". (Seite 153)
9. Warum stehen für die Finanzplanung „Einzahlungen (Einnahmen) und Auszahlungen (Ausgaben)" und nicht „Leistungen und Kosten" im Vordergrund? (Seite 153–154)
10. Führen Sie ein Beispiel für „Ertrag, nicht Leistung" an. (Seite 154–155)

20. Aufgaben und Prinzipien der Kosten- und Leistungsrechnung

Aufgaben der Kosten- und Leistungsrechnung

Die Kosten- und Leistungsrechnung hat die Aufgabe, die anfallenden Kosten **vollständig** und **periodengerecht** zu erfassen und sie den Kostenstellen und Kostenträgern so zuzuordnen, dass nicht nur das Leistungsergebnis der Periode, sondern auch das Ergebnis je Kostenträger bzw. je Kostenträgergruppe ermittelt werden kann. Dabei sind neben dem Aufgabeninhalt bestimmte Prinzipien einzuhalten.

20.1 Aufgaben der Kosten- und Leistungsrechnung für die Unternehmensführung

Teilaufgaben der Kosten- und Leistungsrechnung

Aus der beschriebenen Gesamtaufgabe lassen sich fünf Teilaufgaben ableiten:

Kostenkontrolle

- **Kontrolle der Wirtschaftlichkeit** der betrieblichen Abläufe:

> Die abzusetzenden Leistungen sollen nach dem Minimumprinzip hergestellt werden. Dazu ist eine ständige Beobachtung der Ursachen der Kostenentstehung und Kostenentwicklung insgesamt sowie je **Kostenart** und **Kostenstelle** notwendig.

Preisermittlung

- **Preisermittlung**
  Der Preis wird in der Realität nicht (nur) am Markt gebildet, weil die meisten Unternehmen in sog. unvollkommenen Märkten tätig sind. Damit haben sie die Möglichkeit, ihre Leistungen durch Maßnahmen der **Produktdifferenzierung und Präferenzenbildung** von vergleichbaren Erzeugnissen abzuheben und sich damit einen Spielraum für eine aktive Preispolitik zu schaffen. Eine aktive **Preispolitik** setzt aber die Kenntnis der eigenen Kostensituation und damit eine Kosten- und Leistungsrechnung voraus, die auf die Bedürfnisse des jeweiligen Unternehmens zugeschnitten ist. Dies gilt insbesondere für die Preisbildung neuer Produkte und Dienstleistungen sowie bei vielen Formen der Einzelfertigung, wie sie in mittelständischen Betrieben vielfach üblich ist.

Preispolitik

Preiskontrolle

- **Preiskontrolle**
  Sinn der Preiskontrolle ist es, ein Urteil über die **Gewinnträchtigkeit** von Leistungen bei gegebenen Kosten und Preisen abgeben zu können.
  Fällt das Ergebnis dieser Prüfung bei bestimmten Leistungen auf längere Sicht gesehen negativ aus, so kann das zu einer Änderung der Angebotspalette bzw. des Produktionsprogramms führen. Dabei ist auch zu bedenken, dass für einzelne Leistungen der Fremdbezug kostengünstiger sein kann als die Eigenproduktion.

Erfolgsermittlung

- **Erfolgsermittlung** je Abrechnungsperiode
  Die Kostenträgerzeitrechnung hat die Aufgabe, als **kurzfristige Erfolgsrechnung** Erfolg oder Misserfolg eines Unternehmens oder einzelner Leistungen oder Leistungsgruppen zu ermitteln (z.B. Monate, Vierteljahr, Jahre).

- **Informationsbeschaffung** — **Informationen**
  Wichtig dabei ist, dass der Kostenrechnung bei der Bewertung von unfertigen und fertigen Erzeugnissen sowie anderer zu aktivierender Eigenleistungen eine hohe Bedeutung für die **Bilanzierung** nach Handels- und Steuerrecht zukommt. Außerdem kann die Kosten- und Leistungsrechnung auch für **Finanzplanung** und **Investitionsrechnung** wertvolle Dienste leisten, und zwar insbesondere als Grundlage für die Ermittlung der mit der Leistungserstellung bzw. Investitionsdurchführung verbundenen Ausgaben.

20.2 Prinzipien der Kosten- und Leistungsrechnung

Prinzipien der Kosten- und Leistungsrechnung

Für die Kosten- und Leistungsrechnung haben sich im Laufe der Zeit eine Reihe von Prinzipien als Handlungsempfehlungen herausgebildet, die zwar wichtig sind, im Folgenden aber nur kurz aufgezählt werden sollen:

Wirtschaftlichkeit

- Prinzip der **Wirtschaftlichkeit** bei der Ermittlung von Kosteninformationen.

  Beispiel:
  Die Kosten einer Informationsbeschaffung dürfen nicht höher sein als deren Nutzen.

Objektivität

- Prinzip der **Objektivität**, d.h. gleiche Sachverhalte müssen gleich behandelt werden.

  Beispiel:
  Das Gehalt eines Geschäftsführers einer GmbH und der kalkulatorische Unternehmerlohn eines OHG-Gesellschafters sollten bei gleichen Sachverhalten nicht differieren.

Vollständigkeit

- Prinzip der **Vollständigkeit**, d.h. vollständige Erfassung der anfallenden Kosten.

  Beispiel:
  Vollständige Erfassung aller angefallenen Produktivlöhne.

Außergewöhnliche Ereignisse

- Prinzip der Ausschaltung **außergewöhnlicher Ereignisse**.

  Beispiel:
  Eine über die üblichen Instandhaltungskosten hinausgehende Reparatur.

Periodengerechtigkeit

- Prinzip der **Periodengerechtigkeit**, d.h. alle Kosten und Leistungen müssen in diejenige Abrechnungsperiode in die Kosten- und Leistungsrechnung eingehen, der sie wirtschaftlich zuzuordnen sind.

Verursachungs- und Deckungsprinzip

- **Verursachungs- und Deckungsprinzip**, d.h. die Kosten müssen entweder nach der Verursachung oder nach dem Tragfähigkeitsprinzip dem Kostenträger zugerechnet werden.

Durchschnittsprinzip

- Nach dem **Durchschnittsprinzip** sind extreme Einzelwerte durch Durchschnittswerte zu ersetzen.

Aktualität

- Das Prinzip der **Aktualität** verlangt, dass die Informationen aus der Kosten- und Leistungsrechnung möglichst zeitgenau sind. Dies setzt auch eine aktuelle Kostenerfassung in der Buchhaltung voraus.

Wiederholungsfragen zum 20. Kapitel:

1. Welche Aufgaben hat die Kosten- und Leistungsrechnung? (Seite 158)
2. Was versteht man unter „Kontrolle der Wirtschaftlichkeit der betrieblichen Abläufe"? (Seite 158)
3. Warum ist eine Preisbildung am Markt nicht ausreichend? (Seite 158)
4. Weshalb sollen Kosteninformationen „wirtschaftlich" beschafft werden? (Seite 159)
5. Bilden Sie ein Beispiel für das Prinzip der „Objektivität in der Kosten- und Leistungsrechnung". (Seite 159)
6. Warum sollen anfallende Kosten „vollständig" erfasst werden? (Seite 159)
7. Begründen Sie, warum es sinnvoll sein kann, in der Kosten- und Leistungsrechnung „außergewöhnliche Ereignisse" auszuschalten? (Seite 159)
8. Was sagt das Prinzip der „Aktualität" aus? (Seite 159)
9. Sind „Verursachungs- und Deckungsprinzip" gleichzusetzen und wenn nein, warum nicht? (Seite 159)
10. Was wird unter Preiskontrolle verstanden? (Seite 158)

B39

21. Aufbau der Kosten- und Leistungsrechnung

Um einen Überblick über Aufbau, Formen und Gestaltungsmöglichkeiten der Kosten- und Leistungsrechnung zu erhalten, bietet sich eine Gliederung nach folgenden Merkmalen an:

Gliederung der Kosten- und Leistungsrechnung

- nach **Objekten**,
- nach dem **Zeitbezug**,
- nach dem **Grad der Kostennormierung**,
- nach dem Volumen der auf die Kostenträger zugerechneten Kosten **(Umfang der Kostenzurechnung)** und
- nach der **Zeitfolge** und der **Häufigkeit** der betreffenden Rechnungen.

21.1 Gliederung nach Objekten: Kostenarten-, Kostenstellen- und Kostenträgerrechnung

Objektgliederung

Die Gliederung nach Objekten knüpft am logischen Aufbau der Kosten- und Leistungsrechnung an:
- Welche Kosten sind entstanden **(Kostenartenrechnung)**?
- Wo sind die Kosten entstanden **(Kostenstellenrechnung)**?
- Wofür sind die Kosten entstanden bzw. welche Leistung muss/kann welche Kosten tragen **(Kostenträgerrechnung)**?

Kostenarten und Kostenartenrechnung

Als **Kostenarten** werden die unterschiedlichen Formen des betrieblichen Verbrauchs bezeichnet (z.B. Löhne und Gehälter oder Material- und Energieverbrauch). Der Begriff **Kostenartenrechnung** steht für die erste Stufe der Kosten- und Leistungsrechnung, nämlich für die nach Kostenarten gegliederte, also geordnete zeitnahe Erfassung des betrieblichen Wertverzehrs einer Abrechnungsperiode.

Kostenstellen und Kostenstellenrechnung

Als **Kostenstellen** werden diejenigen organisatorisch abgegrenzten Bereiche eines Unternehmens bezeichnet, in denen Kosten anfallen. Da solche Bereiche in jedem Unternehmen in Form von Abteilungen, Unterabteilungen etc. bereits bestehen, ist es aus Gründen der Übersichtlichkeit und Wirtschaftlichkeit sinnvoll, sich bei der Kostenstellenbildung an der Aufbauorganisation zu orientieren.

Beispiel:

Kostenstellen können z.B. folgende betriebliche Teilbereiche sein: Geschäftsleitung oder Verwaltung, Verkauf, Einkauf, Fertiglager, Formerei, Gießerei und Gussputzerei, aber auch Reparatur und Verkauf bei Kraftfahrzeugbetrieben.

Die Aufgabe der **Kostenstellenrechnung** ist es, jeder Kostenstelle möglichst genau diejenigen Kosten zuzurechnen, die in ihr entstanden sind.

Kostenträger

Kostenträger sind die von einem Unternehmen hervorgebrachten, dem Betriebszweck entsprechenden Güter und Dienstleistungen. Sie haben letztlich die ihnen zuzurechnenden Kosten zu „tragen“. Entsprechend der Gliederung der betrieblichen Leistungen werden bei den Kostenträgern Hauptkostenträger, Hilfskostenträger und Nebenkostenträger unterschieden. Dabei entsprechen die Hauptkostenträger den Hauptleistungen, die Hilfskostenträger den nicht aktivierbaren innerbetrieblichen Leistungen und die Nebenkostenträger den Nebenleistungen.

Kostenträgerrechnung

Die Beantwortung der Frage, welche Kosten für bestimmte Kostenträger oder für bestimmte Kostenträgergruppen angefallen sind, ist Aufgabe der **Kostenträgerrechnung**. Dabei ist zu unterscheiden zwischen der **Kostenträgerstückrechnung** (Kalkulation) und der **Kostenträgerzeitrechnung** (Ergebnisrechnung).

> Zweck der **Kostenträgerstückrechnung** ist es, die auf eine Einzelleistung oder auf eine Summe gleicher Einzelleistungen zuzurechnenden (entfallenden) Kosten zu ermitteln. Durch die **Kostenträgerzeitrechnung** soll das Leistungsergebnis für einzelne Abrechnungsperioden ermittelt werden, und zwar nicht nur insgesamt, sondern auch für einzelne Kostenträger und Kostenträgergruppen. Besonders geeignet ist die Kostenträgerzeitrechnung für kurzfristige (monatliche, vierteljährliche) Erfolgsrechnungen (vgl. dazu auch Kapitel 24.2 und 24.3).

21.2 Gliederung nach dem Zeitbezug: Vor-, Nach-, Zwischen- und auftragsbegleitende Kalkulation

Vorkalkulation

Vorkalkulationen (oder Angebotskalkulationen) sind Rechnungen, die der Leistungserstellung vorausgehen.

> Zweck der Vorkalkulation ist es, die voraussichtlichen Kosten einer in Aussicht genommenen Leistung zu bestimmen. Besonders wichtig ist die Vorkalkulation immer dann, wenn aufgrund einer Anfrage oder einer Ausschreibung ein Angebot abgegeben werden soll.

Nachkalkulation

Bei der **Nachkalkulation** handelt es sich um eine nachträglich (d.h. nach Beendigung einer bestimmten Leistung) durchzuführende Rechnung.

> Die Nachkalkulation soll die einem Kostenträger oder einer Kostenträgergruppe tatsächlich zuzurechnenden Kosten ermitteln und damit die Möglichkeit eines Soll-Ist-Vergleichs auf der Grundlage der Vorkalkulation eröffnen.

Zwischenkalkulation

Zwischenkalkulationen sind bei Projekten mit langer Abwicklungsdauer (z.B. Schiffsbau, Bau von Schwermaschinen, große Bauaufträge) notwendig, und zwar einerseits für Bilanzierungszwecke und andererseits, um dadurch neue Erkenntnisse für die weiteren Dispositionen zu gewinnen und eventuelle Überschreitungen des Voranschlags möglichst gering zu halten bzw. zu korrigieren. Die Zwischenkalkulationen sollten durchgeführt werden, wenn bestimmte, im Voraus festzulegende Teilleistungen abgeschlossen sind.

Auftragsbegleitende Kalkulation

Die **auftragsbegleitende Kalkulation** (Synchronkalkulation) ist von der Sache her eine Nachkalkulation, die sich dadurch auszeichnet, dass sie parallel zum Produktionsfortschritt durchgeführt wird. Voraussetzung dafür sind entsprechend ausgebaute Systeme der Betriebsdatenerfassung und Datenverarbeitung. Am Software-Markt werden branchenspezifische Programme angeboten, die dem Unternehmen ständige Kostenkontrollen und damit Steuerungsmöglichkeiten im Sinne eines Projektcontrolling zulassen.

Die **Zielkostenrechnung** (auch retrograde Kalkulation oder **Target Costing**) ist eine kundenorientierte, aus Japan stammende Kostenrechnungsmethode, die vor allem eine strategische Entscheidungshilfe auf wettbewerbsintensiven Märkten darstellt. Die Zielkostenrechnung beantwortet die Frage „Was darf ein Produkt kosten?" anhand einer retrograden Kalkulation. Dabei ist es notwendig, einen „wettbewerbsfähigen Marktpreis" (Target Price) und die Produktpräferenzen potenzieller Kunden zu ermitteln.

retrograd (rückläufig, gegenläufig)

21.3 Gliederung nach dem Grad der Kostennormierung: Ist-, Normal- und Plankostenrechnung

Istkostenrechnung

In einer reinen **Istkostenrechnung** müsste ausschließlich mit den effektiv angefallenen Kosten (Istpreise x Istmenge) gearbeitet werden. Das ist aufgrund der für jede Kostenrechnung unabdingbaren zeitlichen Abgrenzung bestimmter Kostenarten (z.B. Versicherungsprämien und kalkulatorische Zinsen) aber nicht sinnvoll, sodass es eine reine Istkostenrechnung gar nicht geben kann. Eine den Erfordernissen der zeitlichen Abgrenzung angepasste (bereinigte) Istkostenrechnung kann aber durchaus für Zwecke der **Nachkalkulation** interessant sein.

Normalkostenrechnung

Unter der **Normalkostenrechnung** werden verschiedene Formen der Kosten- und Leistungsrechnung zusammengefasst, die sich durch unterschiedliche Grade der Kostennormierung unterscheiden.

- In der einfachsten Form werden die als „normal" bezeichneten Kosten als Durchschnittswerte (so genannte **statistische Mittelwerte**) der Istkosten vergangener Perioden definiert, wobei von einer als „normal" betrachteten Beschäftigung ausgegangen werden sollte. Diese Vorgehensweise ist als problematisch anzusehen, weil sie unterstellt, dass die in der Vergangenheit maßgeblichen Kosteneinflussgrößen auch für die Zukunft bestimmend sein werden.
- In einer weiterentwickelten Form der Normalkostenrechnung wird deshalb versucht, bei der Festsetzung der Normalkosten aktuelle bzw. zukünftige Kostenbestimmungsfaktoren (z.B. Lohn- oder Verfahrensänderungen) bereits zu berücksichtigen, also mit **aktualisierten Mittelwerten** zu arbeiten. Durch den Vergleich von Normalkosten (Vorkalkulation) mit bereinigten Istkosten (Nachkalkulation) ermöglicht die Normalkostenrechnung die Ermittlung von Über- und Unterdeckungen und damit auch eine **Abweichungs- und Ursachenanalyse**. **[Abweichungs- und Ursachenanalyse]**
- Der höchste Grad der Kostennormierung wird in der **Plankostenrechnung** erreicht. Die Kostenvorgaben in Form der Plankosten beruhen hier nicht mehr primär auf Vergangenheitswerten, sondern auf Mengengrößen (Planmengen), die mit Hilfe technischer Berechnungen und Verbrauchsstudien **[Plankostenrechnung]**

ermittelt und mit geplanten Preisen (Planpreisen) bewertet werden. Außerdem wird bei der Festlegung der Plankosten von einer als planmäßig definierten Beschäftigung ausgegangen. Durch die Anpassung der (flexibel gehaltenen) Plankosten an Beschäftigungsschwankungen ermöglicht die (flexible) Form der Plankostenrechnung einen Soll-Ist-Vergleich, bei der die Istgrößen an vorher definierten, technisch bestimmten Sollwerten gemessen werden.

Zwischen den geplanten und den tatsächlich angefallenen Kosten müssen zwangsläufig immer dann Differenzen auftreten,

- wenn die tatsächlich zu bezahlenden Einstandspreise nicht mit den geplanten Preisen übereinstimmen (Preisabweichungen),
- wenn Plan- bzw. Soll-Verbrauchsmengen und Ist-Verbrauchsmengen verschieden hoch sind (Verbrauchsabweichungen),
- wenn der tatsächliche Beschäftigungsgrad nicht mit dem Planwert übereinstimmt (Beschäftigungsabweichung).

Preis-abweichungen

Zur Ermittlung der **Preisabweichungen** ist den Istkosten der Wert gegenüberzustellen, der sich ergibt, wenn die betreffenden Wertverzehre mit den **Planpreisen** (Istmenge x Planpreis) bewertet werden. Diese Größe wird (logisch nicht ganz einwandfrei) als Istkosten zu Planpreisen bezeichnet. Es gilt also:

Preisabweichung = Istkosten zu Planpreisen ./. Istkosten

Verbrauchs-abweichungen

Verbrauchsabweichungen ergeben sich, wenn die für ein bestimmtes Leistungsvolumen geplanten Mengenverbräuche (Sollmengen) nicht mit den tatsächlich angefallenen Faktoreinsatzmengen (Istmengen) übereinstimmen. Da Unterschiede zwischen Planpreisen und Istpreisen bereits mit den Preisabweichungen erfasst werden, sind die Mengenabweichungen zu Planpreisen zu bewerten, sodass sich folgende Formel ergibt:

Verbrauchsabweichung = Sollkosten ./. Istkosten zu Planpreisen

Aus den Formeln für die Preis- und Verbrauchsabweichung folgt:

Sollkosten ./. (Preisabweichung + Verbrauchsabweichung)
= Istkosten zu Istpreisen

Beschäfti-gungsabwei-chung

Die **Beschäftigungsabweichung** misst die Differenz zwischen den geplanten Managementkosten und der Summe der eingespielten Soll-Deckungsbeiträge. Wie sich aus der Formel für den Verrechnungssatz für Soll-Deckungsbeiträge ergibt, wird der pro Beschäftigungsstunde zu verrechnende Soll-Deckungsbeitrag auf Basis der Planstunden ermittelt. Die geplanten Managementkosten können also nur dann genau eingespielt werden, wenn die Planbeschäftigung erreicht wird. Somit gilt:

Beschäftigungsabweichung
= verrechnete Soll-Deckungsbeiträge ./. geplante Managementkosten

oder

Beschäftigungsabweichung = verrechnete Plankosten ./. Sollkosten
Verrechnete Plankosten = Gesamt-Plankostensatz x Iststunden

21.4 Gliederung nach dem verrechneten Volumen der Kosten auf den Kostenträger: Voll- und Teilkostenrechnung

Von einer **Vollkostenrechnung** wird dann gesprochen, wenn grundsätzlich alle anfallenden Kosten auf die Kostenträger zugerechnet werden, die die Kosten auch verursacht haben.

Vollkostenrechnung

Bei der **Teilkostenrechnung** wird den Kostenträgern dagegen nur ein bestimmter Teil der angefallenen Kosten zugeordnet (zugerechnet).

Teilkostenrechnung

Die restlichen Kosten werden erst bei der Ermittlung des Leistungsergebnisses berücksichtigt. Um Missverständnisse zu vermeiden, ist hier ausdrücklich festzuhalten, dass auch bei der Teilkostenrechnung nicht auf die vollständige Erfassung aller Kosten in der Kostenstellenrechnung verzichtet werden kann. Die Unterscheidung zwischen Voll- und Teilkostenrechnung bezieht sich also nur auf die Kostenträgerrechnung. In aller Regel werden Teilkostenrechnungen in der Form einer Deckungsbeitragsrechnung aufgemacht (vgl. dazu Kapitel 25.2).

Wird parallel für ein und dasselbe Objekt sowohl eine Vollkostenrechnung als auch eine Teilkostenrechnung erstellt, so wird vielfach von einer **Parallelkalkulation** gesprochen.

Parallelkalkulation

Werden beide Rechnungen unmittelbar in einer Gesamtrechnung miteinander kombiniert, kann von einer kombinierten **Teil- (oder Grenz-) und Vollkostenrechnung** gesprochen werden. Die Übergänge zwischen beiden Bezeichnungen sind allerdings fließend.

21.5 Gliederung nach der Zeitfolge

Die Kostenarten-, Kostenstellen- und die Kostenträgerzeitrechnung sollten in regelmäßigen Abständen (monatlich, vierteljährlich, jährlich) durchgeführt werden. **Zeitfolge** und **Häufigkeit** der Kalkulation sind dagegen insbesondere vom Produktionsprogramm und der Fertigungsorganisation (Einzelfertigung, Fließfertigung) abhängig.

Zeitfolge

Bei der für viele mittelständische Betriebe typischen Einzelfertigung muss etwa aufgrund von Anfragen und nach der Abwicklung eines Auftrages kalkuliert werden. Wird durch Fließfertigung für den anonymen Markt produziert, ist eine Kalkulation insbesondere bei Einführung neuer Produkte erforderlich. Ansonsten müssen die Kosten der Produktion fortlaufend überwacht werden, um über Wirtschaftlichkeit und Rentabilität des Produktionsprogramms informiert zu sein.

21.6 Gliederung nach der Prozessfolge: Prozesskostenrechnung

Prozesskostenrechnung

Die **Prozesskostenrechnung** stellt einen Ansatz dar, mit dessen Hilfe die Kosten der indirekten Unternehmensbereiche (oder die Kosten eines Dienstleistungsunternehmens) besser geplant und gesteuert bzw. auf die Produkte oder Leistungen zugerechnet werden können. Die in den Kostenstellen des Unternehmens abgewickelten Aufgaben werden in prozessbezogene Aktivitäten zerlegt. Diesen Aktivitäten werden die Kosten in Abhängigkeit von so genannten Kostentreibern **(Cost Drivers)** zugeordnet und daraus Prozesskostensätze ermittelt. Mit Hilfe der Prozesskostensätze werden die prozessbezogenen Gemeinkosten auf die Produkte bzw. Leistungen kalkuliert.

So können z.B. bei der Tätigkeitsanalyse des Hauptprozesses „Materialbeschaffung" folgende Teilprozesse anfallen:

- Angebote vergleichen
- Bestellungen durchführen
- Waren annehmen
- Material lagern

Die „Cost Driver" dazu können sein:

- Anzahl der Angebote
- Anzahl der Bestellungen
- Anzahl der Lieferungen
- Anzahl der einzulagernden Teile

Wiederholungsfragen zum 21. Kapitel:

1. Beschreiben Sie die Begriffe „Kostenarten-, Kostenstellen- und Kostenträgerrechnung“. (Seite 161)
2. Wie unterscheidet sich die „Kostenträgerstückrechnung“ von der „Kostenträgerzeitrechnung“? (Seite 162)
3. Welchen Vorteil bringt eine Zwischenkalkulation gegenüber einer ausschließlichen Nachkalkulation? (Seite 162)
4. Unterscheiden Sie Ist-, Normal- und Plankosten. (Seite 163)
5. Welchen Vorteil bringt die regelmäßige Überwachung der Kosten? (Seite 162)
6. Wie ist eine nach Objekten gegliederte Kostenrechnung aufgebaut? (Seite 162)
7. Zählen Sie Kostenstellen aus Ihrem Unternehmen auf und erklären Sie die Einteilung. (Seite 161)
8. Was versteht man unter einer „Parallelkalkulation“? (Seite 165)
9. Was bringt eine Abweichungsanalyse bei der Plankostenrechnung? (Seite 163)
10. Warum ist auch eine Kalkulation neuer Produkte und Dienstleistungen dringend notwendig? (Seite 165)
11. Was versteht man unter der „Zielkostenrechnung“ (Seite 163) und was unter der „Prozesskostenrechnung“ (Seite 166)?

22. Die Kostenartenrechnung

22.1 Aufgaben der Kostenartenrechnung

Aufgabe der Kostenartenrechnung

Die Kostenartenrechnung hat die Aufgabe, den mengen- und wertmäßigen Verzehr an Stoffen, Rechten, Kräften und Nutzungen für die betriebliche Leistungserstellung an den Entstehungsstellen zu erfassen und in der Buchhaltung festzuhalten.

Für die Erfassung der Kosten ist es zunächst wichtig, nach welchen Gesichtspunkten man die Kosten einteilen kann.

22.2 Einteilungsmöglichkeiten der Kostenarten

Aus einer Reihe von Einteilungsmöglichkeiten sollen vier Alternativen besprochen werden:

- nach der Entstehung,
- nach der Verrechnung bzw. Zurechnung,
- nach der Abhängigkeit vom Beschäftigungsgrad und
- nach der Ausgaben- bzw. Auszahlungswirksamkeit.

22.2.1 Einteilung der Kosten nach der Entstehung

Nach der Entstehung lassen sich die Kosten einteilen in (beispielhaft):
- Stoff- oder Materialkosten
- Arbeitskosten
- Anlagekosten
- Kapitalkosten
- Fremdleistungskosten
- Kosten der menschlichen Gesellschaft (z.B. Steuern).

Stoffkosten

Stoffkosten

Stoffkosten entstehen in allen Betriebstypen der Wirtschaft. Ihre Bedeutung für die einzelnen Zweige ist aber wegen des Anteils an den Gesamtkosten unterschiedlich. Im Fertigungsbetrieb fallen Kosten für Roh-, Hilfs- und Betriebsstoffverbrauch sowie Kosten für bezogene Fertig- oder Halbfertigteile in teilweise erheblichem Umfang an.

Arbeitskosten

Arbeitskosten

Arbeitskosten sind Kosten, die durch den Einsatz von Arbeitskräften entstehen. Sie gliedern sich in

- Löhne und Gehälter einschließlich aller Familien-, Gefahren-, Schmutz-, Sonntags-, Feiertags- und Nachtzuschläge (produktive und unproduktive Arbeitskosten)

- Sozialkosten,
  - gesetzliche soziale Abgaben (Arbeitgeberbeiträge zur Sozialversicherung, Krankengeldzuschüsse),
  - freiwillige soziale Aufwendungen (Jubiläumsgaben, Zuschüsse zur Verpflegung),
- sonstige Personalkosten (Stellenausschreibungen, Vorstellungskosten, Umzugskosten).
- kalkulatorischer Unternehmerlohn bei Personengesellschaften.

Anlagekosten und Abschreibung

Anlagekosten

Anlagekosten sind Kosten, die durch das Anlagevermögen bedingt sind, insbesondere durch die Instandhaltung und Abnutzung. Die Instandhaltung verursacht Stoff-, Arbeits- und Fremdleistungskosten. Die Abnutzung wird in den Abschreibungen erfasst.

Abschreibung

> Unter **Abschreibung** versteht man den auf eine Wirtschaftsperiode entfallenden Aufwand, der durch den Einsatz solcher Vermögenswerte entsteht, deren betriebsgewöhnliche Nutzungsdauer sich über mehrere Perioden erstreckt.

Abschreibungen sind insoweit Kosten, als die Vermögensminderung durch die normale betriebliche Inanspruchnahme sowie durch voraussehbare wirtschaftliche Entwertung verursacht wird.

Ursachen der Abschreibung

Die Abschreibung kann verursacht werden durch

- Abnutzung (betriebsbedingter Verbrauch),
- Substanzverringerung (betriebsbedingter Verbrauch bei Abbaubetrieben wie Steinbruch usw.),
- wirtschaftliche Überholung (technischer Fortschritt, veränderte Absatzverhältnisse),
- Preisschwankungen auf dem Markt (Preisrückgang für Anlagegüter),
- Zeitablauf bei befristeten Rechten (Konzessionen, Patente),
- Missverhältnisse zwischen Buchwert und Ertragswert (Abschreibung auf Rentabilitätsbasis im Zusammenhang mit Sanierungen) sowie
- bilanz- und finanzpolitische Zielsetzungen (Problem der stillen Reserven), vgl. dazu Kapitel 5 und 6.

Die **Arten der Abschreibung** können bestimmt werden:

Bilanzielle und kalkulatorische Abschreibung

- **nach dem Zweck**
  - Die **bilanzmäßige** (bilanzielle oder steuerlich zulässige) Abschreibung ermittelt die Buch- und Bilanzwerte und ist in der GuV-Rechnung festgehalten.
  - Die **kalkulatorische** Abschreibung soll die Erfassung der einsatzbedingten Wertminderung, die Einbeziehung des Wertverzehrs in die Selbstkosten, den Einsatz der Abschreibung im Erlös sowie die Ersatzbeschaffung sichern. Basis für die Ermittlung sind die sog. **Wiederbeschaffungskosten** und möglicherweise eine andere Nutzungsdauer als bei der bilanziellen Abschreibung.

Einzel-, Serien- und Pauschalabschreibung

– **nach der Zahl und Art der abzuschreibenden Gegenstände**
- Einzelabschreibung eines einzelnen Vermögensgegenstandes.
- Serienabschreibung bei gleichartigen Gütern.
- Pauschalabschreibung. Sie erstreckt sich auf eine Gesamtheit verschiedenartiger Güter.

Ordentliche und außerordentliche (außerplanmäßige) Abschreibung

Teilwertberichtigung

– **nach der Regelmäßigkeit der Abschreibung**
- Ordentliche (planmäßige) Abschreibung, z.B. normale Abnutzung einer Maschine nach einem Abschreibungsplan.
- Außerordentliche (außerplanmäßige) Abschreibung, z.B. Abschreibung wegen technischen Fortschritts oder wegen Überbeanspruchung.

Abschreibungsbasis

– **nach dem Abschreibungsgrundwert**
- Abschreibung vom Anschaffungs- oder Herstellungswert(-kosten).
- Abschreibung vom Buchwert (Abschreibungsrestwert).
- Abschreibung vom Tages- oder Wiederbeschaffungswert. Bei dieser Art sollen die über die Erlöse angesammelten Abschreibungsbeträge die Ersatzbeschaffung eines gleichartigen Gegenstandes sichern (vgl. dazu kalkulatorische Abschreibung).

Direkte und indirekte Abschreibung

– **nach der Buchungstechnik**
- Direkte Abschreibung mit jeweiligem Ausweis der Buchwerte in der Bilanz.
- Indirekte Abschreibung mit Ausweis des Anschaffungs- oder Herstellungswertes auf der Aktivseite sowie der Wertberichtigung als Korrekturposten auf der Passivseite der Bilanz. Nach den Vorschriften des HGB ist diese Methode nur noch bei Personengesellschaften anwendbar.

Lineare Abschreibung

– **nach dem Abschreibungsverlauf**
- Konstante (lineare) Abschreibung. Bei ihr bleiben die Abschreibungsbeträge jährlich gleich.

  Berechnung:

$$\frac{\text{Anschaffungs- oder Herstellungswert (-kosten)}}{\text{Gesamtnutzungsdauer}} = \textbf{Abschreibungsbetrag pro Periode}$$

Degressive Abschreibung

- Degressive Abschreibung. Bei ihr werden die Abschreibungsbeträge jährlich kleiner. Es gibt zwei Ausprägungsformen, wobei deren Anwendung durch gesetzliche Vorschriften immer wieder geändert wird.

Arithmetisch-degressive Abschreibung

Bei der **arithmetisch-degressiven** (digitalen) Abschreibung wird der Anschaffungswert durch die Summe 1 +2 + 3 + … n dividiert, wobei n die Nutzungsdauer ist. Der ermittelte Quotient wird mit dem entsprechenden Jahresfaktor (1 + Restnutzungsdauer) vervielfacht.

Berechnung:

$$\frac{\text{Anschaffungswert}}{(1 + 2 + 3 + \ldots n)} \times (1 + \text{Restnutzungsdauer}) = \textbf{Abschreibungsbetrag}$$

Beispiel:

Anschaffungswert 30.000,– €
Gesamtnutzungsdauer 5 Jahre

$$\frac{30.000}{1+2+3+4+5} = \frac{30.000}{15} = 2.000{,}– €$$

Abschreibungsbetrag (in €)

im 1. Jahr	=	5 x 2.000,–	=	10.000,–
im 2. Jahr	=	4 x 2.000,–	=	8.000,–
im 3. Jahr	=	3 x 2.000,–	=	6.000,–
im 4. Jahr	=	2 x 2.000,–	=	4.000,–
im 5. Jahr	=	1 x 2.000,–	=	2.000,–
				30.000,–

Geometrisch-degressive Abschreibung

Bei der **geometrisch-degressiven** Abschreibung erfolgt die Abschreibung vom Buchwert bei gleichem Abschreibungssatz. Das Abschreibungsverfahren führt theoretisch nie zum Restwert 0 (unendliche Abschreibung). Es hat daher nur einen Sinn, wenn ein Restwert etwa in Höhe des Schrottwertes verbleibt. Ein Übergang zur linearen Abschreibung ist möglich.

Progressive Abschreibung

- Progressive Abschreibung. Bei ihr werden die Abschreibungsbeträge jährlich größer. Auch hier unterscheidet man die arithmetische und die geometrische Form.

Leistungsabschreibung

- Abschreibung nach der Beanspruchung oder Leistung. Der Abschreibungsbetrag richtet sich nach dem Ausmaß der Beanspruchung (Betriebsstunden, Fahrtkilometer) oder den erzeugten Produktionseinheiten einer Leistungsperiode.

  Berechnung:

$$\frac{\text{Anschaffungswert x geplante jährliche Betriebsstunden}}{\text{geplante Betriebsstunden während der Nutzungsdauer}} = \textbf{Abschreibungsbetrag pro Periode}$$

Substanzabschreibung

- Abschreibung für Substanzverringerung. Der Abschreibungsbetrag richtet sich nach dem Substanzabbau (z. B. Bergbau) der Rechnungsperiode. Daraus ergibt sich folgender Abschreibungsbetrag:

$$\frac{\text{Anschaffungswert x jährlicher Substanzverbrauch}}{\text{Gesamtsubstanz}} = \textbf{Abschreibungsbetrag pro Periode}$$

Es ist anzumerken, dass die degressive Abweichung nicht mehr erlaubt ist (Ausnahmen die Jahre 2009 und 2010 aus konjunkturpolitischen Gründen).

Kapitalkosten

Kapitalkosten

Die Berechnung der Zinsen für das im Unternehmen „arbeitende" Kapital sowie die Ermittlung der Wagniskosten für das betriebsbedingte Kapital wird im Rahmen der „kalkulatorischen Zinsen" und „Wagnisse" aufgezeigt (vgl. S. 176–178).

Fremdleistungskosten

Fremdleistungskosten

Fremdleistungskosten entstehen durch die Inanspruchnahme von Leistungen fremder Betriebe in Form von

- Transportkosten, Gebühren für Nachrichtenübermittlung,
- Miet- und Pachtkosten,
- Kosten für Strom, Gas, Wasser aus fremden Betrieben,
- Reparaturkosten und Instandsetzungen durch fremde Betriebe usw.

Kosten der menschlichen Gesellschaft

Kosten der menschlichen Gesellschaft

Hier handelt es sich um Steuern und Abgaben, die der Staat, also Bund, Länder und Gemeinden, zur Erfüllung seiner Aufgaben benötigt. Inwieweit Steuern bei den Betrieben als Kosten angesehen werden können, ergibt sich aus den einzelnen Steuergesetzen und ist von der Steuerart abhängig (Kostensteuern). Vom Gewinn abhängige Steuern (z.B. Körperschaftsteuer) stellen keine Kosten dar.

22.2.2 Einteilung der Kosten nach der Verrechnung bzw. Zurechnung

Folgende Einteilung ist üblich:

Einzelkosten

- **Einzelkosten** oder direkt dem Auftrag oder dem Erzeugnis (Dienstleistung) zurechenbare Kosten, z.B. Fertigungsmaterial oder Fertigungslöhne.

Gemeinkosten

- **Gemeinkosten** oder nicht direkt dem Auftrag oder dem Erzeugnis (Dienstleistung) zurechenbare Kosten, z.B. Verwaltungs- und Vertriebskosten.

Sondereinzelkosten

- Sonderkosten in Form von **Sondereinzelkosten**, die dem Auftrag oder dem Erzeugnis (Dienstleistung) direkt zurechenbar sind, z.B. Sondereinzelkosten der Fertigung in Form von Spezialwerkzeugen oder Sondereinzelkosten des Vertriebs in Form von Spezialverpackungsmaterial für einen Auftrag.

Diese Einteilung wird bei der Zuschlagskalkulation (einfach und differenziert) berücksichtigt.

22.2.3 Einteilung der Kosten nach der Abhängigkeit vom Beschäftigungsgrad

Folgende Einteilung ist üblich:

Variable Kosten

- **variable** oder sich mit dem Beschäftigungsgrad **verändernde Kosten**, sog. beschäftigungsvariable Kosten;
- **fixe** oder sich mit dem Beschäftigungsgrad (z.B. Produktionsmenge) **nicht verändernde Kosten**, sog. beschäftigungsfixe Kosten

Variable Kosten können in verschiedenen Formen auftreten. Man unterscheidet bei den **variablen Kosten** in

- proportionale,
- unterproportionale und
- überproportionale Kosten.

Proportionale Kosten verändern sich in gleichem Maße wie die Produktionsmenge, unterproportionale Kosten nehmen weniger, überproportionale Kosten nehmen mehr als die Produktionsmenge zu.

Im Folgenden soll ein Beispiel für proportionale Kosten gezeigt werden:

Beispiel:

Für die Herstellung eines Erzeugnisses wird u.a. ein Schalter im Wert von 10,– € verwendet. Bei unterschiedlichen Produktionsmengen ergeben sich folgende Materialkosten (vgl. Abb. 28):

Produktionsmenge in Stück	Kosten in €	
	je Stück	insgesamt
0	0,–	0,–
100	10,–	1.000,–
200	10,–	2.000,–
300	10,–	3.000,–
400	10,–	4.000,–
500	10,–	5.000,–
600	10,–	6.000,–

Abb. 28: Variable (hier: proportionale) Kosten

Grafisch sind die Zusammenhänge in Abb. 29 dargestellt.

Fixe Kosten sind solche Kosten, die in der jeweiligen Abrechnungsperiode (z.B. 1 Jahr) in annähernd gleicher Höhe unabhängig von der Produktionsmenge anfallen. **Fixe Kosten**

Beispiel:

Das Material für ein Produkt wird u.a. auf einer Drehbank bearbeitet. Die Abnutzung (Abschreibung) pro Zeiteinheit (z.B. ein Monat) für diese Maschine beträgt 1.000,– €. Wenn dieser Betrag gleichmäßig auf die hergestellte Erzeugnismenge verteilt wird, ergibt sich folgende Auswirkung auf die Kosten pro Mengeneinheit (Abb. 30), wobei die Kapazitätsgrenze bei 900 Stück liegen soll.

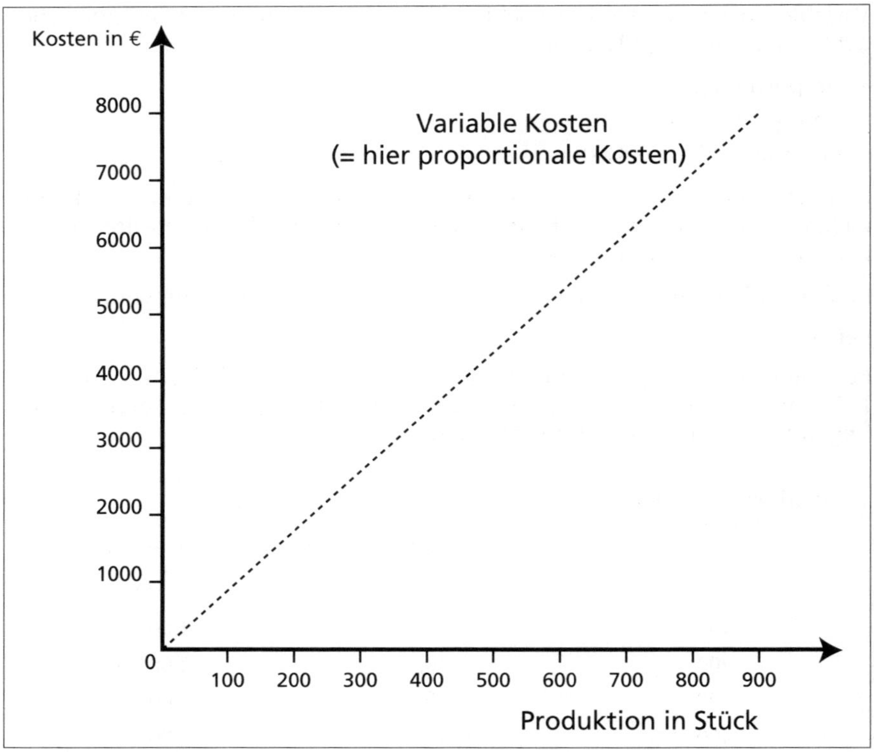

Abb. 29: Der Verlauf variabler (hier: proportionaler) Kosten

Produktionsmenge in Stück	Fixe Kosten in €	
	insgesamt	je Stück
0	1.000,–	0,–
100	1.000,–	10,–
200	1.000,–	5,–
300	1.000,–	3,33
400	1.000,–	2,50
500	1.000,–	2,–
600	1.000,–	1,67
.	.	
.	.	
900	1.000,–	1,11

Abb. 30: Fixe Kosten bei unterschiedlicher Produktionsmenge (sog. degressive Kosten)

Die Abbildungen 31 und 32 zeigen den grafischen Verlauf der fixen Kosten:

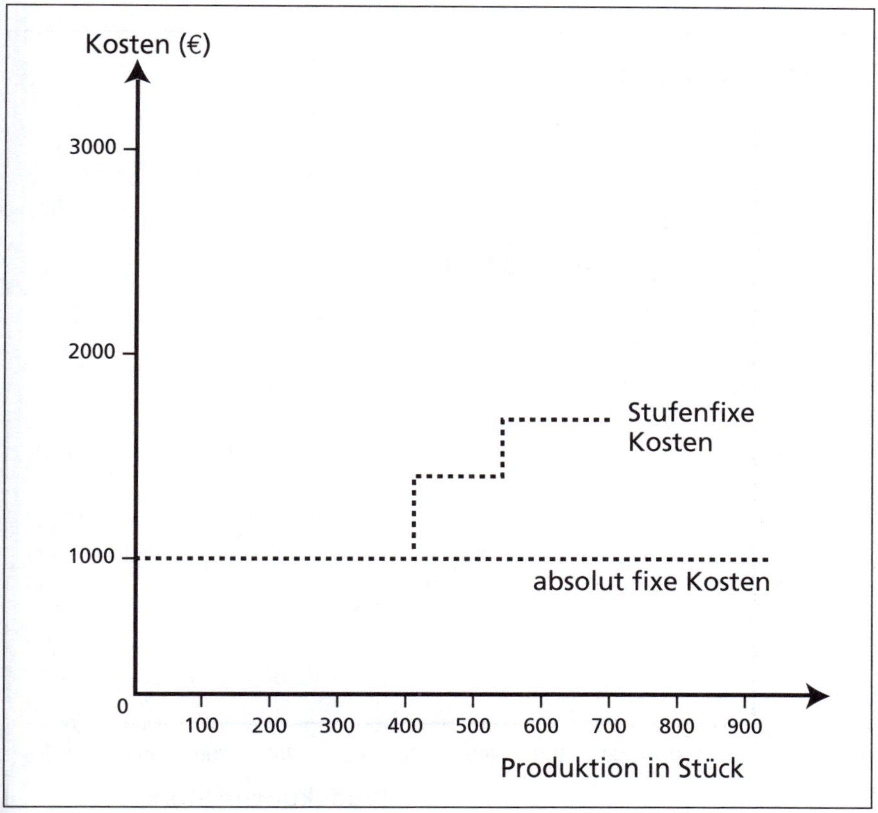

Abb. 31: Verlauf der fixen Kosten

Beobachtung der Fixkosten

Fixkosten müssen im Unternehmen besonders intensiv beobachtet werden, weil sie sich nur durch Entscheidungen, z.B. Abbau von Fertigungskapazitäten oder organisatorische Änderungen, senken lassen.

Stufenfixe oder sprungfixe Kosten

Stufenfixe oder sprungfixe Kosten entstehen, wenn sich im Rahmen der vorhandenen Kapazität bestimmte Fixkosten (z.B. Gehälter) durch Neueinstellung einer weiteren Person erhöhen und dann wieder bis zu einem bestimmten Beschäftigungsgrad fix bleiben.

Kostenremanenz

Bei rückläufiger Beschäftigung kommt es häufig vor, dass vor allem die sprungfixen Kosten auf ihrem seitherigen Niveau bleiben und nicht den vermuteten Sprung nach unten machen. Man spricht von der **Kostenremanenz**, weil erhöhte Kapazitäten (Maschinen und/oder Personal) nicht sofort abgebaut werden können.

Mischkosten

Mischkosten sind teilweise beschäftigungsabhängig und teilweise beschäftigungsunabhängig.

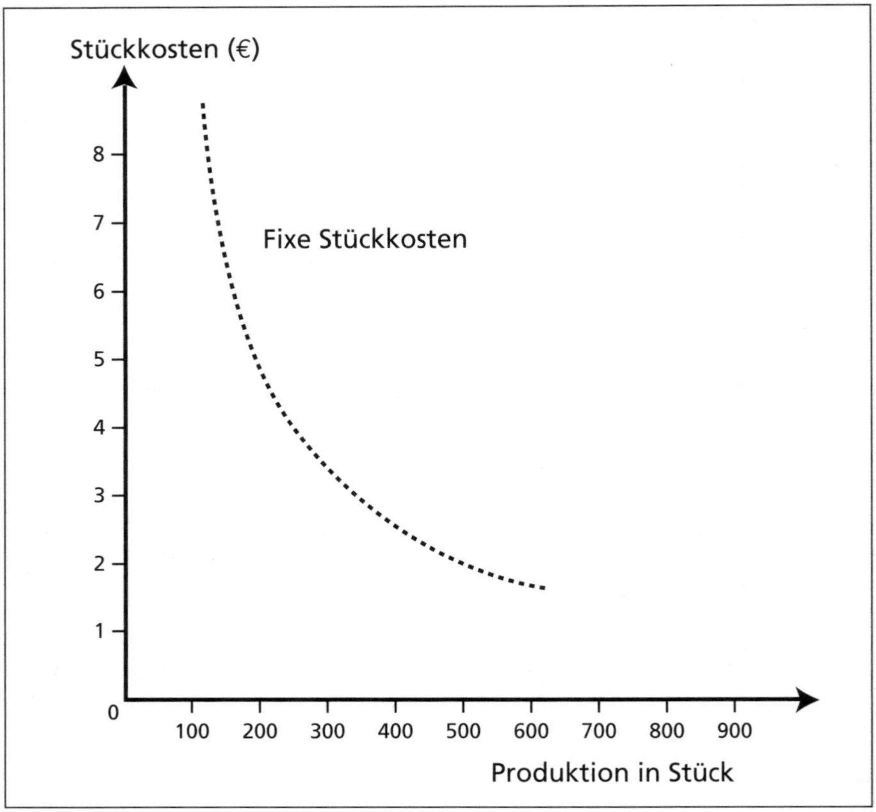

Abb. 32: Verlauf der Fixkosten, bezogen auf die Produktion (in Stück) (Fixe Stückkosten oder degressive Kosten)

Beispiel:

Die für die Bearbeitung des Materials eingesetzte Drehbank hat eine Stromaufnahme von 12 kWh. Der Strompreis beträgt 0,10 € je kWh zuzüglich einer monatlichen Grundgebühr von 50,– €. In Abbildung 33 sind die Kosten für unterschiedliche Laufzeiten (= Beschäftigung) je Monat zusammengestellt:

Die für die Maschine aufzuwendenden Energiekosten enthalten sowohl fixe als auch variable Kostenanteile: Die Grundgebühr fällt in jedem Monat in gleicher Höhe an; sie stellt den Fixkostenanteil dar. Der Stromverbrauch der Maschine variiert mit der Laufzeit und der Beanspruchung; die verbrauchsbedingten Stromkosten sind also variabel.

Laufstunden je Monat	Fixe Kosten in €		Variable Kosten in €		Mischkosten in €	
	gesamt	je Std.	gesamt	je Std.	gesamt	je Std.
100	50	0,50	120	1,20	170	1,70
110	50	0,45	132	1,20	182	1,65
120	50	0,42	144	1,20	194	1,62
130	50	0,38	156	1,20	206	1,58
140	50	0,36	168	1,20	218	1,56
150	50	0,33	180	1,20	230	1,53
160	50	0,31	192	1,20	242	1,51
170	50	0,29	204	1,20	254	1,49
.						
.						

Abb. 33: Ermittlung der Mischkosten für unterschiedliche Maschinenlaufzeiten

22.2.4 Einteilung der Kosten nach der Ausgabenwirksamkeit

Zur Gleichheit bzw. Ungleichheit von Ausgaben und Kosten

Kapitel 19.2.2 hat gezeigt, dass zwischen Ausgaben und Kosten Unterschiede bestehen, d.h. nicht alle Kosten zu Ausgaben führen und umgekehrt. Diese Unterscheidung ist vor allem bei notwendigen Preissenkungen aufgrund von Kostendruck wichtig, weil sich dadurch Auswirkungen auf die Liquidität des Unternehmens ergeben können.

Die bereits erwähnten **Zusatzkosten** und **Anderskosten**, die sich also nicht oder nicht in gleicher Höhe auf Ausgaben bzw. Auszahlungen zurückführen lassen, können in mehreren Variationen auftreten.

Zusatzkosten und Anderskosten

Zusatzkosten und Anderskosten können vorkommen als:
- kalkulatorische Abschreibungen (**Anderskosten**),
- kalkulatorische Zinsen auf das Eigenkapital (**Zusatzkosten**),
- kalkulatorische Wagniskosten (**Anderskosten**),
- kalkulatorischer Unternehmerlohn bei Personengesellschaften (**Zusatzkosten**),
- kalkulatorische Raumkosten (**Zusatzkosten**).

Diese Zusatz- und Anderskosten stellen also keine bzw. nur teilweise unmittelbaren Ausgaben dar, gehen aber in die Kalkulation als Kostenbestandteile ein.

Kalkulatorische Abschreibungen

Die kalkulatorischen Abschreibungen erfassen die verbrauchsbedingten Wertminderungen des betrieblichen Anlagevermögens, das hier zu Wiederbeschaffungskosten (ersatzweise zu Anschaffungs- oder Herstellungskosten) anzusetzen ist.

Verbrauchs-bedingte Wert-minderung

Verbrauchsbedingte Wertminderungen werden verursacht durch
- Verschleiß (Abnutzung) des abnutzbaren Anlagevermögens,
- Substanzverlust des abbaubaren Anlagevermögens (z.B. Steinbruch),
- Zeitablauf befristeter Rechtswerte und/oder
- voraussehbare technische Entwicklungen und Bedarfsverschiebungen, wovon jeder Teil des Anlagevermögens betroffen sein kann.

Die kalkulatorischen Abschreibungsquoten werden in der Anlagenkartei vermerkt.

Kalkulatorische Zinsen

Die kalkulatorischen Zinsen erfassen die Zinskosten des betriebsbedingten Kapitals. Würde nur der tatsächliche Zinsaufwand für das Fremdkapital einschließlich Kredit- und Überziehungsprovision in die Kostenrechnung eingesetzt, so bliebe die Verzinsung des Eigenkapitals unberücksichtigt.

Berechnung der kalkulatorischen Zinsen

Die kalkulatorischen Zinsen werden deshalb aus folgenden Werten errechnet:

	Summe der kalkulatorischen Restwerte des betriebsbedingten Anlagevermögens
+	Summe des durchschnittlich gebundenen betriebsbedingten Umlaufvermögens
=	betriebsbedingtes Vermögen
./.	zinsfrei überlassenes Fremdkapital (Verbindlichkeiten aus Lieferungen und Leistungen, Kundenanzahlungen kurzfristige Rückstellungen
=	zu verzinsendes betriebsbedingtes Kapital

Aus ihm ist der Zins zu errechnen. Nach Abzug der Zinserträge des betriebsbedingten Umlaufvermögens ergibt sich der kalkulatorische Zins. Als Zinsfuß wird (meist einheitlich für das betriebsbedingte Vermögen und für zinsfreies Fremdkapital) der in der Berechnungszeit geltende Kapitalmarktzinsfuß verwendet. Den für die Kalkulation öffentlicher Aufträge jeweils zu verwendenden Zinsfuß setzen die Wirtschaftsministerien der Bundesländer fest.

Die Berechnung soll im Folgenden an einem Beispiel gezeigt werden:

Beispiel:

Ausgangssituation

Eine Druckerei hat aus den Bestandszahlen des Vorjahres (Eröffnungsbilanz + 4 Quartalsbestände) die in Abbildung 34 dargestellten Durchschnittswerte (in €) der Bilanz ermittelt.

Die Wertpapiere erbringen 6 % Zinsen aus 11.000,– € Nennwert; das Bankguthaben (enthalten in den flüssigen Mitteln) erbringt 200,– € Zinsen.

Als einheitlicher Zinsfuß ist 6,5 % anzusetzen.

Durchschnittsbestände-Bilanz für 20 . . (€)			
Gebäude	306.600,–	Stammkapital	540.000,–
Maschinen	412.200,–	Rücklage	22.600,–
Betriebs- und Geschäftsausstattung	13.800,–	Rückstellungen	2.100,–
Roh-, Hilfs- und Betriebsstoffe	18.800,–	Hypotheken	136.000,–
Abfallstoffe	2.300,–	Verbindlichkeiten aus Lieferungen und Leistungen	64.700,–
Wertpapiere des Umlaufvermögens	10.600,–	sonst. Verbindlichkeiten	26.700,–
Forderungen	46.200,–	Darlehen	23.000,–
flüssige Mittel	47.500,–	Gewinn	42.900,–
	858.000,–		858.000,–

Das betriebsbedingte Anlagevermögen ist gemäß folgenden Angaben zu berechnen:

Gegenstände	Anschaffungswert (€)	Nutzungsdauer (Jahre)	kalkulatorische Abschreibung (%)	restliche Nutzungsdauer (Jahre)
Gebäude	432.000,–	40	$2^1/_2$	30
Maschinen	456.000,–	8	$12^1/_2$	$7^1/_2$
Betriebs- u. Geschäftsausstattung	146.400,–	12	$8^1/_3$	2

Abb. 34: Durchschnittsbestände – Bilanz- und Abschreibungswerte

Daraus ergibt sich folgende Berechnung der kalkulatorischen Zinsen:

	€	€	€
1. **Betriebsbedingtes Anlagevermögen**			
Gebäudeanschaffungswert	432.000		
./. 10 x 2,5 % Abschreibung	108.000	324.000	
Maschinenanschaffungswert	456.000		
./. $6^1/_4$ % Abschreibung	28.500	427.500	
Betriebs- und Geschäftsausstattung	146.400		
./. 10 x $8^1/_3$ %	122.000	24.400	775.900
2. **Betriebsbedingtes Umlaufvermögen**			
Roh-, Hilfs- und Betriebsstoffe		18.800	
Abfallstoffe		2.300	
Wertpapiere		10.600	
Forderungen		46.200	
flüssige Mittel		47.500	125.400
			901.300

Übertrag:			901.300
3. **Betriebsbedingtes Kapital**			
Rückstellungen	zinsfreies Fremdkapital	2.100	
Verbindlichkeiten aus Lieferungen und Leistungen		64.700	
sonstige Verbindlichkeiten		26.700	– 93.500
4. **Zu verzinsendes betriebsbedingtes Kapital**			807.800
6,5 % Zins aus € 807.800			52.507
./. 6,0 % Zins aus € 11.000 Wertpapiere		660	
./. Bankzinsen		200	860
5. **Kalkulatorische Zinsen**			51.647

Kalkulatorische Wagniskosten (Kalkulatorische Risiken)

Die kalkulatorischen Wagniskosten erfassen die betriebsbedingten Einzelwagnisse, die mit der Leistungserstellung verbunden sind. Die hauptsächlichen Wagnisarten sind das Bestände-, Fertigungs-, Entwicklungs-, Vertriebs- und Gewährleistungsrisiko.

Berechnung der kalkulatorischen Wagnisse

Grundlage für die Berechnung sind die durchschnittlichen, während eines vorausgegangenen Zeitabschnitts (etwa 5 Jahre) **tatsächlich eingetretenen Wagnisverluste**. Werden Wagnisse durch Fremdversicherungen gedeckt, entfällt die Verrechnung kalkulatorischer Wagnisse. Die Versicherungsprämien sind dann Grundkosten.

Kostenbeträge bei Eigenversicherung sind nach versicherungsmathematischen Grundsätzen zu berechnen; sie treten an die Stelle der Prämien für Fremdversicherung. Das allgemeine Unternehmerwagnis ist rechnerisch nicht erfassbar und kann daher nicht in die Kostenrechnung einbezogen werden. Es wird in der Gewinnspanne mit abgegolten.

Kalkulatorischer Unternehmerlohn

Ermittlung des kalkulatorischen Unternehmerlohns

Der kalkulatorische Unternehmerlohn erfasst bei Personengesellschaften die Kosten für die Arbeitsleistung des Unternehmers (Gesellschafter, Einzelunternehmer).

Er wird in der Höhe des Gehalts eines Angestellten mit gleichwertiger Tätigkeit in einem Unternehmen gleichen Standorts, Geschäftszweigs und Betriebsgröße berechnet. Das Geschäftsführergehalt eines GmbH-Gesellschafters ist nicht zum kalkulatorischen Unternehmerlohn zu rechnen, sondern wird als Aufwand (Personalaufwand) in der GuV-Rechnung erfasst.

Kalkulatorische Raumkosten (Miete)

Ermittlung der kalkulatorischen Raumkosten

Die kalkulatorischen Raumkosten umfassen meist nur den **Fixkostenanteil** der gesamten Gebäude- und Grundstückskosten, also z. B.
- kalkulatorische Abschreibungen von den Gebäuden,
- kalkulatorischer Zins des in den Gebäuden investierten Kapitals (wenn nicht bereits im kalkulatorischen Zins für das betriebsbedingte Kapital erfasst).

Alle **variablen Kosten** wie Gebäudeinstandhaltungs-, Heizungs- und Beleuchtungskosten werden dem Verbrauch entsprechend auf den einschlägigen Kostenartenkonten erfasst.

Oft werden auch alle betriebsbedingten Grundstücks- und Gebäudekosten mit ihrem tatsächlichen Anfall direkt auf den einschlägigen Kostenartenkonten verbucht. Dann entfällt der Ansatz eines kalkulatorischen Betrags. Fallen größere Gebäudereparaturen an, sind sie in voller Höhe gewinnmindernd zu verbuchen, der Gesamtbetrag muss im laufenden und in den folgenden Jahren anteilig in die Kostenrechnung übernommen werden.

Kalkulatorische Miete wird im Rechnungswesen selten verrechnet. Anlass dazu bestünde insbesondere dann, wenn die Unternehmung – ohne Mieterin zu sein – Räume im privaten Gebäude des Unternehmers nutzen würde.

22.3 Die Erfassung der Kostenarten

Die Erfassung der Kostenarten hat das Ziel, für die Kalkulation nach dem Verursachungsprinzip die Höhe der Kosten festzustellen. Dies erfolgt entweder durch **Messen, Zählen, Wiegen oder durch besondere Rechenoperationen**, z.B. durch besondere Zurechnungsschlüssel (z.B. bei den Gemeinkosten im BAB). Letzteres birgt natürlich die Gefahr der ungenauen Erfassung durch die Wahl einer ungeeigneten Basis.

Bewertung der Kostenarten

Die Bewertung der Verbrauche (Stunden, Mengen usw.) wird bei stabilen Preisen auf der Basis der **Anschaffungskosten** der Kostengüter vorgenommen. In Zeiten schwankender Preise wird insofern davon abgewichen, als bei kurzfristigen, sich wieder einpendelnden Preisschwankungen **innerbetriebliche Durchschnittspreise** empfehlenswert sind, während bei steigenden Preisen eine Anpassung an die Wiederbeschaffungspreise notwendig erscheint.

Erfassung gemäß Kontenrahmen

Die vorher unter der Rubrik der Entstehungsarten genannten Kosten werden buchhalterisch gemäß dem jeweiligen Kontenrahmen (z.B. Industrie oder Handwerk) erfasst. Dabei handelt es sich – je nach Einteilungsart – um Einzel-, Gemein- und Sondereinzelkosten, fixe und variable, ausgabenwirksame oder kalkulatorische Kosten. Im Sinn einer weiteren sinnvollen Verwendung und Verrechnung ist auf Aktualität der Erfassung zu achten.

Wiederholungsfragen zum 22. Kapitel:

1. Welche Aufgaben hat die „Kostenartenrechnung"? (Seite 168)
2. Wie lassen sich Kostenarten einteilen und welche Bedeutung hat diese Einteilung? (Seite 168–169)
3. Wesentlicher Bestandteil der Anlagekosten sind die Abschreibungen. Welche Arten von Abschreibungen sind zu unterscheiden? (Seite 169–170)
4. Welche Ursachen können Abschreibungen auslösen? (Seite 170)
5. Unterscheiden Sie bilanzielle und kalkulatorische Abschreibungen. (Seite 170, 177)
6. Wie unterscheiden sich Einzel- und Gemeinkosten? Nennen Sie Beispiele aus Ihrem Unternehmen. (Seite 173)
7. Zählen Sie Beispiele von fixen Kosten aus Ihrem Betrieb auf.
8. Welche wesentlichen Probleme werfen die Fixkosten im Betrieb auf? (Seite 173–176)
9. Welche Vorteile bringt die Unterscheidung in „ausgabewirksame Kosten" (Grundkosten) und „kalkulatorische Kosten"? (Seite 177)
10. Erklären Sie den kalkulatorischen Unternehmerlohn und machen Sie Aussagen über seine Ermittlung. (Seite 180)
11. Warum erscheint der kalkulatorsiche Unternehmerlohn nicht in der GuV-Rechnung? (Seite 180)
12. Erklären Sie den Sachverhalt der kalkulatorischen Zinsen. (Seite 178–180)
13. Äußern Sie sich zur Problematik der kalkulatorischen Raumkosten (Miete). (Seite 181)

23. Die Kostenstellenrechnung

23.1 Die Aufgaben der Kostenstellenrechnung

Die Kostenstellenrechnung gibt Antwort auf die Frage: **Wo** sind die Kosten **entstanden**?

Die Kostenstellenrechnung soll

Aufgabe der Kostenstellenrechnung

- die **Kosten** je Kostenstelle **ermitteln**,
- die **Betriebsüberwachung** erleichtern und
- die **Entwicklung** jeder Kostenstelle gesondert **beobachtbar** machen.

Darüber hinaus soll sie

- **Verantwortungsbereiche** schaffen, damit das Verantwortungsbewusstsein der Kostenverantwortlichen stärken und den Leistungswillen der Mitarbeiter innerhalb der Kostenstellen steigern.
- In vielen Betrieben stellt sie zugleich die Voraussetzung zur Ermittlung einer leistungsgerechten Beteiligung der Belegschaft an der betrieblichen **Wertschöpfung** dar. Die Wertschöpfung wird ermittelt, indem man von der Gesamtleistung des Unternehmens (Umsatzerlöse ± Bestandsveränderungen + Eigenleistungen) die bezogenen Vorleistungen (Roh-, Hilfs- und Betriebsstoffe und Abschreibungen auf Sachanlagen) abzieht.

Wertschöpfung

- Die unmittelbar wichtigste Aufgabe der **Kostenstellenrechnung** besteht darin, als Basis einer möglichst genauen Kostenträgerrechnung zu dienen, insbesondere dann, wenn die Kostenträger die Kostenstellen ungleich in Anspruch nehmen oder wenn eine Kostenstelle selbständige Leistungen erbringt (z.B. eine betriebseigene Kraftanlage).

Kostenstellenrechnung = Basis für Kostenträgerrechnung

23.2 Die Bildung von Kostenstellen

Kostenstellen sind kostenverursachende Bereiche des Unternehmens, in denen die darin entstandenen Kosten ermittelt werden.

Die Bildung von Kostenstellen kann erfolgen

Möglichkeiten der Kostenstellenbildung

- nach dem Ort, also den räumlichen Einheiten im Betrieb oder
- nach der Aufgabe (Funktion) oder
- nach Verantwortungsbereichen oder
- nach Kostenträgern oder
- nach verrechnungstechnischen Gesichtspunkten.

Häufig überschneiden sich die ersten drei Gliederungsgesichtspunkte. Bei wachsenden Betrieben verschwindet aber im Laufe der Zeit diese Einheitlichkeit, weil durch Umorganisation organische Einheiten leicht zerrissen werden.

Größe, Art und Organisation des Unternehmens spielen daher bei der Bildung von Kostenstellen eine wesentliche Rolle.

Die in der Abbildung 35 vorgestellte Untergliederung in Kostenstellen ist sicher nur in größeren mittelständischen Betrieben zu finden. Dies wirkt sich dann auf die Zuschlagskalkulation unmittelbar aus.

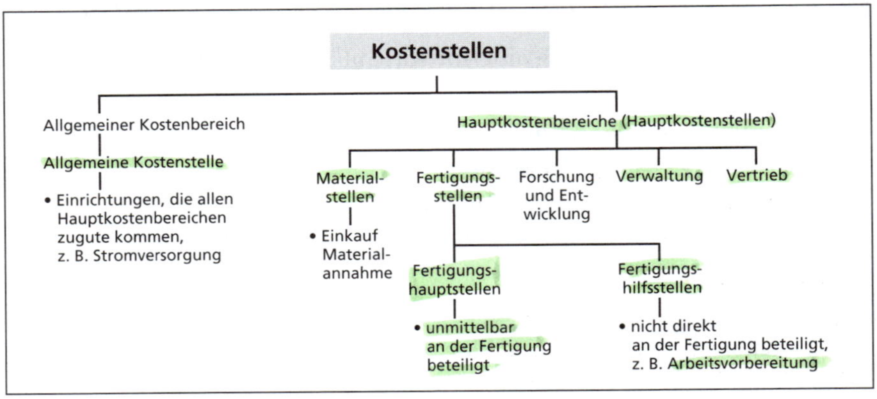

Abb. 35: Aufgabenbezogene (funktionale) Einteilung der Kostenstellen

Gemeinkosten-umlage auf Hauptkosten-stellen

Die **Allgemeine Kostenstelle** sowie **Forschung und Entwicklung** werden im so genannten Umlageverfahren auf die restlichen vier Bereiche übertragen. Die Fertigungshilfsstelle wird auf die Fertigungsstellen übertragen. Die **Hauptkostenstellen** können nach Bedarf weiter unterteilt werden. So kann z.B. die Fertigungskostenstelle in Fertigung (Neuanfertigung) und Reparatur aufgeteilt werden, was im Handwerk durchaus denkbar wäre. Außerdem ist im Handwerk auch eine Aufteilung in Werkstatt bzw. Reparatur und Verkauf (Laden) üblich.

23.3 Die Zurechnung von Gemeinkosten auf Kostenstellen im Betriebsabrechnungsbogen (BAB)

Kostenstellen-rechnung

Die Bedeutung der Kostenstellenrechnung liegt in folgenden Punkten:

Betriebsabrech-nungsbogen

- Die Gliederung des Betriebes in Kostenstellen ist die organisatorische Voraussetzung für die Aufstellung des **Betriebsabrechnungsbogens (BAB)** und die nachfolgende Kostenträgerrechnung.

Verursachungs-kontrolle

- Die Kostenstellenrechnung ermöglicht die **Verursachungskontrolle** und erfasst die Veränderung der Kosten jeder einzelnen Kostenstelle und damit der gesamten Kosten. Die je Auftrag bzw. Fertigungsserie anfallenden Einzelkosten werden auf den Auftragsbegleitzetteln bzw. Laufkarten vermerkt und den Kostenträgern direkt zugerechnet. Die Gemeinkosten werden mit Hilfe des **Betriebsabrechnungsbogens** (BAB) auf die oben beschriebenen Kostenstellen nach folgender Schrittfolge verteilt:

Verteilung der Gemeinkosten

  • Übernahme der Gemeinkosten aus den entsprechenden Konten

- Zumessung und Zuteilung (Verteilung oder Aufschlüsselung) dieser Kosten nach erprobten Schlüsseln (z.B. qm, Verbrauch, Zahl der Beschäftigten usw.) auf die Kostenstellen (einstufig oder mehrstufig)
- Addition der Stellengemeinkosten jeder Kostenstelle
- Errechnung der Gemeinkosten-Zuschlagssätze.

Der **einstufige BAB** wird in Abbildung 36 dargestellt, wobei die jeweiligen Belange der kleinen und mittleren Unternehmen berücksichtigt werden müssen. So kann z.B. eine Trennung in Reparatur bzw. Produktion und Ladengeschäft sinnvoll sein, ebenso kann zwischen einzelnen Gewerken unterschieden werden. Größere Betriebe, die mehrere Niederlassungen haben, sind meist nach **Profit-Centern** gegliedert, die wirtschaftlich wie eigenständige Unternehmen behandelt werden, es aber nicht sind.

Nach der Zugehörigkeit der Gemeinkosten zu den einzelnen Kostenbereichen unterscheidet man:

Material-gemeinkosten

- **Materialgemeinkosten**
  Das sind Gemeinkosten, die im Zusammenhang mit der Beschaffung, Annahme, Lagerung, Pflege, Ausgabe und Versicherung des Materials entstehen.

Fertigungs-gemeinkosten

Sondereinzel-kosten Fertigung

- **Fertigungsgemeinkosten**
  Dazu zählen alle Gemeinkosten, die in der Fertigung anfallen, wie Hilfslöhne für Maschinisten, Gehälter für Meister und technische Angestellte, Verbrauch von Strom, Gas und Wasser in der Herstellung, Hilfs- und Betriebsstoffverbrauch, soweit die Fertigung betroffen ist, Abschreibungen auf Maschinen und maschinelle Anlagen usw. Kosten im Rahmen der Fertigung, die auf das einzelne Erzeugnis oder den einzelnen Auftrag direkt zugerechnet werden können, werden nicht berücksichtigt (Sondereinzelkosten der Fertigung).

Verwaltungs-gemeinkosten

- **Verwaltungsgemeinkosten**
  Hierzu rechnet man die Kosten für die Leitung des Unternehmens, z.B. Gehälter für die Geschäftsleitung und die Angestellten, Büromaterial, Abschreibungen auf die Geschäftsausstattung.

Vertriebs-gemeinkosten

Sondereinzel-kosten Vertrieb

- **Vertriebsgemeinkosten**
  Darunter fallen Gemeinkosten, die mit dem Absatz der Erzeugnisse und/oder Dienstleistungen zusammenhängen, z.B. die Kosten für die Lagerung der Erzeugnisse, für das Verkaufsbüro, die Werbung, die Verpackung und den Versand, soweit diese nicht direkt auf das einzelne Erzeugnis zugerechnet werden können (Sondereinzelkosten des Vertriebs).

Zuteilung der Gemeinkosten

Bewegungs- und Leistungs-schlüssel

Bestands- und Ausstattungs-schlüssel

Bei der **Zumessung und Zuteilung der Gemeinkosten** werden grundsätzlich zwei Arten von Schlüsseln unterschieden:

- Bewegungs- oder Leistungsschlüssel
  Das sind Mengenangaben über Verbrauch, Rauminanspruchnahme usw.
- Bestands- und Ausstattungsschlüssel
  Das sind Angaben über Vermögenswerte in den Kostenstellen, z.B. Bestände, gebundenes Kapital usw.

In der Regel gibt man dem Bewegungs- oder Leistungsschlüssel den Vorzug, weil er nicht Preisschwankungen unterworfen ist. Trotzdem handelt es sich bei der Schlüsselung meist nur um eine näherungsweise Kostenzuordnung. Auch hierbei ist das Prinzip der Wirtschaftlichkeit zu beachten.

Nach der Zurechnung aller Gemeinkosten und Stellenkosten auf die Hauptkostenstellen werden dort die gesammelten Kosten entweder

- zur Stückzahl der Erzeugnisse oder
- zu den in der Hauptkostenstelle verbrauchten Einzelkosten in ein Verhältnis gesetzt.

Zuschlagssätze für Gemeinkosten

Das Ergebnis sind die für die Zuschlagskalkulation notwendigen **Gemeinkostenzuschlagssätze** für
- Materialgemeinkosten (MGK),
- Fertigungsgemeinkosten (FGK),
- Verwaltungsgemeinkosten (VwGK) und
- Vertriebsgemeinkosten (VtGK).

Kostenstellen / Kostenarten	Bereinigte Zahlen der Buchführung und sonstiger Aufzeichnungen	Material-kosten-stelle	Fertigungs-kosten-stelle	Verwaltungs- und Vertriebs-kostenstelle
Fertigungsmaterial, Fertigungslöhne = Einzelkosten				
Gemeinkosten = z.B. Gesetzliche Sozial-abgaben unpro-duktiver Löhne Betriebssteuern (o. Umsatzsteuer) Betriebliche Versicherungen Kalkulatorische Zinsen Kalkulatorische Abschreibungen Instandhaltungs-kosten usw.				
		Stellen-gemein-kosten Material-stelle	Stellen-gemein-kosten Fertigungs-stelle	Stellengemein-kosten Verwaltungs- und Vertriebs-stelle
Gemeinkosten-zuschlagssätze in Prozent		%	%	%

Abb. 36: Vereinfachtes Schema eines einstufigen Betriebsabrechnungsbogens (Anmerkung: Verwaltung und Vertrieb sind hier zusammengefasst.)

Sofern in einem Unternehmen Bereiche (Abteilungen) vorhanden sind, die ihre Leistungen an alle Kostenstellen abgeben (z. B. zentrale EDV) oder die der eigentlichen Leistungserstellung Hilfsdienste leisten, sind die von diesen Bereichen (Abteilungen) verursachten Kosten im BAB gesondert zu erfassen. Der **mehrstufige BAB** enthält deshalb neben Hauptkostenstellen (Material, Fertigung, Verwaltung, Vertrieb) auch Allgemeine Kostenstellen und Fertigungshilfsstellen. Es sind dann interne verursachungsgerechte Verrechnungen notwendig.

Mehrstufiger Betriebsabrechnungsbogen

Erbringt eine Vorkostenstelle an mehrere Kostenstellen eine Leistung, so muss im Wege eines Kostenstellenausgleichs- oder Umlageverfahrens die Verteilung der primären Kosten erfolgen. Häufig wird dieses Umlageverfahren in Form einer Blockumlage (Prozentuale Verteilung) der Kosten der Vorkostenstelle entsprechend der Anzahl belieferter Endkostenstellen oder im Wege eines **Treppen**- bzw. **Stufenleiterverfahrens** entsprechend ihrer Leistungsinanspruchnahme vorgenommen. Problematisch erweist sich die Verteilung der Gemeinkosten bei gegenseitiger Leistungsabgabe von zwei Kostenstellen. Hier müssen im Rahmen eines Gleichungssystems sämtliche Leistungsverflechtungen bzw. gegenseitige Leistungsbeiträge verrechnet werden. Damit ist eine verursachungsgerechte Verteilung bzw. Verrechnung auf die Kostenträger im Wege der Ermittlung von Zuschlagsätzen vorzunehmen.

Treppen- oder Stufenleiterverfahren

23.4 Die Ermittlung von Gemeinkostenzuschlagssätzen

Die Berechnung der Gemeinkostenzuschlagssätze erfolgt nach der Formel:

$$\frac{\text{Stellengemeinkosten x 100}}{\text{Stelleneinzelkosten}} = \textbf{Gemeinkostenzuschlagssatz (\%)}$$

Die **Stellengemeinkosten** lassen sich aus der entsprechenden Summenspalte des BAB entnehmen, z.B. Materialgemeinkosten, Fertigungsgemeinkosten usw. (vgl. S. 176).

Ermittlung der Zuschlagssätze

Die einzelnen Zuschlagssätze werden wie folgt ermittelt:

$$\frac{\text{Materialgemeinkosten x 100}}{\text{Materialeinzelkosten}} = \textbf{Materialgemeinkostenzuschlagssatz (MGK) in \%}$$

$$\frac{\text{Fertigungsgemeinkosten x 100}}{\text{Fertigungseinzelkosten (= Fertigungslöhne)}} = \textbf{Fertigungsgemeinkostenzuschlagssatz (FGK) in \%}$$

$$\frac{\text{Verwaltungsgemeinkosten x 100}}{\text{Herstellkosten}} = \textbf{Verwaltungsgemeinkostenzuschlagssatz (VwGK) in \%}$$

$$\frac{\text{Vertriebsgemeinkosten x 100}}{\text{Herstellkosten}} = \textbf{Vertriebsgemeinkostenzuschlagssatz (VtGK) in \%}$$

Herstellkosten sind nicht gleich Herstellungskosten

Die Herstellkosten werden nach dem Schema der Zuschlagskalkulation (vgl. dazu Kapitel 24.2.4) ermittelt. Sie dürfen nicht mit den Herstellungskosten nach § 255 Abs. 2 und 3 HGB verwechselt werden. Diese werden anders ermittelt.

Verwaltungs- und Vertriebsgemeinkosten werden oftmals auch über einen einheitlichen Zuschlagssatz in Beziehung zu den Herstellkosten der abgesetzten Erzeugnisse gesetzt und damit gemeinsam verrechnet.

In kleineren Betrieben, in denen eine klare Trennung von Kostenstellen nicht oder nur schwer möglich ist, wird vielfach **keine Differenzierung der Gemeinkosten** vorgenommen, sondern en bloc entweder auf die produktiven Löhne oder auf die Materialeinzelkosten bezogen (vgl. Kapitel 24.2.6).

Nachteilig an dem **differenzierten Zuschlagsverfahren** ist die Tatsache, dass gegenwärtig die Zuschlagssätze ständig steigen, weil mehr und mehr Kosten nur als Gemeinkosten erfassbar sind. Deshalb gehen immer mehr mittlere und kleinere Unternehmen dazu über, für jedes Erzeugnis angefallene Maschinenstunden in den Hauptkostenstellen zu erfassen.

Maschinenstundensatz

In jeder Hauptkostenstelle wird dann ein **Maschinenstundensatz** (vgl. dazu Kapitel 24.2.5) in der Form errechnet, dass die gesamten maschinenabhängigen Fertigungsgemeinkosten durch die Zahl der geleisteten Maschinenstunden geteilt werden. Die Erfassung des Maschinenstundenverbrauchs für jedes Erzeugnis oder jeden Auftrag ist dann die Grundlage für die Weiterverrechnung der Kosten.

In Betrieben, die eine entsprechende Kostenstellengliederung zulassen, werden auch Zuschlagssätze ermittelt, die unmittelbar auf die Kostenstelle bzw. einen „Kostenplatz“ bezogen sind. Man spricht vom Kostenstellensatz bzw. Platzkostenverrechnungssatz.

Kostenstellensatz

$$\frac{\text{Gemeinkosten der Kostenstelle x 100}}{\text{Einzelkosten der Kostenstelle}} = \textbf{Kostenstellensatz (\%)}$$

bzw.

Platzkostenverrechnungssatz

$$\frac{\text{Gemeinkosten des „Kostenplatzes" x 100}}{\text{Gesamtleistung des Kostenplatzes}} = \textbf{Platzkostenverrechnungssatz (\%)}$$

Auswirkung schwankender Gemeinkosten auf die Kalkulation

Der BAB sollte monatlich oder wenigstens vierteljährlich aus den Zahlen der jeweiligen Vorperiode neu erstellt bzw. überprüft werden. In der Regel werden die mit Hilfe des BAB errechneten **Ist-Zuschlagssätze** von Monat zu Monat schwanken, da sich durch Preisänderungen der Roh-, Hilfs- und Betriebsstoffe, durch Lohn- und Gehaltserhöhungen, durch Verwendung anderer Materialien oder aufgrund unterschiedlicher Beschäftigung auch die Gemeinkosten und die Zuschlagsgrundlagen ändern. Durch dieses ständige Schwanken verliert aber die Kalkulation ihre feste Grundlage. Jeden Monat wäre mit neuen Zuschlagssätzen zu rechnen. Für die Kalkulation von Erzeugnissen (oder Aufträgen und Dienstleistungen) werden während der Erstellung Zuschlagssätze des Vormonats verwendet, da man für die Angebotsabgabe nicht die Aufstellung des BAB nach Abschluss des laufenden Monats abwarten kann.

Statt „Ist"- „Normal"-Zuschlagssätze

In der Praxis ersetzt man die nur für die Kostenstelle wichtigen Ist-Zuschlagssätze durch **Normal-Zuschlagssätze**, die für mehrere Monate festgelegt werden. Sie werden auch als **Soll-Zuschlagssätze** bezeichnet. Die aufgrund dieser Normalzuschlagssätze verrechneten Gemeinkosten heißen entsprechend Normal- oder Sollgemeinkosten (vgl. dazu auch die Ausführungen in Kapitel 25.1).

Die **Normalzuschläge** lassen sich sehr einfach ermitteln, indem man aus einer Anzahl früher errechneter Ist-Zuschlagssätze (etwa der vergangenen 12 Monate) den Durchschnitt bildet. Kalkuliert man mit diesen Normalsätzen, wird die Kalkulation stetiger.

Ermittlung einer Über- bzw. Unterdeckung

Selbstverständlich muss am Ende des Monats (oder eines anderen Zeitraums) festgestellt werden, ob die verrechneten Normalgemeinkosten die tatsächlich entstandenen Gemeinkosten decken. Da Normal- und Istkosten nur in seltenen Fällen genau übereinstimmen, ergibt sich eine Über- bzw. Unterdeckung.

> Die Über- bzw. Unterdeckung wird wie folgt errechnet:
> Normalkosten ./. Istkosten = Über- bzw. Unterdeckung.

Überdeckung

Bei einer **Überdeckung** liegen die verrechneten Normalkosten über den Istkosten. Die mit Normalsätzen kalkulierten Selbstkosten sind höher als die wirklich entstandenen Selbstkosten.

Unterdeckung

Bei einer **Unterdeckung** liegen die verrechneten Normalkosten unter den Istkosten. Die tatsächlich angefallenen Kosten werden durch die Kalkulation mit Normalzuschlägen nicht mehr gedeckt.

Es ist zweckmäßig, die Über- oder Unterdeckung im BAB auszuweisen.

Soll-Istvergleich

> Der BAB dient somit auch der ständigen Überprüfung der Normalzuschlagssätze, die bei erheblichen Abweichungen entsprechend zu ändern sind. Die Abweichungsanalyse ist daher unbedingt durch eine Ursachenanalyse zu ergänzen.

Vergleiche dazu die Ausführungen über die Abweichungen S. 163.

Wiederholungsfragen zum 23. Kapitel:

1. Welche Aufgaben kann die „Kostenstellenrechnung“ erfüllen? (Seite 183)
2. Nach welchen Überlegungen können Kostenstellen gebildet werden? (Seite 183)
3. Nennen Sie ein Beispiel für eine „Allgemeine Kostenstelle“. (Seite 184)
4. Beschreiben Sie drei Beispiele für „Fertigungsgemeinkosten“. (Seite 185)
5. Was versteht man unter „Verwaltungs- und Vertriebsgemeinkosten“? Nennen Sie jeweils ein Beispiel. (Seite 185)
6. Beschreiben Sie den Aufbau eines einstufigen Betriebsabrechnungsbogens. (Seite 186)
7. Wie werden die Gemeinkostenzuschlagssätze ermittelt? (Seite 187)
8. Wodurch kann sich der Zuschlagssatz mit Normalkosten von dem mit Istkosten unterscheiden? (Seite 188)
9. Warum werden in kleineren Betrieben die Gemeinkosten en bloc in einem Zuschlagssatz auf das verbrauchte Material bzw. die angefallenen Löhne verrechnet? (Seite 187–188)
10. Welche Konsequenzen können sich aus einer Über- bzw. Unterdeckung ergeben? (Seite 189)
11. Wodurch unterscheiden sich Herstell- von Herstellungskosten? (Seite 41 und 188)

24. Die Kostenträgerrechnung

24.1 Ziele und Bereiche der Kostenträgerrechnung

Die Kostenträgerrechnung gibt eine Antwort auf die Frage: Wer (Produkt und/oder Dienstleistung) soll bzw. kann die Kosten tragen?

Ziele der Kostenträgerrechnung

Die **Ziele der Kostenträgerrechnung** sind

- die Ermittlung der **Selbstkosten** einer Leistung,
- die **Gegenüberstellung** der Selbstkosten mit dem erzielten Verkaufspreis,
- die **Ermittlung des Gewinns** je Leistungseinheit oder für die Zeitperiode sowie
- die Bereitstellung von **Kosteninformationen zur Bewertung** selbst erstellter Anlagen und fertiger bzw. unfertiger Erzeugnisse.

Als **Kostenträger** werden unterschieden:

- für den Markt bestimmte Leistungen
  Diese können unterteilt werden in
  - tatsächlich abgesetzte Leistungen und
  - auf Lager genommene Leistungen
- innerbetriebliche Leistungen
  Diese können unterteilt werden in
  - aktivierbare Leistungen und
  - nicht aktivierbare Leistungen.

Daraus ergibt sich die mögliche Aufteilung wie in Abbildung 37 dargestellt.

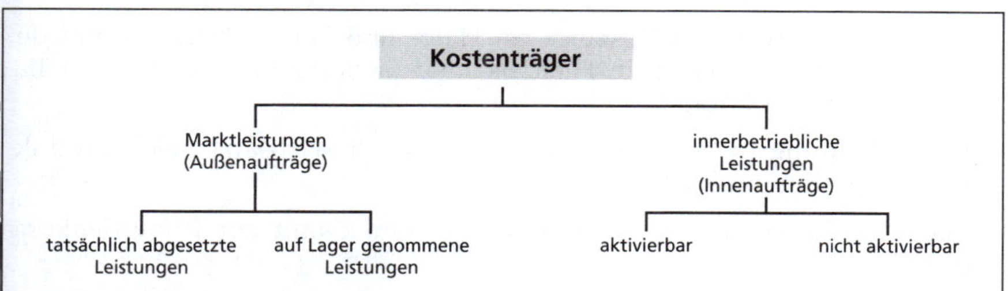

Abb. 37: Arten von Kostenträgern

Teilbereiche der Kostenträgerrechnung

Die **Kostenträgerrechnung** ist in zwei Teilbereiche zu untergliedern:

- Die **Kostenträgerstückrechnung** ermittelt in der Vor-, Zwischen- und Nachkalkulation die Stückherstellkosten bzw. die Stückselbstkosten der Kostenträger.
- Die **Kostenträgerzeitrechnung** ist eine Periodenrechnung und erfasst die Kosten eines Abrechnungszeitraums untergliedert nach Kostenarten. Durch

Gegenüberstellung der Kosten mit den jeweiligen Erlösen wird aus der Kostenträgerrechnung eine kurzfristige Erfolgsrechnung.

Die Kostenträgerrechnung erfüllt somit zwei Hauptaufgaben:

Kostenträgerzeitrechnung

– Bei feststehendem Marktpreis eine **Kontrollaufgabe**; ein Vergleich Marktpreis und ermittelte Selbstkosten zeigt den Grad der Kostendeckung (**Kostenträgerzeitrechnung**).

Kostenträgerstückrechnung (Kalkulation)

– Bei der Angebotskalkulation die **Angebotspreisermittlung**; dies gilt insbesondere bei Einzelfertigung und bei Leistungen, die noch keinen Marktpreis besitzen **(Kostenträgerstückrechnung oder Kalkulation)**.

24.2 Die Kostenträgerstückrechnung

24.2.1 Aufgaben

Die Kostenträgerstückrechnung soll Informationen liefern

- für die **Preispolitik** des Unternehmens, vor allem
  - **Preisuntergrenze** – bei der Ermittlung der Preisstellung in Konkurrenzsituationen durch Festlegung der Preisuntergrenze (z. B. variable Kosten bei der Teilkostenrechnung),
  - **Preisermittlung bei öffentlichen Aufträgen** – bei der Bestimmung des Angebotspreises bei bestimmten Vertragsgestaltungen, insbesondere bei öffentlichen Aufträgen nach den Leitsätzen für die Preisermittlung aufgrund von Selbstkosten (LSP),
  - **Preisobergrenze** – in der Frage der Beschaffung von Einsatzgütern (Festlegung der Preisobergrenzen) bzw. für die Entscheidung über Eigenfertigung oder Fremdbezug (make or buy),
  - bei der Suche nach kurz- und langfristigen Preisuntergrenzen, deren Unterschreitung die Existenz der Unternehmung in Frage stellt,
- **Beständebewertung** – für die **Bewertung** der Bestände an Halb- und Fertigfabrikaten und der selbst erstellten Anlagen in Handels- und Steuerbilanz sowie in der Betriebsergebnisrechnung,
- **Programmplanung** – für die **Planung**, insbesondere im Produktions- und Absatzbereich (Produktionsprogramm und Sortiment)
- **Gewinnplanung** – über die Zusammensetzung des **Erfolgs** und damit zur Erfolgslenkung (Gewinnplanung).

Zur Ermittlung der Selbstkosten des Kostenträgers können verschiedene **Kalkulationsarten und -verfahren** zur Anwendung kommen, die nach unterschiedlichen Kriterien klassifiziert werden:

Kalkulationsarten

- nach dem **Kalkulationszeitpunkt** (Kalkulationsarten)
  - Vorkalkulation (Angebotskalkulation)
  - Zwischenkalkulation bzw. auftragsbegleitende Kalkulation (Kontrollinstrument bei längerfristigen Projekten)
  - Nachkalkulation (Vergleich mit der Vorkalkulation als Soll-Ist-Vergleich und damit als Grundlage für spätere Vorkalkulationen)

- nach dem **inhaltlichen Aufbau** (Kalkulationsverfahren).
  In der Betriebswirtschaftslehre unterscheidet man mehrere Kalkulationsverfahren, die in Abbildung 38 im Überblick zusammengefasst sind.
  In den weiteren Betrachtungen wird im Hinblick auf die Anwendung in kleinen und mittleren Unternehmen kurz auf die Divisions-, Äquivalenzziffern- und verstärkt auf die Zuschlagskalkulation eingegangen. Die Kalkulation bei Kuppelproduktion, sog. Komplementärproduktion, ist z.B. in der chemischen Industrie vorherrschend. Sie wird hier nicht näher erläutert.

Kalkulationsverfahren

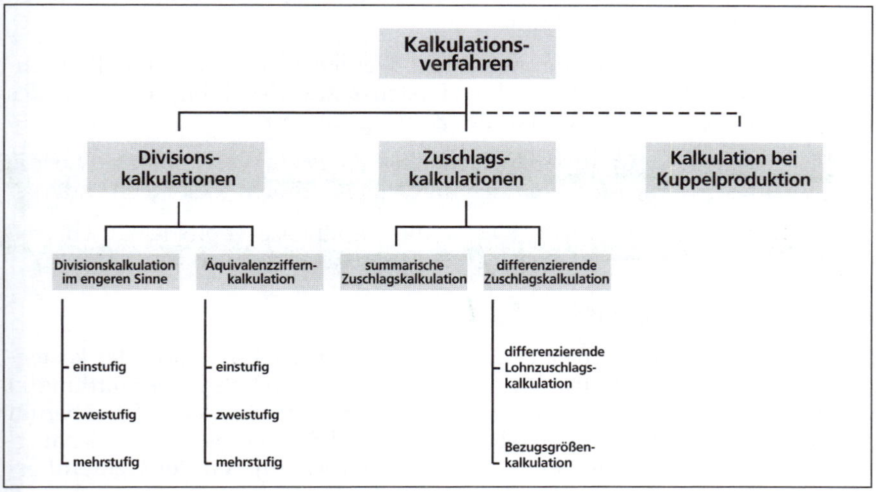

Abb. 38: Systematik der Kalkulationsverfahren

24.2.2 Divisionskalkulation

Kalkulation bei Einprodukt-unternehmen

Die in einer Periode angefallenen Gesamtkosten werden durch die produzierten Leistungen dividiert. Die **Divisionskalkulation** eignet sich für Betriebe, die **einheitliche** oder zumindest **gleichartige Produkte in Serie** herstellen. Eine Anwendung in größeren Betrieben ist dann gegeben, wenn neben Normalaufträgen (Kundenaufträge) Serien gefertigt werden müssen, die – sofern eine Kostenzurechnung möglich ist – mit dem Divisionsverfahren kalkuliert werden können.

Ein besonderer Vorteil dieser Methode besteht darin, dass bei Aufteilung der Selbstkosten in fixe und variable Bestandteile die **Gewinnschwelle** (break-even-point) (vgl. dazu Kapitel 25.2.4) sowohl mengen- als auch wertmäßig **berechnet** werden kann. Der Betrieb erhält auf diese Weise Kenntnis über den Zusammenhang zwischen Seriengröße und Gewinnentwicklung. Dadurch kann die Gefahr, Aufträge anzunehmen, bei denen keine Deckung der variablen Kosten erwartet wird, verringert werden.

Die Divisionskalkulation findet im vielfach auf individuelle Einzelfertigung ausgelegten mittelständischen Unternehmen wenig Anwendung.

24.2.3 Äquivalenzziffernkalkulation

Kalkulation mit Wertvergleichszahlen

In Betrieben, die **wenige gleichartige, aber im Wert ungleiche Produkte** herstellen, kann man mit so genannten **Äquivalenzzahlen** (Wertvergleichszahlen) kalkulieren.

Bei der Ermittlung der Äquivalenzzahlen werden zunächst für die Kostenarten, die je Fertigungseinheit bei den einzelnen Erzeugnisarten verschieden sind, die Kostenanteile je Fertigungseinheit ermittelt. Meist handelt es sich dabei um verschieden hohe Material- und/oder verschieden hohe Lohnkosten bei sonst gleichen Kosten je Einheit.

Diese Kostenanteile je Fertigungseinheit werden in ein Wertverhältnis zueinander gesetzt, wobei man die Herstellkosten des billigsten oder des Hauptproduktes (Grundprodukt) der Zahl 1 gleichsetzt.

Die ermittelten Äquivalenzzahlen sind so lange verwendbar, wie die Verhältnisse der Kostenarten sich untereinander nicht wesentlich ändern.

Das Anpassen der Äquivalenzzahlen an die Marktpreise ist problematisch, weil der tatsächliche Gewinn der einzelnen Erzeugnisarten dadurch verdeckt wird.

24.2.4 Zuschlagskalkulation

Aufbau der Zuschlagskalkulation

Die **Zuschlagskalkulation** ist die am weitesten entwickelte Form der kostenorientierten Preisermittlung. Viele Varianten der Angebotspreisermittlung in mittelständischen Unternehmen bauen auf ihren Grundsätzen auf. Sie beruht auf der Unterscheidung in Einzel-, Gemein- und Sonderkosten. Die Genauigkeit der Kalkulation hängt weitgehend von der **Richtigkeit der Gemeinkostenzuschläge** ab.

Die Zurechnung der Gemeinkosten ist aber oft ungenau, weil darin variable Bestandteile enthalten sind, die unterschiedlich auf Beschäftigungsveränderungen reagieren. Der Zuschlagssatz kann also erst nachträglich zuverlässig errechnet werden und gilt dann nur für einen bestimmten Beschäftigungsgrad. Für Betriebe mit starken Beschäftigungsschwankungen ist daher die genaue Beobachtung der Kostenverläufe äußerst wichtig.

Der **Aufbau der Zuschlagskalkulation** ist abhängig von der gewählten Zuschlagsbasis. Man unterscheidet die summarische und die differenzierende Zuschlagskalkulation.

Summarische Zuschlagskalkulation

- Bei der **summarischen Zuschlagskalkulation** werden die gesamten Gemeinkosten der Abrechnungsperiode durch einen einzigen (summarischen) Zuschlagssatz verrechnet. Als Zuschlagsgrundlage (Bezugsbasis) kommen die Materialeinzelkosten, die Lohneinzelkosten (Fertigungseinzelkosten) oder die gesamten Einzelkosten in Betracht. Diese vereinfachte Form kann zu Ungenauigkeiten bei der Preisermittlung führen. Im Handwerk findet diese Form im Zusammenhang mit dem Stundenverrechnungssatz (vgl. dazu Kapitel 24.2.6) häufig Anwendung.

Differenzierende Zuschlagskalkulation

- Die Anwendung der **differenzierenden Zuschlagskalkulation** setzt eine Aufspaltung der Gemeinkosten in Material-, Fertigungs-, Verwaltungs- und Vertriebsgemeinkosten voraus (vgl. Abbildung 39), wie sie gewöhnlich in der Kostenstellenrechnung (Betriebsabrechnungsbogen) vorgenommen wird. Mit Hilfe der im Betriebsabrechnungsbogen gewonnenen Gemeinkostenzuschlagssätze werden die Gemeinkosten den für die einzelnen Produkte direkt erfassbaren Einzelkosten zugeschlagen. Gebräuchlich ist dabei ein Kalkulationsschema, das durch die Übersicht in Abbildung 40 wiedergegeben wird.

<table>
<tr><td>Materialeinzelkosten</td><td>Materialgemeinkosten</td><td>Lohneinzelkosten</td><td>Fertigungsgemeinkosten</td><td>Sondereinzelkosten der Fertigung</td><td colspan="3" rowspan="2"></td></tr>
<tr><td colspan="2">Materialkosten</td><td colspan="3">Fertigungskosten</td></tr>
<tr><td colspan="5">Herstellkosten</td><td>Verwaltungsgemeinkosten</td><td>Vertriebsgemeinkosten</td><td>Sondereinzelkosten des Vertriebs</td></tr>
<tr><td colspan="8">Selbstkosten</td></tr>
</table>

Abb. 39: Aufbau der differenzierenden Zuschlagskalkulation

Daraus ergibt sich nachstehendes **Schema der Zuschlagskalkulation**:

		(1)	Materialeinzelkosten
	+	(2)	Materialgemeinkosten (MGK)
	=	(3)	Materialkosten
	+	(4)	Fertigungslöhne
	+	(5)	Fertigungsgemeinkosten (FGK)
	+	(6)	Sondereinzelkosten der Fertigung (SEF)
	=	(7)	Fertigungskosten
(3) + (7)	=		**Herstellkosten**
	+	(8)	Verwaltungsgemeinkosten (VwGK)
	+	(9)	Vertriebsgemeinkosten (VtGK)
	+	(10)	Sondereinzelkosten des Vertriebs (SEV)
	=	(11)	**Selbstkosten**

Abb. 40: Schema der differenzierenden Zuschlagskalkulation

Ermittlung der Angebotspreise

Zur **Ermittlung des Angebotspreises** muss noch der Gewinnzuschlag und die gesetzliche Mehrwertsteuer berücksichtigt werden. Allerdings sei darauf hingewiesen, dass in den jeweiligen Gemeinkosten, vor allem in den Fertigungsgemeinkosten, bereits kalkulatorische Kosten (wie z. B. Eigenkapitalverzinsung) enthalten sind. Daher findet man in der Angebotskalkulation der Unternehmen für den Kunden den Gewinnzuschlag nicht gesondert ausgewiesen.

24.2.5 Die Maschinenstundensatzrechnung

Prinzip der Vollkostenrechnung

Das Prinzip der Vollkostenrechnung besteht darin, dass die Kosten dem Auftrag, der sie verursacht, auch verursachungsgerecht zugerechnet werden. Dies geschieht nicht nur prozentual, sondern auch zeitabhängig.

Hauptbestandteil der Fertigungsgemeinkosten sind in einem maschinenintensiven Betrieb die **maschinenabhängigen Kosten**. Ihre Verrechnung auf die Kostenträger innerhalb des üblichen Fertigungsgemeinkostenzuschlags (FGK) führt dazu, dass Aufträge u.U. falsch kalkuliert werden, wenn in der Kostenträgerrechnung immer der gleiche Zuschlagssatz angesetzt wird.

Die falsche Kalkulation entsteht für

Nachteile bei der Anwendung des FGK-Zuschlagssatzes

- Aufträge, die in der gleichen Fertigungsstelle den Einsatz von Maschinen mit hohen Kosten erfordern, bzw.
- Aufträge, die in der gleichen Fertigungsstelle den Einsatz von Maschinen mit niedrigeren Kosten erfordern und
- Aufträge, die mehr Maschinenstunden benötigen als der Durchschnitt, bzw.
- Aufträge, die weniger Maschinenstunden benötigen als der Durchschnitt.

Restfertigungsgemeinkosten

Dieser Fehler lässt sich vermeiden, wenn die maschinenabhängigen Kosten aus den Fertigungsgemeinkosten herausgezogen und in sog. Maschinenstundensätzen (oft auch Maschinenminutensätzen) gesondert verrechnet werden. Nach der Ausklammerung liegen die Zuschlagssätze für die dann noch übrig bleibenden **Restfertigungsgemeinkosten** der einzelnen Fertigungsstellen nahe beieinander.

Damit ergeben sich folgende Vorteile:

- Durch Herausnahme der maschinenabhängigen Kosten aus dem FGK-Zuschlag ist es möglich, die Zahl der Fertigungsstellen und damit der Zuschlagssätze zu verringern.
- Die Ermittlung und Anwendung der Maschinenstundensätze gewährleistet eine laufende Kontrolle der wichtigsten Maschinenkosten.

Maschinenabhängige Kosten

Zu den **maschinenabhängigen Kosten** gehören insbesondere folgende Kostenarten:

- kalkulatorische Abschreibungen auf Maschinen,
- Zinsen für das in den Maschinen investierte Kapital,
- Instandhaltungskosten der Maschinen,
- Raum- bzw. Platzkosten der Maschinen,
- Energiekosten der Maschinen,
- evtl. Werkzeugkosten und
- Personalkosten des Maschinenbedieners, wenn sie direkt der Maschine zugerechnet werden können.

Ermittlung der Laufstunden

Die maschinenabhängigen Kosten bezieht man auf die **betrieblichen Laufstunden**, die sich aus der durchschnittlichen Inanspruchnahme der Maschinen ergeben.

Beispiel:

Zahl der jährlichen Arbeitstage mal tägliche Arbeitsstunden 249 Tage x 8 Std.		= 1992 Std.
./. durchschnittliche Ausfallzeit wegen Krankheit	etwa	71 Std.
./. durchschnittliche Ausfallzeit wegen Urlaub	etwa	50 Std.
./. Reinigungszeit	etwa	40 Std.
./. Ausfallzeit durch Störungen wie Maschinenschaden, Stromausfall usw.	etwa	36 Std.
	Rest	= 1795 Std.

= rund 1800 Stunden jährlich

= rund 150 Stunden monatlich.

Die für die Kalkulation zu verwendende Laufstundenzahl ergibt sich aus dem vorhandenen oder geschätzten Auftragsvolumen (Beschäftigungsgrad). Je nach Höhe des Fixkostenanteils wird dadurch auch die Höhe des Maschinenstundensatzes beeinflusst (siehe unten).

Beispiele für die Ermittlung der maschinenabhängigen Kosten

Die Ermittlung der maschinenabhängigen Kosten kann von folgenden Überlegungen ausgehen:

Beispiel:

1 Abschreibungsbetrag je Maschinenstunde

Abschreibungsgrundwert für die Berechnung des Abschreibungsbetrages je Maschinenstunde sind die gesamten Anschaffungskosten.

Da die Wiederbeschaffungskosten in der Regel steigen, sind die Anschaffungskosten durch die Wiederbeschaffungskosten bei der Ermittlung der kalkulatorischen Abschreibung zu ersetzen.

Restwert der Maschine ?

Die Nutzungsdauer einer Maschine ist durch vorsichtige Schätzung unter Beachtung von Abnutzung, Alter, technischer Weiterentwicklung, voraussehbarer Bedarfsverschiebung, Mehrschichteneinsatz und Umwelteinflüssen festzulegen.

Bei Leasing fallen die Abschreibungen weg und werden durch Leasinggebühren ersetzt.

2. Zins je Maschinenstunde

Die kalkulatorischen Zinsen müssen von Jahr zu Jahr jeweils neu aus dem kalkulatorischen Restwert errechnet werden. Da dies zeitraubend ist, wählt die Praxis häufig die halben Wiederbeschaffungskosten als Kapitalbasis.

$$\frac{\text{Wiederbeschaffungswert}}{2} \times \frac{\text{Zinssatz}}{100} = \textbf{Zinskosten}$$

3. Instandhaltungskosten je Maschinenstunde
Die Instandhaltungskosten umfassen Reparaturen und Wartungsdienst. Anstelle der jährlich wechselnden Instandhaltungskosten verwendet man als Basis häufig die aufgrund der Erfahrungswerte früherer Jahre geschätzten voraussichtlichen Instandhaltungskosten der Gesamtnutzungsdauer.

4. Raum- bzw. Platzkosten je Maschinenstunde
Die Raumkosten einer Maschine sind von dem durch sie beanspruchten Raumbedarf abhängig. Er umfasst die Grundfläche der Maschine, den notwendigen Bedienungsraum und Abstellraum für die Werkstücke.

Im Raumkostensatz werden die Abschreibungen, Zinsen, Instandhaltungskosten für Gebäude und Energieversorgung usw. abgegolten, ferner die Heizungs-, Beleuchtungs-, Versicherungs- und eventuell die anteiligen Personalkosten. = Mietwert je m² mal Stell- und Arbeitsfläche

5. Energiekosten je Maschinenstunde
Wird die Maschine durch Kraftstrom angetrieben, ergibt sich der Energieverbrauch aus der auf dem Typenschild der Maschine angegebenen kW-Zahl. Doch liegt der reale Energieverbrauch wegen der geringeren tatsächlichen Inanspruchnahme des Motors meist nur bei einem geringeren Prozentsatz.

Der Energieverbrauch von Maschinen, die mit flüssigem Kraftstoff, Gas oder Dampf betrieben werden, ist in Liter/h oder m^3/h zu ermitteln.

Der Verbrauch ist mit dem Preis pro Einheit zu bewerten.

Ermittlung Maschinenstundensatz

Die Addition der Kosten (1 bis 5) ergibt den **Maschinenstundensatz**. Man kann auch die Summe der Jahreskosten pro maschinenabhängige Kostenart ermitteln und durch die Laufzeit dividieren. Die Schwierigkeit liegt in der Festlegung der Auslastung der Maschine (Beschäftigungsgrad aufgrund der Auftragslage). Dadurch wird die Höhe des Maschinenstundensatzes durch den Fixkostenanteil beeinflusst.

Es ergeben sich für den Betriebsabrechnungsbogen nachstehende Folgerungen:

- Im BAB sind innerhalb des Fertigungsbereichs Spalten für die einzelnen Maschinengruppen zu bilden, in denen die Anteile der Maschinengruppen an den maschinenabhängigen Kostenarten einzutragen sind.
- Die nach Ausgliederung der maschinenabhängigen Fertigungsgemeinkosten verbleibenden Restfertigungsgemeinkosten setzen sich dann im Wesentlichen nur noch aus den Kosten der Fertigungsorganisation, insbesondere den Hilfslöhnen, Gehältern, Sozial- und Reinigungskosten zusammen.

Eine häufige Überprüfung des Maschinenstundensatzes ist wegen Kosten- und/oder Beschäftigungsänderungen dringend zu empfehlen.

24.2.6 Der Stundenverrechnungssatz

Ermittlung des Stundenverrechnungssatzes

Das mittelständische Unternehmen (einschließlich Handwerk) verkauft Arbeitsstunden und Material. Der Preis für die Leistung ergibt sich aus der Anzahl der Arbeitsstunden x Stundenverrechnungssatz + verarbeitetes Material (inklusive Materialaufschlag).

Der **Stundenverrechnungssatz** muss also zusammen mit den Materialkosten die entstandenen Kosten decken und sollte möglichst einen betriebswirtschaftlich notwendigen Gewinnanteil enthalten.

Zur Ermittlung des Verrechnungssatzes ist die Kenntnis über den Kostenanfall notwendig. In der Buchhaltung müssen die Zahlen für die Kalkulation enthalten sein, wobei die Kosten der vergangenen Zeitperiode nicht immer für die Kalkulation zukünftiger Aufträge herangezogen werden können: Die Kalkulation benötigt immer **aktuelle Kosten**, die dann auch – wahrscheinlich – anfallen werden bzw. anfallen dürfen. In solchen Fällen macht sich eine **auftragsbegleitende** Kostenkontrolle vorteilhaft bemerkbar.

Personalkosten

Die wichtigste Kostenart bei der Ermittlung des Stundenverrechnungssatzes sind die **Personalkosten**. Sie enthalten die Löhne für die Gesellen, Helfer, Lehrlinge und Aushilfskräfte sowie die Gehälter für die Angestellten (je nach Rechtsform auch die der geschäftsführenden Gesellschafter) und die mitarbeitende Ehefrau. Dazu kommen die sog. **Personalzusatzkosten**, wie z.B. die Arbeitgeberbeiträge zur Sozialversicherung. Der Arbeitgeber zahlt die Hälfte der Renten-, Kranken- und Arbeitslosenversicherung der Mitarbeiter. Weiterhin sind zu nennen: **Beiträge** zur Berufsgenossenschaft, zur gesetzlichen Unfallversicherung sowie die vermögenswirksamen Leistungen.

Personalzusatzkosten

„Produktive" und „unproduktive" Stunden

Bei der Ermittlung des Stundenverrechnungssatzes sind die sog. **„produktiven"** von den **„unproduktiven" Stunden** zu trennen. Nicht jede dem Mitarbeiter bezahlte Stunde kann dem Kunden direkt berechnet werden. Zu berücksichtigen sind folgende Zeiten: Sonnabend und Sonntag, Urlaubs-, Feiertags- und Krankheitstage sowie Zeiten der betrieblichen Weiterbildung. Dazu kommen die „unproduktiven" Stunden durch betrieblichen Leerlauf, bei schlechter Organisation oder Nacharbeiten wegen Reklamationen durch den Kunden. Beispielsrechnungen kommen pro Mitarbeiter und Jahr auf ca. 1500 Stunden weiter verrechenbare Stunden. Bei schlechter Auftragslage und Fehlern in der betrieblichen Organisation wird diese Stundenzahl unterschritten und kann den Stundenverrechnungssatz und den Erfolg entsprechend beeinflussen.

„Unproduktive" Zeiten für die Geschäftsführung

Auch der Inhaber (Einzelunternehmer oder geschäftsführender Gesellschafter einer GmbH) muss seine „unproduktiven" Zeiten berücksichtigen, z.B. Verkaufsgespräche führen, mit Lieferanten verhandeln, Mitarbeiter einweisen und überwachen, Vor- und Nachkalkulationen durchführen, Rechnungen schreiben und überprüfen.

Beispiel:

2 Mitarbeiter x 1500 Stunden	=	3000 Stunden
1 Lehrling (zu 30 % produktiv)	=	450 Stunden
Inhaber (zu 50 % produktiv)	=	750 Stunden
Produktivstunden insgesamt	=	4200 Stunden

Weitere Kostenarten des Stundenverrechnungssatzes

Weitere Kostenarten, die im Verrechnungssatz zu berücksichtigen sind:

- Kalkulatorische Abschreibungen
- Kalkulatorische oder tatsächlich zu zahlende Zinsen
- Kalkulatorischer Unternehmerlohn bei Personengesellschaften
- Hilfs- und Betriebsstoffe
- Energiekosten
- Betriebliche Steuern, wie z.B. Gewerbe- und Grundsteuer
- Gebühren, wie z.B. Leasinggebühren und Beiträge, Versicherungen, Rechtsschutz usw.
- Instandhaltung und Reparaturen (z.B. Kraftfahrzeugkosten)
- Kalkulatorische oder tatsächliche Miete
- Porto und Kommunikationskosten (z.B. Telefon, Telefax, Internet usw.)
- Werbekosten
- Beratungskosten (z.B. Steuerberater, Rechtsanwalt)
- Kalkulatorische Risiken, die, wenn sie nicht anfallen, sich als Gewinn niederschlagen.

Die Berechnung des Stundenverrechnungssatzes ergibt sich folgendermaßen:

$$\frac{\text{Summe der o.a. Kostenarten + Gewinn (z.B. 190.000,– €)}}{\text{Anzahl der Produktivstunden (4200 Stunden)}} \qquad 45{,}24\ €$$

Der Stundenverrechnungssatz von 45,24 € ist der Mittelwert, der sich aus einem mittleren Stundenlohn von z.B. 20,– € ergibt.

Da nicht alle Mitarbeiter gleich entlohnt werden, muss man differenzieren:

$$\frac{\text{Mittlerer Stundenverrechnungssatz}}{\text{Mittlerer Bruttostundenlohn}} = \frac{45{,}24\ €}{20{,}–\ €} = 2{,}26\ \text{(Verrechnungsfaktor)}$$

Der Stundenverrechnungssatz ist also das 2,26-fache des Stundenlohns, d.h. wenn man den Stundenlohn eines Mitarbeiters mit diesem Faktor multipliziert, erhält man dessen Stundenverrechnungssatz. Der tatsächlich dem Kunden angebotene oder verrechnete Satz kann sich natürlich auch an einer marktorientierten Preispolitik ausrichten.

24.3 Die Kostenträgerzeitrechnung

24.3.1 Aufgaben

Aufgaben der Kostenträgerzeitrechnung

Die Kostenträgerzeitrechnung hat die Aufgabe, alle Einzel- und Gemeinkosten insgesamt und getrennt für jedes Erzeugnis des Produktionsprogramms zu erfassen.

Im Einzelnen ist sie auf folgende Ziele ausgerichtet:

Herstellkosten
Herstellungskosten

- Errechnung der **Herstellkosten** für jedes Erzeugnis. Sie ist damit die Grundlage für die Bewertung der fertigen und unfertigen Erzeugnisse zu den handels- und steuerrechtlich vorgeschriebenen **Herstellungskosten**. Sie ergeben sich nach § 255 Abs. 2 und 3 HGB bzw. § 6 EStG und dürfen nicht mit den Herstellkosten verwechselt werden.

Errechnung der Selbstkosten

- Errechnung der **Selbstkosten** insgesamt und für jedes Erzeugnis (Auftrag). Sie ist damit die Grundlage zur Kontrolle der Wirtschaftlichkeit und Rentabilität einzelner Erzeugnisse (Aufträge).

Ermittlung des Betriebsergebnisses

- Ermittlung des **Betriebsergebnisses** einer Abrechnungsperiode. Damit ist sie die Grundlage einer kurzfristigen Erfolgsrechnung.

Als Ergebnis kann festgehalten werden:

> Die Kostenträgerzeitrechnung ist die Grundlage zur Berechnung der Herstellkosten, der Selbstkosten und des Betriebsergebnisses einer Abrechnungsperiode.

24.3.2 Die Kostenträgerzeitrechnung als Ergebnisrechnung

Kostenträgerzeitrechnung

Für die Geschäftsleitung ist es wichtig zu erfahren, wie hoch der Anteil des einzelnen Erzeugnisses (Auftrages) an den Gesamtkosten ist und in welchem Maße es am Gewinn oder Verlust beteiligt ist. In der Praxis wird daher die Kostenträgerzeitrechnung zu einer Ergebnisrechnung ausgebaut. Dazu kann ein Kostenträgerblatt erstellt werden.

Kostenträgerblatt zur Ergebnisermittlung

Dem Aufbau des Kostenträgerblattes liegt im Wesentlichen das Schema der Zuschlagskalkulation zugrunde. Die Einzelkosten (Fertigungsmaterial und Fertigungslöhne) ergeben sich aus der Betriebsbuchhaltung und werden anhand der Belege auf die verschiedenen Erzeugnisse (Aufträge) verteilt. Mit Hilfe der Normalzuschlagssätze werden die Gemeinkosten anteilig auf die Erzeugnisse (Aufträge) verrechnet. Wenn die **Selbstkosten des Umsatzes für jedes einzelne Erzeugnis** (Auftrag) ermittelt worden sind, ist die eigentliche Kostenträgerzeitrechnung abgeschlossen.

Durch einen Vergleich der Selbstkosten des Umsatzes mit den entsprechenden Nettoverkaufserlösen (= Umsatzerlöse abzüglich Rücksendungen und Erlösschmälerungen) erhält man das Umsatzergebnis insgesamt und für die einzelnen Kostenträger:

Umsatzergebnis

> Nettoverkaufserlöse ./. Selbstkosten des Umsatzes = **Umsatzergebnis**

Das Umsatzergebnis unterscheidet sich vom Betriebsergebnis durch die Kostenüber- bzw. -unterdeckung, da diese die Differenz zwischen Soll- und Istrechnung bilden. Berichtigt man daher das Umsatzergebnis um die Kostenüber- oder -unterdeckung, die sich durch die tatsächlich angefallenen Kosten ergibt, erhält man das Betriebsergebnis der Abrechnungsperiode (vgl. dazu die Ausführungen in Kapitel 23.4).

Zusammengefasst ergibt sich:

Betriebsergebnis

> Umsatzergebnis +/./. Über- bzw. Unterdeckung = **Betriebsergebnis**

Das im Kostenträgerblatt ermittelte Betriebsergebnis muss deshalb mit dem der Betriebsbuchhaltung übereinstimmen. Das Betriebsergebnis lässt sich somit aus den Zahlen der Kostenrechnung feststellen (vgl. dazu Abbildung 41). Vergleiche dazu die Ausführungen über „Abweichungen“ S. 159.

Kostenträgerblatt als kurzfristige Erfolgsrechnung

Das Kostenträgerblatt ist ein ausgezeichnetes Hilfsmittel zur kurzfristigen Erfolgsrechnung. Außerdem dient es dazu, die Zahlen der Buchführung mit denen der Kostenrechnung abzustimmen.

Grundsätzlich lässt sich natürlich diese Ergebnisrechnung auch auf die Abrechnung eines einzelnen Auftrags übertragen. Voraussetzung ist auch hier eine zeitnahe Erfassung der angefallenen Kosten in der jeweiligen Abrechnungsperiode.

Als Ergebnis kann festgehalten werden:

Mit Hilfe des Kostenträgerblattes können ermittelt werden:
- der Anteil der verschiedenen Erzeugnisse (Aufträge) an den Gesamtkosten der Abrechnungsperiode,
- der Anteil der einzelnen Erzeugnisse (Aufträge) am Umsatzergebnis und
- das monatliche Betriebsergebnis (kurzfristige Erfolgsrechnung).

Kostenträgerblatt			Verrechnete Normalkosten		
			Kostenträger insgesamt	**Kostenträger: Produkt A**	**Kostenträger: Produkt B**
			€	€	€
1–13 Kostenträger-Zeitrechnung	1.	Fertigungsmaterial	100.000,–	70.000,–	30.000,–
	2.	+ 10 % MGK	10.000,–	7.000,–	3.000,–
	3.	**Materialkosten (1 + 2)**	110.000,–	77.000,–	33.000,–
	4.	Fertigungslöhne	84.000,–	52.000,–	32.000,–
	5.	+ 125 % FGK	105.000,–	65.000,–	40.000,–
	6.	**Fertigungskosten (4 + 5)**	189.000,–	117.000,–	72.000,–
	7.	**Herstellkosten der Produktion (3 + 6)**	299.000,–	194.000,–	105.000,–
	8.	+ Minderbestand Unfertige Erz.	+ 60.000,–	+ 40.000,–	+ 20.000,–
	9.	./. Mehrbestand Fertige Erz.	./. 20.000,–	./. 15.000,–	./. 5.000,–
		= Bestandsveränderungen			
	10.	**Herstellkosten des Umsatzes**	339.000,–	219.000,–	120.000,–
	11.	+ 15 % VwGK	50.850,–	32.850,–	18.000,–
	12.	+ 5 % VtGK	16.950,–	10.950,–	6.000,–
	13.	**Selbstkosten des Umsatzes**	406.800,–	262.800,–	144.000,–
14–17 Ergebnisrechnung	14.	Netto-Verkaufserlöse	503.200,–	367.200,–	136.000,–
	15.	**Umsatzergebnis (14–13)**	**96.400,–**	**104.400,–**	./. **8.000,–**
	16.	+ Überdeckung (aus BAB)	3.870,–		
	17.	Betriebsergebnis (15 + 16)	**100.270,–**		

Abb. 41: Beispiel für ein Kostenträgerblatt

Wiederholungsfragen zum 24. Kapitel:

1. Beschreiben Sie die Ziele der „Kostenträgerrechnung". (Seite 191)
2. In welche Bereiche wird die „Kostenträgerrechnung" eingeteilt? (Seite 191)
3. Was versteht man unter „Marktleistungen" und was unter „innerbetrieblichen Leistungen"? (Seite 191)
4. Welche Informationen soll die Kostenträgerstückrechnung liefern? (Seite 193)
5. Stellen Sie den Aufbau der differenzierenden Zuschlagskalkulation dar! (Seite 194–195)
6. Für welchen Sachverhalt eignet sich die Divisionskalkulation? (Seite 193)
7. Was versteht man unter „maschinenabhängigen Kosten"? (Seite 196–197)
8. Begründen Sie die Vorteile der Maschinenstundensatzrechnung gegenüber der traditionellen Zuschlagskalkulation? (Seite 196)
9. Wie wirken sich fixe Kosten bei der Ermittlung des Maschinenstundensatzes aus? (Seite 197–198)
10. Was versteht man unter dem „mittleren Stundenverrechnungssatz"? (Seite 200)
11. Welche Ziele werden mit der „Kostenträgerzeitrechnung" verfolgt? (Seite 200–201)
12. Wie unterscheiden sich „Umsatzergebnis" und „Betriebsergebnis"? (Seite 201)

25. Kostenrechnungssysteme

Kostenzurechnungsprobleme erfordern eine andere Betrachtungsweise

Die bisherigen Ausführungen zur Kostenrechnung haben gezeigt, dass die Kostenzurechnung nicht nur abgrenzungstechnische Schwierigkeiten bereitet, sondern dass sich auch Zurechnungsprobleme in Bezug auf Leistungen ergeben können.

Alle dargestellten Verfahren gehen zumindest bei einigen, wenn nicht bei allen Verrechnungsschritten von einem gleichen Verhältnis zwischen Kosten und Leistung aus, das nicht oder nur begrenzt vorhanden ist. Einzelne Kostenarten oder -gruppen sind sogar überhaupt nicht immer in eine sinnvolle Beziehung zum Erzeugnis (Auftrag) zu setzen, so z.B. Verwaltungskosten oder Entwicklungskosten.

Aus diesem Grund sind **verschiedenartige Kostenrechnungssysteme** entwickelt worden, die entweder andersartige Zurechnungsverfahren anwenden oder teilweise auf die direkte Zurechnung der angefallenen Kosten verzichten.

Vereinfachend kann unterschieden werden:
- Kostenrechnungssysteme auf der Basis von Vollkosten,
- Kostenrechnungssysteme auf der Basis von Teilkosten.

25.1 Kostenrechnungssysteme auf der Basis von Vollkosten (Vollkostenrechnung)

Vollständige und periodengerechte Erfassung

In jedem Unternehmen hat die Kostenrechnung die Aufgabe, **alle** Kostenarten vollständig und periodengerecht zu erfassen und sie der einzelnen Leistung (= Kostenträger) verursachungsgerecht zuzurechnen. Dieses als Vollkostenrechnung bezeichnete System ist Grundlage jeder Kostenträgerrechnung, die die **Herstell- und Selbstkosten** der Leistungen ausweisen soll. Ihre Aufgaben erfüllt die Vollkostenrechnung nur dann zufriedenstellend, wenn auf dem Markt die mit Hilfe der Zuschlagskalkulation errechneten Angebotspreise vom Kunden akzeptiert werden.

Es muss aber geprüft werden, ob die Vollkostenrechnung auch dann noch sinnvoll angewendet werden kann, wenn der Markt **unternehmerische Entscheidungen** zur Verbesserung der Auftragslage oder des Betriebserfolges verlangt.

Fixe und variable Kosten und ihre Auswirkung

Die seitherigen Ausführungen sind von der Vollkostenrechnung mit Istkosten ausgegangen, d.h. es sind die Verrechnungsschritte für die Zurechnung aller angefallenen Kosten auf die Leistungen gezeigt worden. Ändert sich die Leistungsmenge, ändern sich die variablen Kosten; die fixen Kosten bleiben aber innerhalb eines bestimmten Zeitraumes gleich. Da die Beschäftigung fast regelmäßig für jede Periode unterschiedlich ist, verändern sich laufend die Gemeinkostenzuschläge, die sowohl fixe wie variable Kosten enthalten. Die mengenproportionalen Einzelkosten bleiben jedoch – bei festen Preisen und unverändertem Verbrauch – gleich. Eine Kostenkontrolle und eine anschließende Kontrolle der Wirtschaftlichkeit wird dadurch sehr erschwert.

Die **Vollkostenrechnung** kann aufgrund der vorher genannten Gesichtspunkte folgendermaßen **durchgeführt** werden:

- Mit **Istkosten**:

Istkosten

> **Istkosten** sind die Kosten, die während einer bestimmten Abrechnungsperiode tatsächlich bei der Erstellung einer Leistung unter Berücksichtigung eines bestimmten Beschäftigungsgrades entstanden sind.

- Mit **Normalkosten**:

Normalkosten

> Sie werden zur Bewertung innerbetrieblicher Leistungen mit Durchschnittspreisen, d.h. Normalpreisen herangezogen.

Nachteil dabei ist, dass keine genaue Anpassung an die jeweiligen Beschäftigungsänderungen erfolgen kann.

- Mit **Plankosten**:

Plankosten

> Plankosten sind Kosten, die in der Zukunft bei der Leistungserstellung anfallen, wenn ein bestimmter **Beschäftigungsgrad** vorausgesetzt wird.

Kostenkontrolle und Abweichungsanalyse

Durch die Vergleichsmöglichkeit von „Plan" mit dem „Ist" kommt man zu einer wirkungsvollen **Kostenkontrolle** und kann eine **Abweichungsanalyse** und **Ursachenanalyse** vornehmen.

Beim Soll-Ist-Vergleich lassen sich die auftretenden Abweichungen nach ihren Ursachen in

- Verbrauchsabweichungen,
- Preisabweichungen und
- Beschäftigungsabweichungen

aufgliedern. Diese ergeben sich aus folgenden Gründen:

Zwischen den geplanten und den tatsächlich angefallenen Kosten müssen zwangsläufig immer dann Differenzen auftreten,

- wenn die tatsächlich zu zahlenden Einstandspreise nicht mit den geplanten Preisen übereinstimmen (Preisabweichungen), **Preisabweichung**
- wenn Plan- bzw. Soll-Verbrauchsmengen und Ist-Verbrauchsmengen verschieden hoch sind (Verbrauchsabweichungen), **Verbrauchsabweichung**
- wenn der tatsächliche Beschäftigungsgrad nicht mit dem Planwert übereinstimmt (Beschäftigungsabweichung). **Beschäftigungsabweichung**

Zur Ermittlung der **Preisabweichungen** ist den Istkosten der Wert gegenüberzustellen, der sich ergibt, wenn die betreffenden Werteverzehre mit den Planpreisen (Istmenge x Planpreis) bewertet werden. Diese Größe wird (logisch nicht ganz einwandfrei) als Istkosten zu Planpreisen bezeichnet. Es gilt also:

Preisabweichung = Istkosten zu Planpreisen ·/· Istkosten

Verbrauchsabweichungen ergeben sich, wenn die für ein bestimmtes Leistungsvolumen geplanten Mengenverbräuche (Sollmengen) nicht mit den tatsächlich angefallenen Faktoreinsatzmengen (Istmengen) übereinstimmen. Da Unterschiede zwischen Planpreisen und Istpreisen bereits mit den Preisabweichungen erfasst werden, sind die Mengenabweichungen zu Planpreisen zu bewerten, sodass sich folgende Formel ergibt

Verbrauchsabweichung = Sollkosten ·/· Istkosten zu Planpreisen

Aus den Formeln für die Preis- und Verbrauchsabweichung folgt:

Sollkosten ·/· (Preisabweichung + Verbrauchsabweichung)
= Istkosten zu Istpreisen

Die **Beschäftigungsabweichung** misst die Differenz zwischen den geplanten Fixkosten und der Summe der eingespielten Soll-Deckungsbeiträge (vgl. die entsprechenden Erklärungen ab S. 202). Wie sich aus der Formel für den Verrechnungssatz (Fixkosten : Planstunden) für Soll-Deckungsbeiträge ergibt, wird der pro Beschäftigungsstunde zu verrechnende Soll-Deckungsbeitrag auf Basis der Planstunden ermittelt. Die geplanten Fixkosten können also nur dann eingespielt werden, wenn die Planbeschäftigung erreicht wird. Somit gilt:

Beschäftigungsabweichung
= verrechnete Soll-Deckungsbeiträge ·/· geplante Fixkosten

oder

Beschäftigungsabweichung = verrechnete Plankosten ·/· Sollkosten

Verrechnete Plankosten = Gesamt-Plankostensatz x Iststunden

Der Trend der Großbetriebe geht eindeutig in Richtung Plankostenrechnung. Daher sollte auch in Mittel- und Kleinbetrieben der Versuch unternommen werden, den Vorteil der Plankostenrechnung zu berücksichtigen.

Vorteil der Rechnung mit Plankosten

Der **Vorteil der Plankostenrechnung** liegt durch den Soll-Ist-Vergleich in der Erziehung zur „Kostenverantwortlichkeit", was sich im härter werdenden Wettbewerb nur positiv auswirken kann. Für die Abweichung geplanter Kosten von den tatsächlichen Kosten (Istkosten) sind Verantwortlichkeiten festzulegen.

Nachteile der Plankostenrechnung

Insgesamt weist die **Vollkostenrechnung** folgende **Nachteile** auf:

- Sie ist immer nur dann anwendbar, wenn die Stückkosten unter dem Marktpreis liegen oder höchstens gleich hoch sind wie dieser. Die Selbstkosten bilden dann die zur Kostendeckung notwendige **Preisuntergrenze**. In diesem Fall hat aber der Betrieb ein schlechtes Instrument, sich Markt- und Preisschwankungen anzupassen.

Ansteigen der Selbstkosten

- Bei einem **Rückgang der Beschäftigung** werden infolge der vollen Verrechnung der fixen Kosten auf das Produkt bzw. auf den Auftrag die Gemeinkostenzuschlagssätze höher und die Selbstkosten steigen. Es steigt dadurch die Preisuntergrenze. In Zeiten eines Konjunkturrückgangs wäre aber der Betrieb mit einer Preiserhöhung unter Umständen schlecht beraten.

Falsche Absatzentscheidungen

- Weiterhin führt die Vollkostenrechnung bei Entscheidungen in der **Absatzpolitik**, der Wahl des **Produktionsverfahrens** und der Entscheidung über **Eigenfertigung** oder **Fremdbezug** oftmals zu irreführenden Ergebnissen.

Gewinnverzerrende Bewertung

- Entsprechend der Vollkostenrechnung gehen bei der **Bewertung** der Bestände an Halb- und Fertigfabrikaten auch fixe Kosten ein. Der ausgewiesene Gewinn einer Abrechnungsperiode hängt daher nicht nur von den getätigten Umsätzen und den dabei erzielten Preisen ab, sondern auch vom Umfang der Lagerbestandsveränderungen.

Man kann also feststellen, dass sämtliche Arten der Vollkostenrechnung, sei dies die Ist-, die Normal- oder die Plankostenrechnung, vor allem auf der Vermischung zweier im Grunde wesensfremder Kosten beruhen. Ein Teil der Kosten ist als **auftragsabhängige** Kosten **variabel**, der andere Teil ist **zeitabhängig** und damit **fix**.

Nachteil der Vollkostenrechnung

Zwar werden alle Kosten, auch die fixen Bereitschaftskosten – wenigstens mittelbar –, durch die erstellten Marktleistungen verursacht. Das bedeutet jedoch nicht notwendigerweise zugleich, dass sämtliche Kosten auf die Kostenträger verteilt werden müssen, was letztlich ohnehin nur aufgrund eines vermuteten, oft ungenauen Zusammenhangs in Form des Betriebsabrechnungsbogens möglich wäre.

25.2 Kostenrechnungssysteme auf der Basis von Teilkosten (Teilkostenrechnung)

25.2.1 Der Vergleich Voll- und Teilkosten

Vollkostenrechnung führt nicht zu einer marktgerechten Preispolitik

Die Verrechnung der fixen Kosten in der Vollkostenrechnung führt – wie bereits in Kapitel 25.1 ausgeführt – bei Auslastungsänderungen (Beschäftigungsschwankungen) zu einer nicht marktgerechten Preispolitik des Unternehmens.

Bei der Berechnung der Zuschlagsätze für die Material-, Fertigungs-, Verwaltungs- und Vertriebsgemeinkosten wird unterstellt, dass zwischen den Gemeinkosten und der gewählten Zuschlagsgrundlage eine Abhängigkeit besteht.

Dies trifft nicht immer zu: Zum Beispiel hängt die Höhe der Fertigungsgemeinkosten nur teilweise von der Höhe der Fertigungslöhne ab. Die Ausführungen zur Maschinenstundensatzrechnung (vgl. Kapitel 24.2.5) machen dies deutlich.

Man kann daher festhalten:

Für **kurzfristig** zu treffende und marktorientierte **Entscheidungen** liefert die Vollkostenrechnung keine geeigneten Informationen.
Langfristig stellt die Vollkostenrechnung allerdings die notwendige Basis für die **Kostenkontrolle** und die **Betriebsergebnisrechnung** dar.

25.2.2 Grundüberlegungen zur Teilkostenrechnung

Preissenkung

Dem mittelständischen Unternehmen geht es letztlich darum, sich den Bedingungen des Marktes und den eigenen Zielen entsprechend anzupassen. Vor allem in Zeiten konjunkturellen Rückgangs mit fallenden Marktpreisen ist zu entscheiden, ob auch noch zu einem nicht mehr (voll) kostendeckenden Preis angeboten werden soll.

Kosten-aufteilung

Die Entscheidung, ob noch zu einem nicht mehr voll kostendeckenden Preis angeboten werden soll, setzt voraus, dass alle Kostenarten auf ihre Abhängigkeit von der Auftragslage (= Beschäftigung) untersucht und danach in fixe und variable Kosten aufgeteilt werden.

25.2.3 Die Auflösung in fixe und variable Kosten (Kostenauflösung)

Variable und fixe Kosten

Als **variable Kosten** werden in diesem Zusammenhang jene Kosten verstanden, die von der Beschäftigung, von der Auslastung der Kapazität und von der jeweiligen Produktionsmenge abhängig sind, also insbesondere die Einzelkosten. Darunter fallen die Fertigungsmaterial- und die Fertigungslohnkosten, aber auch bestimmte Gemeinkostenarten, wie z.B. die Hilfsstoffkosten.

Demgegenüber fallen die **fixen Kosten** unabhängig von der Beschäftigung und der jeweiligen Produktionsmenge an. Zu den Fixkosten zählen überwiegend die Gemeinkostenarten, so z.B. Abschreibungen, Miete, Pacht und Gehälter. Darüber hinaus treten auch solche Kosten in Erscheinung, die weder der Gruppe der variablen Kosten noch der der Fixkosten eindeutig zugerechnet werden können. Es handelt sich hierbei um sog. **teilfixe bzw. teilvariable Kosten**, die teilweise direkt durch den Prozess der Leistungserstellung entstanden, andererseits aber zur Aufrechterhaltung der Betriebsbereitschaft angefallen sind.

Beispiele:

Betriebsstoffkosten und Hilfslöhne können teilfixe Kosten sein.

Kostenauflösung (Kostenspaltung)

Für die Trennung der Gesamtkosten in ihre variablen und fixen Bestandteile, insbesondere auch für die Zuordnung der teilfixen und teilvariablen Kosten, wurden verschiedene Verfahren der Kostenauflösung (Kostenspaltung) entwickelt.

Für Klein- und Mittelbetriebe eignet sich allerdings nur die buchhalterische Methode zur Kostenspaltung.

Buchhalterische Methode

Bei der buchhalterischen Methode wird jede einzelne Kostenart daraufhin untersucht, ob sie in Bezug auf die Beschäftigung variablen oder fixen Charakter besitzt.

Aufbauend auf den Erfahrungen der Vergangenheit werden die verschiedenen Kostenarten den beiden Kostenkategorien zugeordnet unter Berücksichtigung der Abhängigkeit von der Beschäftigungssituation.

Beispiel:

Die Kapitalkosten werden den fixen Kosten und der Materialverbrauch den variablen Kosten zugerechnet.

Teilfixe und teilvariable Kosten werden entweder einer der beiden Gruppen zugeschlagen – derjenigen, mit der sie am ehesten verwandt sind – oder es wird eine Spaltung in einen variablen und in einen fixen Teil vorgenommen.

Problematik der buchhalterischen Methode

Die Hauptproblematik dieses Verfahrens liegt in seiner **Grobheit und Willkürlichkeit**, da für die Kostenauflösung keine allgemein gültigen Kriterien für die einzelnen Betriebe zugrunde gelegt werden. Eine individuelle, d.h. betriebsbezogene Kostenspaltung ist dringend zu empfehlen. Die anderen in der Literatur genannten Methoden können in diesem Zusammenhang vernachlässigt werden.

25.2.4 Arten (Systeme) der Teilkostenrechnung

Die Zurechnung der variablen Kosten

In der Teilkostenrechnung werden nur die **variablen Kosten** den Kostenträgern zugerechnet, während die **fixen Kosten** mehr oder weniger differenziert zwar in der Kostenrechnung erfasst, den einzelnen Kostenträgern aber nicht direkt oder nur stufenweise zugerechnet werden.

Abrechnungsperiode der Leistungserstellung

Damit wird dem Gedanken Rechnung getragen, dass die fixen Kosten nicht durch die Erzeugung einer bestimmten Leistung, sondern während der gesamten Leistungserstellung in der **Abrechnungsperiode** verursacht werden.

Neben der Aufteilung in fixe und variable Kosten wird auch eine Aufteilung in Einzel- und Gemeinkosten derart vorgenommen, dass nur die Einzelkosten auf die Kostenträger weiterverrechnet werden.

In der Literatur werden die in der Abbildung 42 dargestellten Systeme der Teilkostenrechnung unterschieden.

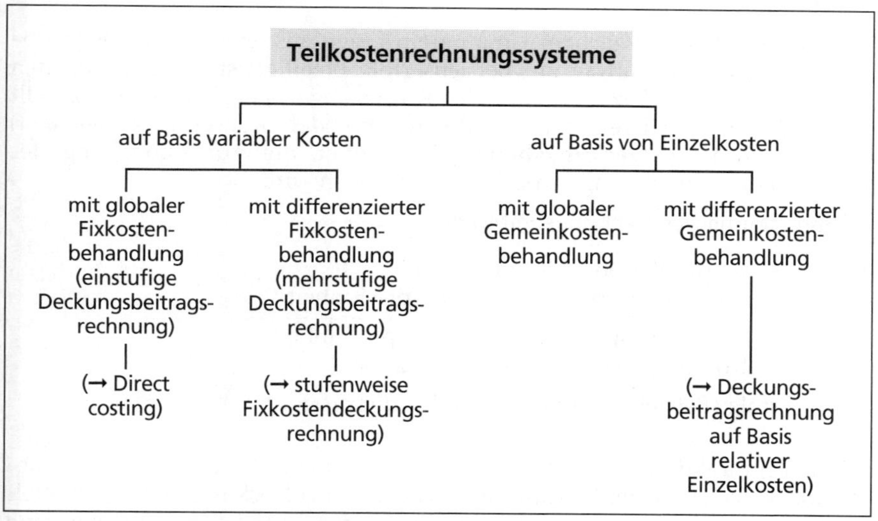

Abb. 42: Systeme der Teilkostenrechnung

Teilkostenrechnung: marktorientierte Kostenrechnung

In unseren weiteren Betrachtungen werden aber nur solche Arten der Teilkostenrechnung behandelt, die in kleinen und mittleren Unternehmen Aussicht auf Anwendungserfolg haben.

Wichtig ist:

Die Systeme der Teilkostenrechnung unterscheiden sich von der vorher dargestellten Vollkostenrechnung weder im Kostenbegriff noch in der Kostenerfassung. Auch die Abrechnungstechnik in Kostenarten- und Kostenstellenrechnung ist identisch.

Unterschiede bestehen allerdings darin, dass die **Vollkostenrechnung** sich im Wesentlichen auf die einseitige Betrachtung der **Kostenseite** beschränkt, wohingegen in Systemen der **Teilkostenrechnung** auch die **Erlösseite** stark in den Vordergrund tritt.

Die Teilkostenrechnung als Deckungsbeitragsrechnung tritt in mehreren Varianten auf, z. B. als ein- und mehrstufige Deckungsbeitragsrechnung.

Einstufige Deckungsbeitragsrechnung

Die **einstufige Deckungsbeitragsrechnung (Direct Costing)** baut auf zwei Sachverhalten auf:

Kostenspaltung

- strikte Trennung der fixen von den variablen Kosten **und**
- Verrechnung lediglich der variablen Kosten auf den Kostenträger (z.B. den Auftrag).

Deckungsbeitrag

Um festzustellen, in welchem Umfang ein Erzeugnis, eine Erzeugnisgruppe oder ein einzelner Auftrag am Betriebserfolg beteiligt ist, werden von den jeweiligen Umsatzerlösen die variablen Kosten abgezogen. Die Differenz stellt den Bruttoerfolg (teilweise auch als Rohgewinn oder „Rohertrag" bezeichnet) dar und wird als **Deckungsbeitrag** bezeichnet, der zur Abdeckung der Fixkosten der Abrechnungsperiode herangezogen wird.

Ermittlung des Deckungsbeitrags

Berechnung des Deckungsbeitrages:

	Erlöse (pro Periode oder pro Einheit)
./.	variable Kosten (pro Periode oder pro Einheit)
=	Deckungsbeitrag (pro Periode oder pro Einheit)
./.	fixe Kosten (pro Periode oder pro Einheit)
=	Erfolg (Betriebserfolg pro Periode oder pro Einheit)

Bei Mehrproduktfertigung muss als Differenz zwischen Stückerlös und variablen Stückkosten für jedes Produkt ein stückbezogener Deckungsbeitrag ermittelt werden. Die Erfassung der variablen Stückkosten ist dabei oft nur über eine ausgebaute Kostenstellenrechnung auf Teilkostenbasis möglich. Die Multiplikation der stückbezogenen Deckungsbeiträge mit den jeweils abgesetzten Mengen ergibt – aufsummiert über alle Produkte – den Gesamtdeckungsbeitrag, der vom Markt zur Abdeckung der Fixkosten vergütet wurde. Die Differenz zwischen Gesamtdeckungsbeitrag und den Fixkosten ergibt den Betriebserfolg als Betriebsgewinn oder Betriebsverlust.

Gestaltung des Produktions- und/oder Verkaufsprogramms

Die Höhe der Stückdeckungsbeiträge gibt Auskunft über den Erfolgsbeitrag einzelner Produkte (Aufträge) und damit einen Anhaltspunkt für die Gestaltung des Produktions- und/oder Verkaufsprogramms.

Die Auswirkungen als Periodenrechnung im Einprodukt-Unternehmen

Einprodukt-unternehmen

Um den Betriebserfolg zu ermitteln, werden die fixen Kosten einer Rechnungsperiode in einer Summe vom gesamten Deckungsbeitrag abgezogen. Für den Betrieb kann nun die Information wichtig sein, bei welcher Produktionsmenge bzw. bei welcher Kapazitätsauslastung die Verlustzone verlassen und die Gewinnzone erreicht wird. Man nennt diesen Punkt die **Gewinnschwelle** oder auch **break-even-point** (vgl. Abbildung 43).

Es bedeutet:
k_g = Gesamtkosten
K_v = variable Kosten
E = Erlöse
K_f = fixe Kosten
x = Produktionsmenge in Stück

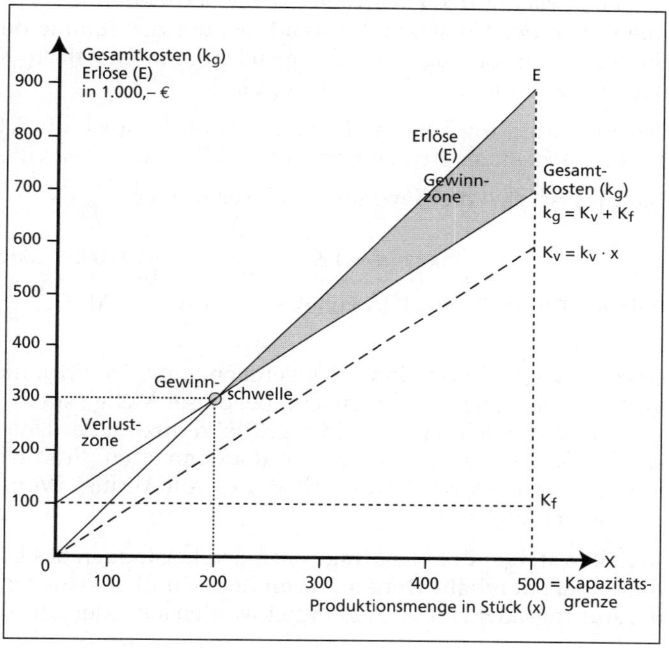

Abb. 43: Gewinnschwellendiagramm

Gewinn-schwelle

Dieser Sachverhalt soll an einem Beispiel dargestellt werden. Dabei wird vereinfachend davon ausgegangen, dass es sich um ein Ein-Produkt-Unternehmen handelt.

Beispiel:

Ein größerer Schreinereibetrieb fertigt in einem Zweigbetrieb Y Fernsehgehäuse für einen Fernsehgerätehersteller. Die Kapazität ist auf 500 Gehäuse je Monat ausgelegt. Die fixen Kosten betragen 100.000,– € je Abrechnungsperiode. Die variablen Kosten belaufen sich auf 1.000,– € je Gehäuse. Für jedes Gehäuse erhält der Schreinereibetrieb 1.500,– €. Die verkaufte Menge betrug im vergangenen Monat 450 Stück. Daraus kann der **Deckungsbeitrag** und das **Betriebsergebnis** der Abrechnungsperiode errechnet werden.

Erlöse der Abrechnungsperiode ./. variable Kosten der Periode	= 450 x 1.500,– € = 450 x 1.000,– €	= 675.000,– € = 450.000,– €
Deckungsbeitrag der Periode (DB) ./. fixe Kosten der Periode (K_f)	= 450 x 500,– €	= 225.000,– € = 100.000,– €
= Betriebsergebnis der Abrechnungsperiode		= 125.000,– €

In Zeiten **rückläufiger Aufträge** ist für den Betrieb die Ausbringungsmenge (oder auch der Umsatz) interessant, bei der die Summe der erwirtschafteten Stückdeckungsbeiträge gerade ausreicht, um die fixen Kosten zu decken (Gewinnschwelle oder break-even-point).

Der **Stückdeckungsbeitrag** beläuft sich im Beispiel auf 500,– € (1.500,– € ./. 1.000,– €), die fixen Kosten betragen 100.000,– €.

Errechnung der Gewinnschwellenmenge

Daraus lässt sich die Gewinnschwelle errechnen:

$$\textbf{Gewinnschwellenmenge} = \frac{\text{fixe Kosten } K_f}{\text{Stückdeckungsbeitrag (dB)}} = \frac{100.000}{500} =$$ 200 Stück, was einem Umsatz von 300.000,–€ entspricht.

Grafisch wird die Gewinnschwellenmenge im Schnittpunkt von Erlösgerade und Gesamtkostengerade erreicht. Bei dieser Menge sind Erlöse und Gesamtkosten gleich hoch (vgl. Abbildung 43). Produziert das Unternehmen mehr als 200 Stück, arbeitet es mit Gewinn **(Gewinnzone)**. Produziert das Unternehmen weniger als 200 Stück, arbeitet es mit Verlust **(Verlustzone)** bei sonst gleichen Bedingungen.

In Zeiten **steigender Nachfrage** nach den Leistungen des Unternehmens muss die Kapazität erhöht werden, wenn dem Kunden keine längere Wartezeit für die Auftragsabwicklung zugemutet werden soll oder kann.

Erhöhung der Fixkosten durch Erweiterungsinvestition

Wird eine **Erweiterungsinvestition** geplant, die zusätzliche fixe Kosten in Höhe von 30.000,– € verursacht, stellt sich für den Unternehmer die Frage, wieviele Gehäuse zusätzlich produziert und verkauft werden müssen, um das bisherige Betriebsergebnis zu halten. Die zusätzlichen fixen Kosten müssen durch die erwirtschafteten Stückdeckungsbeiträge gedeckt werden.

Berechnung:

$$\frac{\text{Zusätzliche fixe Kosten}}{\text{Stückdeckungsbeitrag}} = \frac{30.000,\text{– €}}{500,\text{– €}} = 60 \text{ Stück}$$

In der Grafik würde sich die **Erhöhung der fixen Kosten** durch eine Parallelverschiebung der Gesamtkosten bemerkbar machen und hätte eine Erhöhung der Gewinnschwellenmenge zur Folge.

Erhöhung der variablen Stückkosten

Erhöhen sich die variablen Stückkosten (z.B. durch Lohnerhöhung oder Preissteigerung beim Fertigungsmaterial) von bisher 1.000,– € auf 1.250,– €, wird dadurch der Stückdeckungsbeitrag um diese Kostensteigerung verringert; er fällt also von 500,– € auf 250,– €. Die unverändert gebliebenen fixen Kosten können nur über eine größere Ausbringungsmenge gedeckt werden.

Auf die **Gewinnschwelle** hat das folgende Auswirkung:

$$\frac{100.000,- €}{250,- €} = $$ 400 Stück (Gewinnschwellenmenge), was einem Umsatz von 600.000,- € entspricht.

Die Halbierung des Deckungsbeitrages pro Stück bedeutet eine Verdoppelung der Gewinnschwellenmenge. In der Graphik würde sich die Erhöhung der variablen Stückkosten durch einen stärkeren Anstieg der Gesamtkosten bemerkbar machen.

Senkung der variablen Stückkosten

Eine Senkung der variablen Stückkosten bringt eine Erhöhung des Stückdeckungsbeitrags und eine Senkung der Gewinnschwellenmenge.

Erlöserhöhungen

Erlöserhöhungen durch Preiserhöhungen bewirken bei unveränderter Kostenlage eine Erhöhung des Stückdeckungsbeitrages. Dadurch wird die Deckung der fixen Kosten bereits bei einer geringeren Ausbringungsmenge erreicht.

Beispiel:

Der Verkaufspreis eines Gehäuses wird von 1.500,– € auf 1.600,– € erhöht. Der Stückdeckungsbeitrag beträgt nunmehr 600,– €. Die Gewinnschwellenmenge wird jetzt erreicht bei

$$\frac{100.000,- €}{600,- €} = 167 \text{ Stück}$$

In der grafischen Darstellung würde sich die Preiserhöhung durch einen stärkeren Anstieg der Erlösgerade bemerkbar machen.

Folgerungen zuu Gewinnschwelle

Aus den vorhergehenden Situationen lassen sich folgende Aussagen herleiten:

- Der zur Vollkostendeckung ausreichende Jahresumsatz kann bei Kenntnis der Kostensituation festgelegt werden.
- Die vollkostendeckende Auslastung der Kapazität im Jahresdurchschnitt kann ermittelt werden.
- Planungen bezüglich Investitionen, Umsatz- und Preisentwicklung sind besser möglich.
- Schnellkalkulationen von Angeboten, Kontrollkalkulationen zur Zuschlagskalkulation und zur Nachkalkulation und damit eine Beurteilung der Auftragsstruktur sind möglich.

Die Auswirkungen als Periodenrechnung im Mehrproduktunternehmen

Mehrproduktunternehmen

Ein Betrieb stellt statt einem drei verschiedene Produkte A, B, C her, die die Produktion annähernd gleichmäßig durchlaufen. Die **Vollkostenrechnung** liefert für die Abrechnungsperiode folgende Zahlen:

Selbstkosten- und Ergebnisrechnung als Vollkostenrechnung	Produkt A (€)	Produkt B (€)	Produkt C (€)	Insgesamt (€)
Fertigungsmaterial + 10% MGK	6.000,– 600,–	4.000,– 400,–	5.000,– 500,–	15.000,– 1.500,–
Materialkosten	6.600,–	4.400,–	5.500,–	16.500,–
Fertigungslöhne + 100% FGK	9.000,– 9.000,–	4.000,– 4.000,–	5.000,– 5.000,–	18.000,– 18.000,–
Fertigungskosten	18.000,–	8.000,–	10.000,–	36.000,–
Herstellkosten + 20% VwGK und VtGK	24.600,– 4.920,–	12.400,– 2.480,–	15.500,– 3.100,–	52.500,– 10.500,–
Selbstkosten Verkaufserlöse	29.520,– 33.520,–	14.880,– 17.880,–	18.600,– 17.600,–	63.000,– 69.000,–
Betriebsergebnis der Rechnungsperiode	+ 4.000,–	+ 3.000,–	– 1.000,–	+ 6.000,–

Abb. 44: Beispiel für ein Umsatzergebnis – ermittelt mit Hilfe der Vollkostenrechnung

Zwischenergebnis:

Das Produkt C bringt – für sich gesehen – einen Verlust von 1.000,– €.

Die Einzelkosten betragen insgesamt für A, B und C:

	Fertigungsmaterial	15.000,– €
+	Fertigungslöhne	18.000,– €
Einzelkosten insgesamt		33.000,– €

Die Gemeinkosten betragen insgesamt:

	Materialgemeinkosten	1.500,– €
+	Fertigungsgemeinkosten	18.000,– €
+	Verwaltungs- und Vertriebsgemeinkosten	10.500.– €
Gemeinkosten insgesamt		30.000,– €

Produktionsentscheidung auf Basis der Vollkostenrechnung

Die **Produktionsentscheidung** auf der Basis der **Vollkostenrechnung** sieht folgendermaßen aus:

Die Herstellung des Produktes C wird eingestellt, weil es einen Verlust von 1.000,– € verursacht. Dadurch verringern sich die Kosten um 18.600,– €, die Erlöse nur um 17.600,– €. Das Ergebnis erhöht sich insgesamt um 1.000,– € auf nunmehr 7.000,– €.

Die aufgrund der Vollkostenrechnung getroffene Maßnahme ist nur dann richtig, wenn alle Kosten variabel sind. Die Einstellung der Herstellung des

Produktes C verringert dann tatsächlich die Gesamtkosten um 18.600,– €. Die Vollkostenrechnung macht aber keine Aussage darüber, wie sich die Kosten bei Veränderung der Produktionsmenge verhalten.

Die **Produktionsentscheidung** auf der Basis der **einstufigen Deckungsbeitragsrechnung** sieht folgendermaßen aus:

Ermittlung des Betriebsergebnisses

Zur Ermittlung des Ergebnisses werden in der einstufigen Deckungsbeitragsrechnung die fixen Kosten in einer Summe vom gesamten Deckungsbeitrag abgezogen. Unter der Annahme, dass die Gemeinkosten in Höhe von 30.000,– € zu 90 % fixe Kosten und die Einzelkosten in Höhe von 33.000,– € variable Kosten sind, ergibt sich folgende Ergebnisrechnung auf der Basis der Teilkostenrechnung:

Erzeugnis C scheidet aus

1. Möglichkeit:
Das Produkt C scheidet aus der Herstellung aus.

Ergebnisrechnung	Produkt A (€)	Produkt B (€)	Insgesamt (€)
Verkaufserlöse	33.520,–	17.880,–	51.400,–
./. variable Kosten	16.452,–	8.688,–	25.140,–
= Deckungsbeitrag	17.068,–	9.192,–	26.260,–
./. fixe Kosten			27.000,–
= Verlust der Rechnungsperiode			740,–

Abb. 45: Beispiel für ein Ergebnis bei Ausscheiden eines Produktes aus der Herstellung (Basis Teilkostenrechnung)

Die Gesamtkosten der Abrechnungsperiode können also nur um die variablen Kosten des Produktes C (= 10.000,– € Einzelkosten + 860,– € Gemeinkosten) verringert werden. Die fixen Kosten (90 % von 30.000,– € = 27.000,– €) bleiben auch bei Ausscheiden des Erzeugnisses C in voller Höhe bestehen, wenn die auf das Erzeugnis C entfallenden fixen Kosten nicht abgebaut werden können. Die **Produkte A und B** haben dann **allein die fixen Gemeinkosten** zu tragen.

Produkt C bleibt im Produktionsprogramm

2. Möglichkeit:
Das Produkt C scheidet **nicht** aus der Herstellung aus.

Die Verkaufserlöse von **Produkt C** liegen um 6.740,– € über den variablen Kosten dieser Erzeugnisart. Dieser Mehrbetrag kann für die **Deckung der fixen Kosten** mit herangezogen werden.

Daher kann festgehalten werden, dass, solange ein Erzeugnis einen positiven Deckungsbeitrag erzielt, es auch aus Kostengründen unwirtschaftlich ist, dieses Produkt aus dem Herstellungsprogramm herauszunehmen.

Das gilt insbesondere dann, wenn das Produkt C ein sog. Komplementärprodukt für A und B ist, d.h. A und B lassen sich ohne das Produkt C schlechter verkaufen.

Ergebnisrechnung	Produkt A (€)	Produkt B (€)	Produkt C (€)	Insgesamt (€)
Verkaufserlöse ./. variable Kosten	33.520,– 16.452,–	17.880,– 8.688,–	17.600,– 10.860,–	69.000,– 36.000,–
= Deckungsbeitrag ./. fixe Kosten	17.068,–	9.192,–	6.740,–	33.000,– 27.000,–
= Betriebsergebnis der Rechnungsperiode				6.000,–

Abb. 46: Beispiel für ein Ergebnis bei Nichtausscheiden eines Produktes aus der Herstellung

Die mehrstufige Deckungsbeitragsrechnung (Fixkostendeckungsrechnung)

Deckungsbeitrag I

Das Beispiel im vorangegangenen Kapitel zeigt, dass das Ausscheiden eines Erzeugnisses im Mehrproduktunternehmen von den Deckungsbeiträgen der einzelnen Erzeugnisse abhängt. Diese Deckungsbeiträge ergeben sich, wenn man von den Umsatzerlösen der einzelnen Erzeugnisse (= Kostenträger), die diesen Kostenträgern direkt zurechenbaren variablen Kosten abzieht. Die sich ergebende Differenz bezeichnet man als **Deckungsbeitrag I**.

Bei den seitherigen Betrachtungen wurden die fixen Kosten keiner näheren Betrachtung unterzogen und als **ein** Block von der Summe der Deckungsbeiträge abgezogen.

Diese globale Behandlung der fixen Kosten kann zu falschen Entscheidungen führen. Deshalb versucht man in der Praxis einen Teil der fixen Kosten den einzelnen Erzeugnissen verursachungsgerecht zuzurechnen.

Erzeugnis- oder produktfixe Kosten

Man bezeichnet diese als **erzeugnis- oder produktfixe Kosten**, z.B. Werkzeuge, Patente, Forschungs- und Entwicklungskosten.

Deckungsbeitrag II

Zieht man von den Deckungsbeiträgen I der einzelnen Erzeugnisse (Aufträge) diese produkt- oder erzeugnisfixen Kosten ab, erhält man den **Deckungsbeitrag II**. Er weist den Beitrag dieser Erzeugnisse zur Deckung der **Restfixkosten** aus.

Erzeugnis- oder produktgruppenfixe Kosten

Sofern fixe Kosten nicht einem bestimmten Erzeugnis, sondern nur mehreren Erzeugnissen bzw. Aufträgen verursachungsgerecht zugerechnet werden können, spricht man von **erzeugnis- oder produktgruppenfixen Kosten**, z.B. bei Maschinen, Werkzeugen usw.

Deckungsbeitrag III

Subtrahiert man von den gruppenweise zusammengefassten Deckungsbeiträgen II die erzeugnisgruppenfixen Kosten, erhält man den **Deckungsbeitrag III**. Er sagt aus, inwieweit bestimmte Erzeugnisgruppen zur Deckung der restlichen Fixkosten und zur Gewinnerzielung beitragen.

Unternehmensfixe Kosten

Die nicht mehr verursachungsgerecht (Produkt bzw. Produktgruppe bzw. Auftrag) aufteilbaren Fixkosten müssen von allen Erzeugnisarten (Aufträgen) des Unternehmens getragen werden **(= unternehmensfixe Kosten)**.

Beispiele:

Kosten der Verwaltung, Kosten der Unternehmensleitung.

Sie werden als Block von der Summe aller Deckungsbeiträge III abgezogen.

Die Differenz zwischen allen Deckungsbeiträgen III und den unternehmensfixen Kosten ist das **Ergebnis** der Rechnungsperiode.

Beispiel:

Ein Unternehmen hat drei Bereiche (Produkte oder Erzeugnisse) A, B, C. Aus den nachstehenden Werten wird mit Hilfe der stufenfixen Deckungsbeitragsrechnung das Betriebsergebnis der Rechnungsperiode ermittelt.

		Bereich A €	Bereich B €	Bereich C €	Insgesamt €
	Umsatzerlöse	670.400,–	357.600,–	352.000,–	1.380.000,–
/.	variable Kosten	329.040,–	173.760,–	217.200,–	720.000,–
	Deckungsbeitrag I	341.360,–	183.840,–	134.800,–	660.000,–
/.	erzeugnisfixe Kosten	90.000,–	70.000,–	80.000,–	240.000,–
	Deckungsbeitrag II	251.360,–	113.840,–	54.800,–	420.000,–
/.	erzeugnisgruppenfixe Kosten	–	130.000,–		130.000,–
	Deckungsbeitrag III	251.360,–	38.640,–		290.000,–
/.	unternehmensfixe Kosten	–	–		170.000,–
Ergebnis der Rechnungsperiode					120.000,–

Abb. 47: Beispiel mit Hilfe der mehrstufigen Deckungsbeitragsrechnung

Die Rechnung zeigt, dass der Bereich C den geringsten Deckungsbeitrag II erwirtschaftet.

Die Deckungsbeitragsrechnung mit stufenweiser Fixkostendeckung zeigt im Deckungsbeitrag II und III, in welcher Höhe die Umsatzerlöse der einzelnen Bereiche oder Bereichsgruppen über den von ihnen verursachten fixen Kosten liegen.

Bedeutung Deckungsbeitrag II und III

Die Deckungsbeiträge II und III sind für **Produktions- und Auftragsentscheidungen** von großer Bedeutung, da sie einen Einblick in die abbaufähigen Fixkosten geben.

25.2.5 Möglichkeiten zur Ermittlung von Preisuntergrenzen

Preissenkung bei schlechter Kapazitätsauslastung

In wirtschaftlich schlechten Zeiten, die sich auch im eigenen Unternehmen durch eine schlechte Kapazitätsauslastung auswirken können, ist die Geschäftsleitung vielfach gezwungen, die Angebotspreise zu senken, um den Absatzrückgang aufzuhalten bzw. neue Aufträge zu erhalten. Man muss dann wissen, in welchem Ausmaß die Preissenkung erfolgen kann, ohne dass langfristig und/oder auch kurzfristig existenzbedrohende Verluste eintreten.

Prestige-aufträge

Auch bei der Annahme von **Prestigeaufträgen** spielt die Kenntnis der Preisuntergrenze eine wichtige Rolle.

Preisuntergrenze

Die **Preisuntergrenze** gibt den Angebotspreis an, den das Unternehmen für sein Produkt und/oder eine Dienstleistung fordern muss, um kurzfristig oder langfristig bestehen zu können.

Preisuntergrenze bei der Vollkostenrechnung: Selbstkosten

Die Preisuntergrenzen sind

- bei den Verfahren der **Vollkostenrechnung** die auf der Basis von Vollkosten ermittelten Selbstkosten;
- bei den Systemen der **Teilkostenrechnung** dadurch charakterisiert, dass der Verlust durch einen Verzicht auf Vollkostendeckung kleiner ist als der Verlust, der sich durch die Unterbeschäftigung oder sogar Stilllegung des Betriebs oder Betriebsteiles ergeben würde. Das bedeutet, dass alle mit der Produktion verbundenen vermeidbaren Kosten unter Aufrechterhaltung der Betriebsbereitschaft verrechnet werden müssen.

Preisuntergrenze bei der Teilkostenrechnung: kurzfristig die variablen Kosten

Untersucht man die einzelnen Kostenarten im Hinblick auf ihre Vermeidbarkeit und Unvermeidbarkeit, zeigt sich, dass die vermeidbaren Kosten mit den variablen Kosten quasi identisch sind. Die Teilkostenrechnung erfasst somit auf jeden Fall die variablen Kosten und verrechnet diese auf die einzelnen Kostenträger. Die Fixkosten werden kurzfristig im Extremfall nicht unmittelbar berücksichtigt. Die **variablen Stückkosten** bilden dann die Preisuntergrenze.

Absolute Preisuntergrenze

Relative (liquiditätswirksame) Preisuntergrenze

Dieser Preis garantiert eine Vergütung aller variablen Kosten. Diese aus preis- und beschäftigungspolitischen Gesichtspunkten aufschlussreiche absolute Preisuntergrenze muss mit der relativen, **liquiditätsorientierten** Preisuntergrenze verglichen werden. Außer den als liquiditätswirksam betrachteten variablen Kosten werden die Teile der Fixkosten berücksichtigt, die kurzfristig zu Ausgaben führen. Dabei spielt der Zeitpunkt der Ausgabenwirksamkeit eine wichtige Rolle. Die relative Preisuntergrenze liegt also über der absoluten Preisuntergrenze. Für die Berechnung bietet die Literatur die in Abbildung 48 aufgeführten Möglichkeiten an.

Die grundsätzliche Bedeutung der Stückkostenrechnung für die Preisuntergrenze kann wie folgt zusammengefasst werden:

- In Fällen, bei denen andere Einflussfaktoren nur geringe oder keine Bedeutung haben, ist die Höhe der **Selbstkosten** Ausgangspunkt für die Bestimmung der Preisuntergrenze.
- Überwiegen die anderen Einflussfaktoren vorübergehend so sehr, dass der Preis unter den Selbstkosten liegen muss, so liefert die **Stückkostenrechnung** auf Teilkostenbasis Preisuntergrenzen, die anstelle der Selbstkosten zum Ausgangspunkt für die Bestimmung der Preisforderungshöhe werden. Preisuntergrenzen können durch Anwendung unterschiedlicher Preise Unterbeschäftigung beseitigen und damit die Existenz des Unternehmens für die nächste Zeit sichern helfen. Auf die Probleme der **Preisdifferenzierung** ist allerdings hinzuweisen, gleichgültig, ob sie zeitlich, geographisch, mengenmäßig (Rabatt) oder personenbezogen angewandt wird. (vgl. dazu Kapitel 25.3).

Preisdifferenzierung

Bestimmung der Preisuntergrenze (PU)

auf der Basis von VOLLKOSTEN im Rahmen der Zuschlagskalkulation

Fertigungsmaterial
+ Materialgemeinkosten

= Materialkosten
+ Fertigungslöhne
+ Fertigungsgemeinkosten
+ Sondereinzelkosten der Fertigung

(Fertigungskosten plus Materialkosten)
= Herstellkosten
+ Verwaltungsgemeinkosten
+ Vertriebsgemeinkosten
+ Sondereinzelkosten des Vertriebs

= SELBSTKOSTEN
= PREISUNTERGRENZE

auf der Basis von TEILKOSTEN im Rahmen der Zuschlagskalkulation

absolute PU =
Variable Fertigungsmaterialkosten
+ Variable Materialgemeinkosten
+ Variable Fertigungslohnkosten
+ Variable Fertigungsgemeinkosten

= VARIABLE HERSTELLKOSTEN
+ Variable Verwaltungs- und Vertriebsgemeinkosten

= VARIABLE SELBSTKOSTEN
= ABSOLUTE PREISUNTERGRENZE

relative PU =
Variable Fertigungsmaterialkosten
+ Variable Materialgemeinkosten
+ Variable Fertigungslohnkosten
+ Variable Fertigungsgemeinkosten

= VARIABLE HERSTELLKOSTEN
+ Variable Verwaltungs- und Vertriebsgemeinkosten

= VARIABLE SELBSTKOSTEN
+ Anteil der kurzfristigen ausgabewirksamen Fixkosten

= RELATIVE PREISUNTERGRENZE

Abb. 48: Möglichkeiten zur Bestimmung der Preisuntergrenze

– Ist der Preis durch den Markt gegeben, so sind **Stückkosten und Stückpreis** zu vergleichen. Insbesondere ist festzuhalten, ob der Preis die fixen bzw. variablen Kosten deckt bzw. in welchem Maße er sie über- oder unterdeckt.

25.2.6 Deckungsbeitrag und Engpass

Je nach Auftragszusammensetzung können in einem Unternehmen gleichzeitig mehrere und zugleich wechselnde Engpässe auftreten. Ein spezieller Engpass begrenzt die in einer Periode erreichbare Ausbringungsmenge, obwohl in anderen Bereichen noch Kapazitäten frei sind. Der Engpass braucht dabei nicht unbedingt eine Produktionsstätte zu sein (z.B. eine Maschine), er kann etwa auch im Einkauf liegen. In einer Engpasssituation dieser Art kommt es darauf an, diejenigen Aufträge hereinzuholen, die den größten Deckungsbeitrag je Engpasseinheit erzielen. Es kann nach folgender Formel vorgegangen werden:

Deckungsbeitrag je Engpasseinheit

$$\textbf{Deckungsbeitrag je Engpasseinheit} = \frac{\text{Deckungsbeitrag je Mengeneinheit}}{\text{Engpassbelastung je Mengeneinheit}}$$

Beispiel:
Die in der nachstehenden Tabelle angegebenen Mengen der Produkte A, B und C können abgesetzt werden. Da die Kapazität des Engpasses aber auf 3.300 Minuten beschränkt ist, muss entschieden werden, welche Mengen welcher Produkte hergestellt werden sollen.

Produkt	absetzbare Menge	Deckungsbeitrag pro Stück (€)	Engpassbelastung (min.)
A	500	7,–	2
B	250	16,–	6
C	400	6,–	3

Zunächst ist der Deckungsbeitrag je Engpassminute zu ermitteln:

Deckungsbeitrag je Engpassminute

$$\textbf{Deckungsbeitrag je Engpassminute}\text{ für A} = \frac{7,\!-\ €}{2\ \text{min.}} = 3{,}50\ €/\text{min.}\ (= \text{relativer Deckungsbeitrag})$$

Entsprechend errechnen sich Deckungsbeiträge je Engpassminute für B von 2,67 € und für C von 2,– €. Damit ergibt sich die Reihenfolge A, B, C. Die Produktion aller Aufträge würde 3.700 Minuten in Anspruch nehmen. Die beschränkte Produktionskapazität von 3.300 Minuten ist demnach wie folgt zu verteilen:

Produkt	absetzbare Menge	Engpassbelastung (min.)	Deckungsbeitrag in €
A	500	1.000	3.500
B	250	1.500	4.000
C	266	800	1.596
Summe	1.016	3.300	9.096

Der maximal erzielbare Deckungsbeitrag beläuft sich unter den angenommenen Bedingungen auf 9.096,– €. Beim Produkt C kann die Nachfrage nicht vollständig befriedigt werden.

25.3 Abschließender Vergleich zwischen Voll- und Teilkostenrechnung

Erfassung, Auswertung und Berechnung der Kosten

Die wichtigste Aufgabe der **Kosten- und Leistungsrechnung** besteht darin, die in einer Abrechnungsperiode (z.B. 1 Jahr) anfallenden Kosten vollständig und richtig zu erfassen, auszuwerten und sie mit den Leistungen (Absatzleistungen und Eigenleistungen) der Abrechnungsperiode zu verrechnen.

Das System der Vollkostenrechnung geht davon aus, dass alle mit der betrieblichen Leistungserstellung und -verwertung anfallenden Kosten erfasst und auf den jeweiligen Kostenträger möglichst verursachungsgerecht zugerechnet werden können.

Dieser Ansatz weist einige Schwächen auf, die sich vor allem bei der Angebotspreisermittlung nachteilig auswirken können:

Schwächen der Vollkostenrechnung

- Die Vollkostenrechnung ist dann anwendbar, wenn die Stückkosten unter dem Marktpreis liegen oder höchstens gleich diesem sind. Die **Selbstkosten** bilden die **Preisuntergrenze**.

Der Betrieb besitzt in einem derartigen Kostenrechnungssystem nur ein **mangelhaftes** Instrument, sich **Marktschwankungen anpassen** zu können, da er nur mit der Gewinnspanne oder mit Kostensenkungen operieren kann.

Steigen der Selbstkosten bei rückläufiger Beschäftigung

- Bei **Rückgang der Beschäftigung** werden infolge der vollen Verrechnung der fixen Kosten die Gemeinkostenzuschlagssätze höher, die Selbstkosten werden höher und die **Preisuntergrenze steigt**.

Mit einer Preiserhöhung wäre das Unternehmen in Zeiten des Konjunkturrückganges aber schlecht beraten.

Preissenkung zur Auftragserhöhung

In Zeiten des wirtschaftlichen Rückganges ist ein Unternehmen u.U. darauf angewiesen, kurzfristig auf eine Deckung der vollen Kosten durch den am Markt erzielten Preis zu verzichten. Es muss deshalb eine andere Preisuntergrenze ermitteln, die ihm zeigt, wie weit der Preis herabgesetzt werden kann. Eine Preisherabsetzung hat bei bestimmten Marktsituationen Auftragszuwächse zur Folge.

Teilkostenrechnung

Aus beschäftigungs- und preispolitischen Gesichtspunkten heraus ist die Anwendung einer **Teilkostenrechnung** empfehlenswert.

Preisuntergrenzen

Die Teilkostenrechnung ist dadurch charakterisiert, dass den Kostenstellen und Kostenträgern nicht alle Kosten zugerechnet werden, die mit der betrieblichen Leistungserstellung anfallen, und dass eine **andere Preisuntergrenze festgesetzt** wird. Diese ist dadurch bestimmt, dass der Verlust durch einen Verzicht auf Vollkostendeckung kleiner ist als der Verlust, der sich durch die Stilllegung des Betriebes oder eines Teils davon ergeben würde.

Die **langfristige Preisuntergrenze** ist erreicht, wenn die Umsatzerlöse alle Kosten (fix und variabel) decken.

Die **kurzfristige Preisuntergrenze** ist erreicht, wenn die Umsatzerlöse die variablen Kosten decken. Auf den Ersatz der fixen Kosten wird kurzfristig voll oder teilweise verzichtet, weil sie auch dann anfallen, wenn die Produktion kurz- oder auch langfristig ruht. Langfristig müssen sie aber auf jeden Fall gedeckt sein.

Anwendungsmöglichkeiten der Teilkostenrechnung

Die **Anwendungsmöglichkeiten** der Teilkostenrechnung sind vielfältig. Beispielhaft können angeführt werden:
- Ermittlung des Betriebserfolgs
- Gewinnplanung (Gewinnschwellendiagramm)
- Preisstellung, insbesondere Preisuntergrenze und Preisdifferenzierung (zeitlich, geographisch, mengenmäßig, personenbezogen)
- Produktauswahl
- Auswahl von Fertigungsaggregaten
- Bewertung der Halb- und Fertigfabrikate
- Entscheidung Eigenfertigung oder Fremdbezug allein auf Basis der variablen Kosten.

Vorteile der Teilkostenrechnung

Die **Vorteile** der Teilkostenrechnung bestehen also in folgenden Punkten:
- Die **Auswirkung der Fixkosten** auf die Preisstellung wird auch heute noch stark unterstrichen. Das kommt darin zum Ausdruck, dass diese Kostenarten als Block in die Erfolgsrechnung überführt werden, was betriebswirtschaftlich sehr viel sinnvoller ist, als sie auf die Kostenträger umzulegen. Entscheidend ist die Höhe des Deckungsbeitrages einer Leistung.
- Die Deckungsbeiträge erleichtern der Unternehmensführung die **Auswahl** der Erzeugnisse, Absatzgebiete und Kundenkreise.
- Die Teilkostenrechnung erlaubt die Bestimmung der **absoluten Preisuntergrenze**, nämlich die variablen Kosten.
- Die **Bewertung** der Halb- und Fertigfabrikate zu variablen Kosten schaltet den Einfluss der Lagerbestandsveränderungen auf die Gewinnermittlung aus.

Schwächen der Teilkostenrechnung

Die **Schwächen** dieses Kostenrechnungssystems bestehen vor allem darin, dass
- die **Kostenauflösung** in der Praxis erhebliche Schwierigkeiten bereitet, wenn sie zum ersten Mal durchgeführt wird,
- die Teilkostenrechnung **keine einheitliche Ermittlung von Angebotspreisen** sowie eine Beständebewertung auf Vollkostenbasis erlaubt,

Preisdifferenzierung

- eine unterschiedliche Preispolitik bei zeitlicher, geographischer, mengenmäßiger und personenbezogener Preisdifferenzierung wegen der am Markt eventuell auftretenden **Markttransparenz** zu Auftragseinbußen führen kann,
- eine Aufhebung der Preisdifferenzierung in Form einer Preissenkung oft schwer am Markt vermittelbar ist.

Notwendig: Nebeneinander von Voll- und Teilkostenrechnung

Daraus lässt sich folgern, dass die Alternative auch für den Klein- und Mittelbetrieb nicht heißen kann „Vollkosten- oder Teilkostenrechnung", sondern dass in jedem Betrieb ein **Nebeneinander der beiden Kostenrechnungssysteme notwendig** ist. Damit sind die Schwächen jedes Systems durch das andere System kontrollierbar.

Wiederholungsfragen zum 25. Kapitel:

1. Beschreiben Sie das Prinzip der Vollkostenrechnung. (Seite 165, 204, 219)
2. Erklären Sie die Begriffe„Istkosten", „Normalkosten" und „Plankosten". (Seite 165, 205)
3. Welche Nachteile weist die Vollkostenrechnung aus? (Seite 207)
4. Von welchen Grundüberlegungen gehen die Systeme der Teilkostenrechnung aus? (Seite 205)
5. Die Trennung in fixe und variable Kosten (Kostenspaltung) ist schwierig. Welche Methode wird vorgeschlagen, welche Nachteile weist sie aus? (Seite 207, 208)
6. Was sagt der Deckungsbeitrag aus? (Seite 210)
7. Welche Informationen bringt die Gewinnschwelle für den Kalkulator? (Seite 210–211)
8. Welche Vorteile bringt die Deckungsbeitragsrechnung im Mehrproduktunternehmen? (Seite 213–215)
9. Was versteht man in der Deckungsbeitragsrechnung unter den Deckungsbeiträgen I, II und III? (Seite 216–217)
10. Welche Preisuntergrenzen kann man mit den Systemen der Kostenrechnung ermitteln? Beurteilen Sie diese bitte. (Seite 218–219)

Die Autoren:

Prof. Dr. Werner Rössle, Jahrgang 1940, ist an der staatlichen Berufsakademie Stuttgart als Fachleiter für den Bereich Handwerk und gleichzeitig als Studienbereichsleiter für den gesamten Bereich Wirtschaft (ca. 2500 Studenten) verantwortlich. Seit 2004 ist Dr. Rössle stellvertretender Direktor der Berufsakademie Stuttgart.

Nach dem Abitur 1959 absolvierte er eine kaufmännische Lehre bei einer Großbank und studierte nach einer Praxisphase Betriebswirtschaftslehre an den Universitäten Tübingen und Erlangen-Nürnberg. Dem Abschluss als Diplom-Kaufmann folgte nach einer Tätigkeit in der Lehrfirma die Promotion an der Universität Stuttgart im Fach Betriebswirtschaftslehre. Als Akademischer Oberrat war Dr. Rössle dann am Betriebswirtschaftlichen Institut der Universität Stuttgart wissenschaftlich und gutachterlich tätig.

Seit 1971 ist Dr. Rössle als Dozent an der von der Handwerkskammer Region Stuttgart gegründeten Akademie des Handwerks und seit April 2001 als Studienleiter der Landesakademie Baden-Württemberg tätig. Durch diese Aufgaben ist er mit den vielfältigen Problemen von Handwerk und Mittelstand bestens vertraut.

Am 1. September 1988 begann er seine derzeitige Tätigkeit an der Berufsakademie Stuttgart mit dem Aufbau des Studiengangs Handwerk und Mittelstand. Dr. Rössle zeichnet für die betriebswirtschaftliche Ausbildung im dualen System von Abiturienten mit einer abgeschlossenen gewerblichen Lehre verantwortlich. Diese Ausbildung ist Grundlage für Führungskräfte, Existenzgründer und Betriebsübernehmer. Von 1992 bis 2007 war Dr. Rössle auch Leiter des Studienbereichs Wirtschaft der Berufsakademie Stuttgart und von 2004–2007 stellvertretender Direktor. Er nimmt weiterhin Lehraufträge an der Dualen Hochschule Baden-Württemberg (früher Berufsakademie Stuttgart) vor allem im Studiengang „Handwerk" wahr.

Werner Rössle ist Autor von Fachbüchern, Beiträgen in Sammelwerken und Fachzeitschriften. Außerdem ist er beratend und gutachterlich tätig, begleitet Forschungsprojekte und übt Vortragstätigkeiten im Handwerk und Mittelstand aus.

Dr. Heiner Tiede, Jahrgang 1944, Studium der Betriebswirtschaftslehre an den Universitäten Tübingen und Mannheim.

Das Examen zum Diplom-Kaufmann legte er an der Universität Mannheim ab und war danach mehrere Jahre wissenschaftlicher Assistent am Betriebswirtschaftlichen Institut der Universität Stuttgart. In dieser Zeit Tätigkeit in Forschung und Lehre sowie Erlangung der Promotion.

Danach praktische Tätigkeit in einem Unternehmen der Wirtschaftsprüfung und Steuerberatung.

Nach der Berufspraxis erfolgte die hauptberufliche Aufnahme der Lehrtätigkeit, wobei der Autor überwiegend die Bereiche Betriebswirtschaftslehre, Rechnungswesen und Datenverarbeitung vertritt.